Ekkehard Kaier

Turbo Pascal Wegweiser für Ausbildung und Studium

Lehrbücher Informatik & Wirtschaftsinformatik

Rechnerarchitektur
von John L. Hennessy and David A. Patterson

Aufbau und Arbeitsweise von Rechenanlagen
von Wolfgang Coy

Interaktive Systeme
Software-Entwicklung und Software-Ergonomie
von Christian Stary

Modernes Software Engineering
von Reiner Dumke

Management von Softwareprojekten
von Fritz Peter Elzer

PASCAL für Wirtschaftswissenschaftler
von Uwe Schnorrenberg et al.

Grundkurs Wirtschaftsinformatik
von Dietmar Abts und Wilhelm Mülder

**Datenbank-Engineering
für Wirtschaftsinformatiker**
von Anton Hald und Wolf Nevermann

Theoretische Informatik
Grundlagen und praktische Anwendungen
von Werner Brecht

Vieweg

Ekkehard Kaier

Turbo Pascal Wegweiser für Ausbildung und Studium

2., überarbeitete und erweiterte Auflage

1. Auflage 1993 (Nachdruck 1995)
2., überarbeitete und erweiterte Auflage 1997

Gedruckt auf säurefreiem Papier

ISBN 978-3-528-15360-1   ISBN 978-3-322-93945-6 (eBook)
DOI 10.1007/978-3-322-93945-6

Vorwort

Das nunmehr in der 7. Auflage vorliegende Wegweiser-Buch bezieht sich auf die praktische Informatik: Wie setzt man Computer als speicherprogrammierbare Systeme zur Lösung von Problemen ein? Als Paradigma für das Medium Computer dient der PC. Als Hilfsmittel zur computerverständlichen Formulierung der geplanten Lösungsabläufe bzw. Algorithmen wird Turbo Pascal bzw. Borland Pascal (im folgenden als Turbo Pascal bezeichnet) verwendet.

Das Buch orientiert sich an der bewährten Gliederungsfolge der Informatik: Die grundlegenden Programmstrukturen werden zunächst auf die einfachen Datentypen angewendet (Integer, Real, Char, Boolean), um sie dann zur Verarbeitung strukturierter bzw. dynamischer Datentypen zu nutzen (String, Array, File, Rekursion, Zeiger).

Das Buch ermöglicht anschauliches Lernen: Die zahlreichen Programmbeispiele sind bewußt klein und in sich abgeschlossen gehalten. Jedes Programm wird mehrfach dargestellt: Verbal als algorithmischer Entwurf, grafisch als Struktogramm nach DIN 66261 (Nassi-Shneiderman), computerverständlich als Quellcode in Turbo Pascal und ausgeführt als Dialogprotokoll.

Das Buch unterstützt aktives Programmieren: Am Ende der einzelnen Kapitel finden sich Übungsaufgaben. Der Referenzteil zu Turbo Pascal in Kapitel 16 gestattet ein gezieltes Nachschlagen der Sprachmittel von Turbo Pascal.

Das Buch legt die Grundlage zum späteren Arbeiten mit Delphi: Wie Kapitel 15 zeigt, ist Object Pascal als Teil von Dephi voll abwärtskompatibel zu Turbo Pascal bzw. Borland Pascal. Die in diesem Buch erworbenen Programmierkenntnisse lassen sich also voll in Delphi einbringen.

Das Buch läßt sich versionsunabhängig einsetzen: An Hochschulen, Schulen und Ausbildungseinrichtungen ist Turbo Pascal in den Versionen installiert: 3.0, 4.0, 5.0, 5.5, 6.0 bzw. 7.0. Im Referenzteil wird auf die jeweils gültige Versionsnummer verwiesen.

Heidelberg, im Oktober 1996 Ekkehard Kaier

Inhaltsverzeichnis

Turbo Pascal-Wegweiser für Ausbildung und Studium

1.1   Das Programm erstellen und ausführen

Die IDE (Integrated Development Environment, Integrierte Entwicklungsumgebung) von Turbo Pascal ist in der Datei TURBO.EXE untergebracht:

- Unter Turbo Pascal 3.0 heißt die Datei TURBO.COM. Anstelle der Menüauswahl wird die Eingabe von Befehlen gefordert.

- In den Versionen 4.0, 5.0, 5.5 und 6.0 bietet TURBO.EXE englischsprachige Menüs an; ab Version 7.0 sind auch die Menüs deutsch (z. B. "Datei" anstelle von "File").

- Ab Version 7.0 bietet Turbo Pascal zwei IDEs an: TPX.EXE zum Bearbeiten sehr großer Programme im Protected Mode und TURBO.EXE zum Bearbeiten von Programmen im Real Mode.

In Kapitel 1 dieses Buches wird die Programmerstellung erklärt. Voraussetzungen: Das Turbo Pascal-System wurde mit INSTALL auf der Festplatte installiert. Das Betriebssystem MS-DOS ist gestartet.

Schritt 1: Turbo Pascal von MS-DOS starten

Geben Sie TURBO am Bereitschaftzeichen von MS-DOS ein. Turbo Pascal wird gestartet und meldet sich mit diesem Bildschirm:

Leeres Fenster

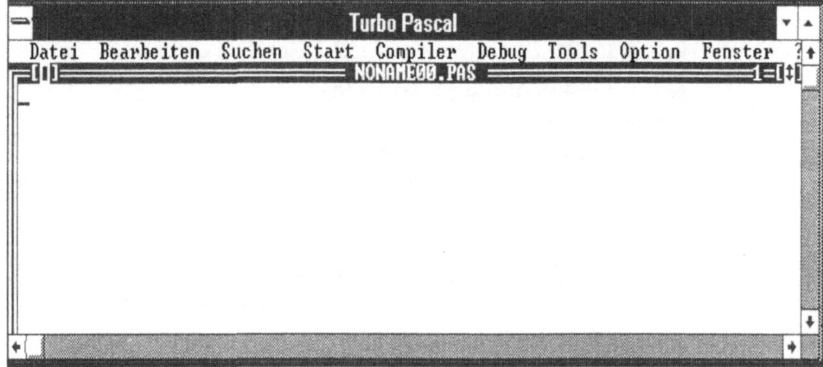

Bild 1.1: Bildschirm von Turbo Pascal nach dem Starten

In der Menüzeile am oberen Bildschirmrand erscheinen die Menübefehle "Datei", "Bearbeiten" , ..., "Fenster" und "?" (für Hilfe). Befehlsaufruf über Tastatur oder Maus:

- *Über die Tastatur:* Bei gedrückter [Alt]-Taste den jeweiligen Anfangsbuchstaben des Befehls eintippen, also zum Beispiel [Alt/D] für das "Datei"-Me-

nü. Oder mit [F10] die Menüleiste aktivieren, den Befehl mit den Pfeiltasten markieren und dann mit der [Return]-Taste aufrufen.

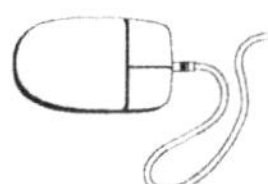

– *Mit der Maus:* Den Mauszeiger ins gewünschte Menü bewegen und dieses
mit der linken Maustaste anklicken.

Hinweis: Vor Turbo Pascal 7.0 sind Menübefehle von Turbo Pascal englisch-
sprachig.

```
vor 7.0: File  Edit          Search Run  Compile Debug         Options Window
ab 7.0:  Datei Bearbeiten    Suchen Start Compiler Debug  Tools Option Window
```

Schritt 2: Den Quellcode zu Programm ERSTPROG eingeben

Der eingebaute Editor ist aktiv und wartet mit dem links oben blinkenden
Cursor (siehe Bild 1.1) auf die Eingabe des Benutzers. Geben Sie die folgenden
vier Textzeilen ein. Es empfiehlt sich, aus Gründen der Übersichtlichkeit die
reservierten Wörter PROGRAM (mit einem "M"), BEGIN und END groß zu
schreiben. Beachten Sie, daß die erste und dritte Zeile mit einem Semikolon ";"
und die letzte Zeile mit einem Punkt "." abschließen. Am Ende jeder Zeile
drücken Sie die [Return]-Taste:

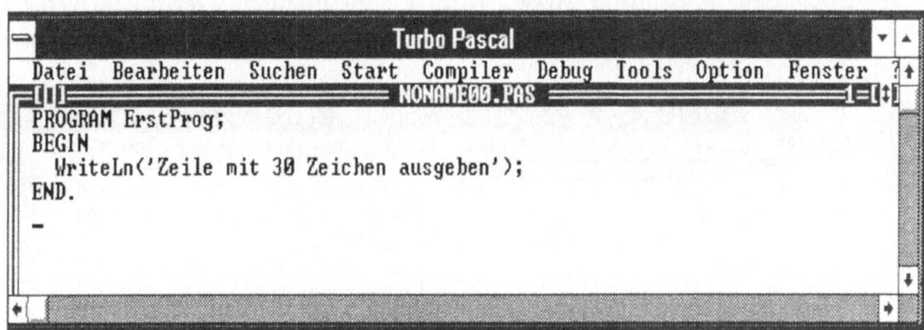

Bild 1.2: Programmtext mit vier Zeilen eingeben

Schritt 3: Das Programm unter dem Namen ERSTPROG.PAS speichern

Das Programm ist derzeit unter dem vorläufigen Namen NONAME00.PAS
im RAM abgelegt. Mit der Befehlsfolge "Datei/Speichern" soll es unter dem
Namen ERSTPROG.PAS auf die Diskette in Laufwerk A: gespeichert werden:

1. Das "Datei"-Menü aufrufen: [Alt/D] tippen oder mit der Maus das Befehls-
   wort anklicken.

2. Den "Speichern"-Befehl wählen und "A:ERSTPROG.PAS" eingeben.

*Fenster mit
"Datei"-Menü*

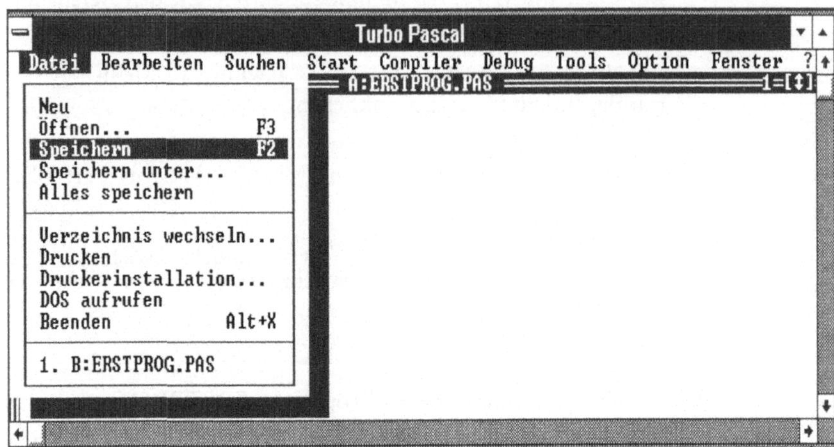

Bild 1.3: Das "Datei"-Menü aufrufen und das Programm NONAME00.PAS mit dem
"Speichern"-Befehl unter dem Namen ERSTPROG.PAS auf Disk A: speichern

Schritt 4: Das Programm übersetzen und ausführen

Das "Start"-Menü (ab 7.0) bzw. das "Run"-Menü (bis 6.0) wählen und darin
den "Ausführen"- bzw. "Run"-Befehl aufrufen: Der im aktiven Fenster befindliche Quellcode wird in den RAM übersetzt und sogleich ausgeführt.

*Fenster mit
"Start"-Menü*

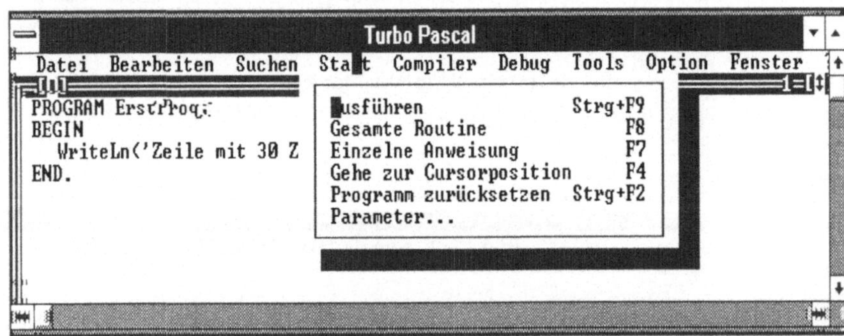

Bild 1.4: Quellcode mit "Start/Ausführen" übersetzen und ausführen

*Pascal-
Bildschirm*

Um das Ergebnis der Programmausführung von Bild 1.4 sichtbar zu machen,
muß man mit der Tastenkombination [Alt/F5] vom Pascal-Bildschirm zum
DOS-Bildschirm wechseln:

```
Turbo Pascal Version 7.0 Copyright (c) 1983/92 Borland International
Zeile mit 30 Zeichen ausgeben
```

DOS-Bildschirm Danach mit der [Return]-Taste vom DOS-Bildschirm wieder zum Pascal-Bildschirm zurück wechseln.

Danach mit der [Return]-Taste vom DOS-Bildschirm wieder zum Pascal-Bildschirm zurück wechseln.

Angenommen, Sie haben das ";" in der ersten Zeile vergessen (siehe Bild 1.2).

Fehlerkorrektur Der Übersetzer (man nennt ihn auch Compiler) meldet diesen Fehler, ruft den Editor auf und zeigt den Programmtext wieder in Bild 1.2 bzw. Schritt 2 an. Nach der Fehlerkorrektur ist mit Schritt 3 und Schritt 4 fortzufahren.

Schritt 5: Turbo Pascal beenden

Mit der Befehlsfolge "Menü/Beenden" (siehe Bild 1.3) wird die Steuerung vom Pascal-System an das Betriebssystem übergeben. Anstelle des Bildschirms der IDE von Turbo Pascal erscheint wieder das Prompt von MS-DOS.

Mit der Befehlsfolge "Datei/DOS aufrufen" wird nur temporär zu MS-DOS gewechselt, um danach mit EXIT wieder zu Turbo Pascal zurückzukehren.

Beenden Sie Pascal niemals durch Abschalten des PCs. Grund: Ungesicherte Dateien und Systemeinstellungen können nicht mehr gespeichert werden.

1.2   Das Programm auf Diskette compilieren

Der Befehl "Start/Ausführen" hat den Pascal-Quellcode in den Speicher (Arbeitsspeicher, RAM) übersetzt bzw. compiliert und sofort ausgeführt. Nach dem Abschalten des PCs ist das übersetzte Programm verloren. Nun soll das übersetzte Programm unter dem Namen ERSTPROG.EXE auf die Diskette in Laufwerk A: abgelegt werden. Dies hat den Vorteil, daß ERSTPROG.EXE nicht wiederholt neu übersetzt werden muß; außerdem kann es jederzeit von MS-DOS gestartet werden, ohne vorher Turbo Pascal aktivieren zu müssen.

Schritt 1: Pascal-Quellcode ERSTPROG.PAS laden

Turbo Pascal starten und mit der Befehlsfolge "Datei/Öffnen" den Quellcode ERSTPROG.PAS von Diskette A: laden und im Fenster anzeigen.

Schritt 2: Einstellungen zum Compilieren vornehmen

Quellcode und Objektcode Es ist eine gute Angewohnheit, eigene Dateien nicht auf Festplatte, sondern auf Diskette dauerhaft zu speichern. Dies gilt für PAS-Dateien (Quellcode) wie auch für EXE-Dateien (Objektcode).

Mit "Option/Verzeichnisse" eine Dialogbox öffnen und darin im Feld "EXE/TPU-Verzeichnis" durch die Eingabe von A:\ festlegen, daß das über-

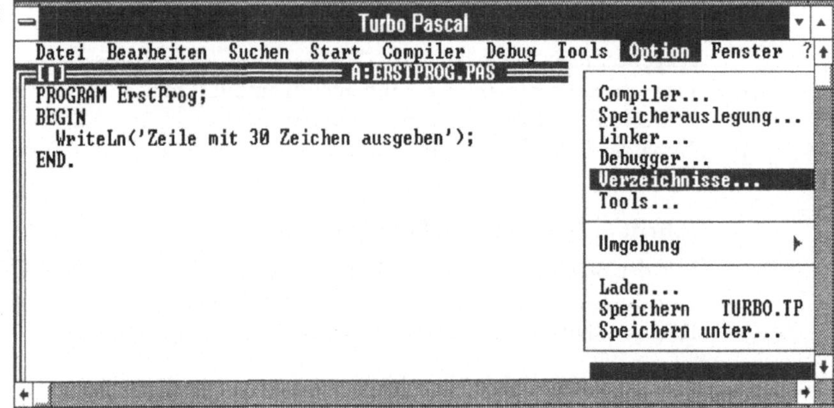

Bild 1.5: Mit "Option/Verzeichnisse" A:\ als EXE/TPU-Verzeichnis festlegen

"Compiler/Ausgabeziel" wählen und von "Speicher" auf "Festplatte" schalten. Ab jetzt wird nicht mehr in den Speicher (genauer: RAM als Internspeicher), sondern auf Festplatte (genauer: Diskette als Externspeicher) compiliert.

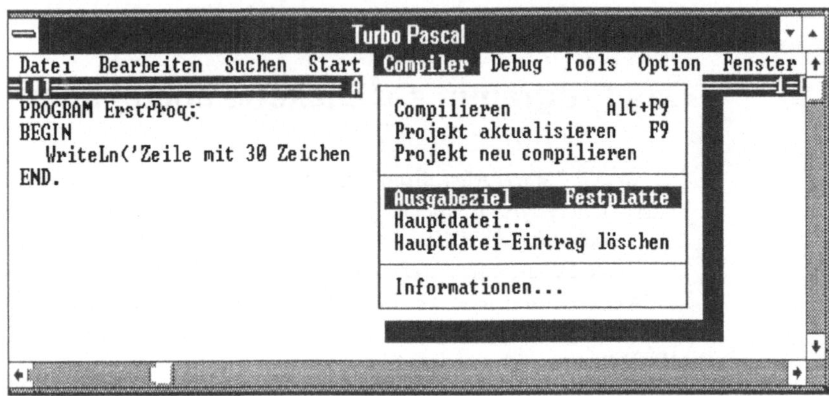

Bild 1.6: Mit "Compiler/Ausgabeziel" von Speicher auf Festplatte umschalten

Schritt 3: Compilieren und den Objektcode ERSTPROG.EXE speichern

Mit der Befehlsfolge "Compiler/Compilieren" den Quellcode ERSTPROG-.PAS des aktiven Fensters übersetzen und als Objektcode unter dem Namen ERSTPROG.PAS auf die Diskette in A: speichern.

Schritt 4: EXE-Datei in der MS-DOS-Ebene ausführen

Turbo Pascal mit "Datei/Beenden" endgültig oder mit "Datei/DOS aufrufen" zeitweilig verlassen. Nun kann das Programm ERSTPROG.EXE durch Eintippen von ERSTPROG beliebig oft zur Ausführung gebracht werden.

```
A:\>erstprog
 Zeile mit 30 Zeichen ausgeben
A:\>
```

Schritt 6: PAS-Quellcode und EXE-Objektcode gegenüberstellen

In der MS-DOS-Ebene nennt der DIR-Befehl in Laufwerk A: drei Dateien namens ERSTPROG.

```
A:\>dir
ERSTPROG EXE     2224   30.03.93    10.00
ERSTPROG BAK       77   38.03.03    15.31
ERSTPROG PAS       81   29.03.93     9.45
        3 Dateien           2382 Byte
A:\>
```

- Die PAS-Datei als zuletzt gespeicherten Quellcode.
- Die BAK-Datei als Quellcode vor der letzten Änderung bzw. Sicherung mit "Datei/Speichern".
- Die EXE-Datei als Objektcode in übersetzter und ausführbarer Form.

Die EXE-Datei ist mit 2224 Bytes viel größer als die PAS-Datei mit nur 81 Bytes. Grund: Die EXE-Datei enthält neben dem reinen Code noch diejenigen Teile der Laufzeit-Bibliothek von Turbo Pascal, die zur Programmausführung erforderlich sind. Bei einem umfangreichen Programm hingegen wird der Objektcode immer wesentlich kompakter sein als der zugehörige Quellcode. Auch "Compiler/Informationen" informiert über PAS- und EXE-Datei:

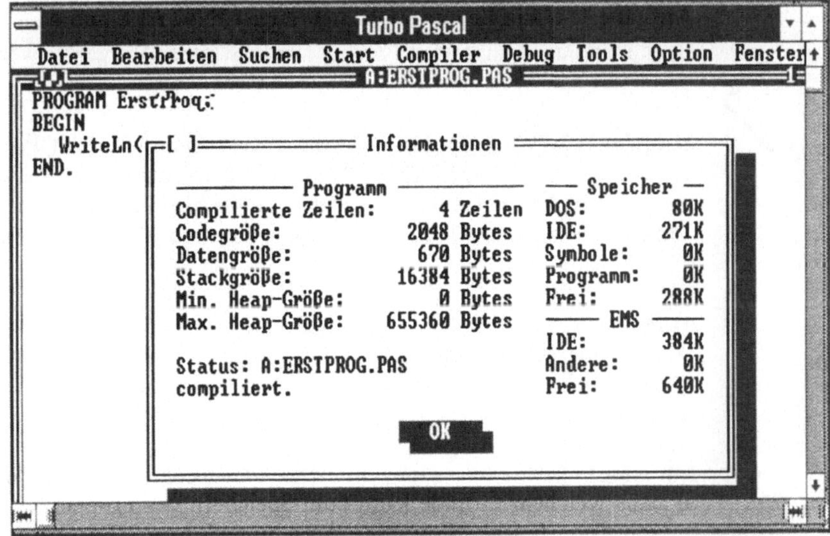

Bild 1.7: Mit "Compiler/Informationen" den Speicherzustand anzeigen lassen

Schritt 7: Das Fenster mit ERSTPROG.PAS schließen

Die Befehlsfolge "Fenster/Schließen" fordert - falls erforderlich - zum Speichern des geänderten und ungesicherten Quellcodes auf, schließt das aktive Fenster mit ERSTPROG.PAS und stellt ein leeres Fenster bereit. Nun kann man mit "Datei/Neu" ein neues Programm eingeben oder mit "Datei/Öffnen" ein bereits gespeichertes Programm erneut zum Bearbeiten laden.

"Fenster"-Menü

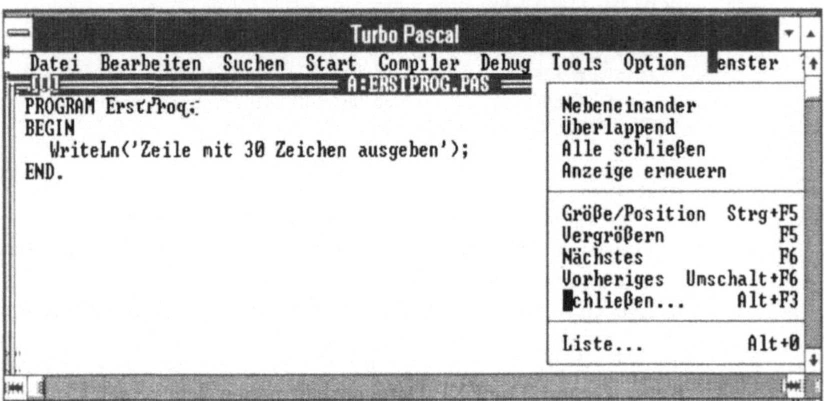

Bild 1.8: Mit "Fenster/Schließen" das aktive Fenster schließen

Aufgabe 1/1: Ein Benutzer gibt stets zuerst INSTALL und dann TURBO ein, um Turbo Pascal zu starten. Was ist falsch an dieser Vorgehensweise?

Aufgabe 1/2: Turbo Pascal bietet die Menübefehle "Datei" ("File"), "Bearbeiten" ("Edit") und "Start" ("Run") an? Wie kann man diese Befehle aufrufen? Nennen Sie die beiden grundlegenden Möglichkeiten. Hinweis: Bis zur Version 6.0 gelten die in Klammern angegebenen englischen Befehlswörter.

Aufgabe 1/3: In Kapitel 1 werden Befehlseingaben in Kurzschreibweise mit dem "/" angegeben. Was bedeutet die Eingabe "Datei/Speichern" (ab Version 7.0 von Turbo Pascal) bzw. "File/Save" (bis Version 6.0)?

Aufgabe 1/4: Unterscheidung von Klein-/Großschreibung bei der Eingabe.
a) Aus welchem Grunde kann zum Speichern des Programms ERSTPROG mit dem Befehl "Datei/Speichern unter" bzw. "File/Write to" sowohl *ErStpROg* als auch *erstprog* als auch *erstprog.pas* eingegeben werden?

b) Bei welchen Eingaben ist die Unterscheidung von Groß-/Kleinschreibung
   wichtig, und in welchen Fällen wird sie ignoriert?

Aufgabe 1/5: Das Programm DEMO9.PAS soll eingegeben, getestet und auf
B: sichergestellt werden. Ist die folgende Befehlsfolge korrekt bzw. sinnvoll?
   1. Befehl "Bearbeiten" bzw. "Edit"
   2. Programmtext Zeile für Zeile eintippen
   3. Befehl "Datei/Speichern/B:DEMO9" bzw. "File/Write to/B:DEMO9"
   4. Befehl "Start/Ausführen" bzw. "Run/Run"

Aufgabe 1/6: Die Datei ERSTPROG.PAS wird als Quelltext bzw. Quellcode
bezeichnet, die Datei ERSTPROG.EXE hingegen als Objektcode.

a) "Nur der Quelltext ist vom Benutzer lesbar." Ist diese Behauptung
   korrekt?

b) Wer übersetzt die PAS-Datei in die EXE-Datei?

c) "Nur der Quellcode kann vom System sofort ausgeführt werden, nicht
   aber der Objektcode." Richtig?

Aufgabe 1/7: Zum Menübefehl "Compiler/Ausgabeziel" bzw. "Compile/De-
stination" als Schalter.

a) Über diesen Befehl kann man "Speicher" oder "Festplatte" bzw. "Memory"
oder "Disk" einstellen. Was bewirken diese Schalterstellungen?

b) Warum ruft man zuvor den Menübefehl "Option/Verzeichnisse/EXE-
TPU-Verzeichnisse" bzw. "Options/Directories/EXE & TPU directory" auf?

c) Wann immer wird man Memory als Voreinstellung belassen bzw. wählen?

Turbo Pascal-Wegweiser für Ausbildung und Studium

2.1 Programme mit Variablen

Programm-
strukturen

Programme können je nach Programmstruktur verschieden ablaufen: *Linear* (Anweisung für Anweisung nacheinander), *verzweigend* (entweder die eine Anweisung oder die andere Anweisung), *wiederholend* (Anweisungen in Schleifen) oder *gegliedert* (Anweisungen in Unterprogrammen aufrufen). Im Kapitel 2 werden zunächst *lineare Programme* in Pascal erstellt.

2.1.1 Das Pascal-Programm erstellen

Problemstellung

Ein Programm mit dem Namen BENZIN1.PAS soll den durchschnittlichen Benzinverbrauch je 100 km ermitteln, wenn die zurückgelegten *Kilometer* und die dabei verbrauchten *Liter* eingegeben werden. *Kilometer* und *Liter* sind variable Größen und werden als Variablen bezeichnet.

Den Quellcode zu Programm BENZIN1.PAS eingeben (Schritt 1)

Zunächst den Befehl "Datei/Neu" wählen. Dann den Quellcode Zeile für Zeile eintippen. Am Ende jeder Zeile wird die Eingabetaste gedrückt. Die Zeichen "{" und "}" entweder direkt oder mit [Alt/123] (bei gedrückter [Alt]-Taste im Ziffernblock 123 tippen und dann die [Alt]-Taste loslassen) und [Alt/125] eingeben. Der zwischen { ...} geschriebene Kommentar wird im Quellcode angezeigt, nicht aber bei der späteren Programmausführung.

Pascal-
Quellcode

```
PROGRAM Benzin1;                              {Einzeiliger Programmkopf}
   {Den Benzinverbrauch je 100 km ermitteln}

                                              {Beginn des Programmblocks}
VAR
   Kilometer, Verbrauch: Real;                {Vereinbarungsteil}
   Liter:               Integer;

BEGIN                                         {Anweisungsteil}
   Write('Kilometer? ');
   ReadLn(Kilometer);
   Write('Liter? ');
   ReadLn(Liter);
   Verbrauch := Liter / Kilometer * 100;
   WriteLn('Durchschnittsverbrauch:');
   WriteLn(Verbrauch:5:2, ' Liter je 100 km');
   WriteLn('Programmende Benzin1.');
   ReadLn;
END.                                          {Ende des Programmblocks}
```

Lineares
Programm

Das Programm BENZIN1.PAS wird als lineares Programm bezeichnet, da die Anweisungen Write, ReadLn, ..., END später stets genau in der Reihenfolge (also in einer Linie) ausgeführt werden, in der sie im Quellcode stehen.

Das Programm BENZIN1.PAS ausführen lassen (Schritt 2)

Führen Sie das Programm BENZIN1.PAS mit "Start/Ausführen" (ab Version 7.0) bzw. "Run/Run" (bis Version 6.0) wie folgt aus. Zur Orientierung sind die Tastatureingaben im Dialogprotokoll unterstrichen gezeichnet:

Programm-
ausführung

```
Kilometer? 200                          {Eingabe des Benutzers}
Liter? 16
Durchschnittsverbrauch:                 {Ausgabe von Pascal}
8.00 Liter je 100 km
Programmende Benzin1.
```

Das Programm BENZIN1.PAS auf Diskette speichern (Schritt 3)

Sichern Sie den Quellcode mit der Befehlsfolge "Datei/Speichern/A:BEN-ZIN1" bzw. "File/Write to/A:BENZIN1". Turbo Pascal erweitert den Dateinamen BENZIN1 zu BENZIN1.PAS und speichert den Quellcode in A: ab.

2.1.2   Aufbau des Pascal-Programms

Programmkopf
+
Programmblock

Der Quellcode eines Pascal-Programms besteht aus dem *Programmkopf* und dem *Programmblock* mit *Vereinbarungsteil* und *Anweisungsteil*. Die reservierten Wörter PROGRAM, VAR, BEGIN und END sind groß geschrieben. ";" trennt Vereinbarungen und Anweisungen. Der Punkt hinter dem letzten END markiert das Ende des Quellcodes.

```
PROGRAM Programmname;          1. Programmkopf: Wie heißt das Programm?

VAR
   Vereinbarung(en);           2. Vereinbarungsteil: Was wird verarbeitet?

BEGIN
   Anweisung(en)               3. Anweisungsteil: Wie ist zu verarbeiten?
END.
```

Vereinbarungsteil von Programm BENZIN1.PAS

Alle im Programm zu verarbeitenden Namen müssen zuerst vereinbart (deklariert, definiert bzw. erklärt) werden.

Zwei
Vereinbarungen

VAR Kilometer:Real; bedeutet, daß für eine Variable namens *Kilometer* der Datentyp Real vereinbart wird. Der Datentyp Real steht für reelle Zahlen bzw. Dezimalzahlen; die Variable *Kilometer* kann später also Dezimalzahlen aufnehmen.

VAR Liter:Integer; vereinbart für die Variable *Liter* den Datentyp Integer mit ganzen Zahlen im Bereich zwischen -32768 und +32767. In *Liter* kann man später also nur ganze Zahlen ablegen.

Anweisungsteil von Programm BENZIN1.PAS

Alle auszuführenden Anweisungen werden durch ";" getrennt. Die Anweisungen ReadLn dienen zur Eingabe, Write und WriteLn zur Ausgabe sowie := zur Wertzuweisung. Die Anweisungen BEGIN und END begrenzen den Anweisungsteil von BENZIN1.PAS. Der "." steht hinter dem letzten END und beendet den Quellcode; nachfolgender Text bleibt unberücksichtigt.

DOS-Bildschirm und Pascal-Bildschirm bei Programmausführung

Mit [Alt/F5]
wechseln

Während der Ausführung werden die Ein- und Ausgaben auf dem DOS-Bildschirm protokolliert. Nach der Ausführung wird sofort wieder der Quellcode im Fenster angezeigt. ReadLn als letzte Anweisung im Programm BENZIN1.-PAS bewirkt, daß der DOS-Bildschirm sichtbar bleibt, bis eine beliebige Taste gedrückt wird. Ohne die Anweisung ReadLn muß man über die Tasten [Alt/F5] den DOS-Bildschirm "von Hand" sichtbar machen.

Tasten:	Befehlsfolge (deutsch ab Version 7.0):	Bedeutung:
[F10]		Menüzeile anzeigen
[F3/Return]	"Datei/Öffnen" bzw. "File/Open"	Programm in den RAM laden und zum Editieren in einem Fenster bereitstellen
[F2]	"Datei/Speichern" bzw. "File/Save"	Kopie des im aktiven Fenster editierten Programms auf Diskette speichern
[Strg/F9]	"Start/Ausführen" bzw. "Run/Run"	Das aktive Programm übersetzen und sofort ausführen
[Alt/F5]	"Run/UserScreen"	Vom Pascal-Bildschirm zum DOS-Bildschirm wechseln. Mit der [Return]-Taste zum Pascal-Bildschirm zurückgehen
[Alt/X]	"Datei/Beenden" bzw. "File/Exit"	Turbo Pascal beenden (zuvor ungesicherte Dateien speichern lassen)

Bild 2.1: Grundlegende Tastenkombinationen für Turbo Pascal-Dateien

Aufgabe 2/1: Lassen Sie das Programm BENZIN1.PAS mit den Eingaben 10.5 für Liter sowie 'tausend' für Kilometer ausführen. Was passiert?

Aufgabe 2/2: Wozu dient Readln als letzte Anweisung von BENZIN1.PAS?

Aufgabe 2/3: Testen Sie das folgende Programm BENZIN1A.PAS. Wie unterscheidet sich das Programm hinsichtlich Ausführbarkeit, Benutzerfreundlichkeit und Lesbarkeit vom Programm BENZIN1.PAS?

```pascal
PROGRAM Benzin1a;
VAR Kilometer,V:Real; Liter:Integer;
BEGIN ReadLn(Kilometer); ReadLn(Liter);
V:=Liter*100/Kilometer;
WriteLn(V); END.
```

2.1.3   Eingabe, Wertzuweisung und Ausgabe

Im Programm BENZIN1.PAS werden die Anweisungen ReadLn zur Eingabe,
:= zur Wertzuweisung und Write bzw. WriteLn zur Ausgabe verwendet.

Eingabe

ReadLn(Eingabeliste) als Anweisung zur Tastatureingabe

ReadLn-Anweisungen lesen die über die Tastatur getippten Werte in Variablen
ein, die durch "," aufgelistet werden. Ln steht für Line und erzeugt eine
abschließende Zeilenschaltung (auch *Wagenrücklauf/Zeilenvorschub, Carriage
Return/Linefeed* bzw. *CR/LF* genannt). Beispiele:

```
ReadLn(Liter);          Eingabe in die Variable namens Liter
ReadLn(liTER);          Wie oben (Namen in Großbuchstaben)
ReadLn(A,B);            Eingabe in die zwei Variablen A und B (bei der
                        Tastatureingabe sind die zwei Werte mit einer
                        Leerstelle zutrennen)
ReadLn;                 Fortsetzung auf Tastendruck (ohne Wertzuweisung in
                        Variable)
```

Die Eingabeanweisung *ReadLn(Eingabeliste)* übernimmt drei Aufgaben:
 1. Auf eine Eingabe des Benutzers warten
 2. Die Eingabe (Leerstelle trennt) den Variablen zuweisen
 3. Eine Zeilenschaltung vornehmen

Zuweisung
"ergibt sich aus"

Variable := Ausdruck als Anweisung zur Wertzuweisung

Der Wertzuweisungsoperator := weist stets von rechts nach links zu. := liest
man als "ergibt sich aus" und darf nicht mit dem Vergleichsoperator "=" für
"gleich" verwechselt werden. Beispiele zur Wertzuweisung mit den Integer-Variablen namens Liter, Z, X, Y, Sum:

```
Liter := 18;            "Weise 18 der Variablen Liter zu" bzw.
                        "Liter ergibt sich aus 8"
Z := 18 + 3;            Ermittle 23 aus 18+3 und weise 23 als
                        neuen Wert der Variablen Z zu (der
                        bisherige Wert von Z wird zerstört)

X := X + 1;             Berechne X + 1 und weise das Ergebnis der
                        Variablen X als Wert zu
X := 1 + X;             Identisch: Den Wert von X um 1 erhöhen

X := X * 2;             Den Wert von X verdoppeln
X := X + X;             Wie oben
y := X + Sum;           Das Ergebnis von X+SUM in Y zuweisen

Liter := 18.5           Fehlerhaft, wenn Liter als Integer-
                        Variable vereinbart worden ist

y + X := Sum;           Fehlerhaft, da inks von := immer nur ein
                        Variablenname stehen darf
```

Zwei Aufgaben von := als Operator bzw. Anweisung zur Wertzuweisung:
1. Den rechts von := angegebenen Ausdruck auswerten.
2. Das Ergebnis der Auswertung der links von := genanten Variable.

Ausgabe

WriteLn(Ausgabeliste) als Anweisung zur Ausgabe am Bildschirm

Die Anweisung WriteLn gibt die Variableninhalte bzw. Konstanten aus, die hinter dem Anweisungswort WriteLn in Klammern stehen und durch "," aufgelistet werden. Beispiele zur Bildschirmausgabe:

```
WriteLn(Z);            Wert der Variablen Z ausgeben
WriteLn(Z,A);          Werte der Variablen Z und A ausgeben

WriteLn(5.75);         Konstante Real-Zahl 5.75 ausgeben
WriteLn('Z');          Einzelzeichen 'Z' ausgeben
WriteLn;               Leerzeile bzw. CR+LF ausgeben

WriteLn(X,' DM');      Den Wert von X und eine Stringkonstante  bzw.
                       ein Literal ' DM' ausgeben
WriteLn(X  , ' DM');   Identisch (Leerstellen werden ignoriert,
                       sofern sie nicht zwischen ' ' stehen)

WriteLn(2*6.5);        Wert 13 ermitteln und Ergebnis ausgeben
WriteLn(Z, Z/2);       Wert von Z und daneben den halben Wert
                       von Z anzeigen

Write(X);WriteLn(Y);   Identisch mit Anweisung WriteLn(X,Y)
Write('Z'); WriteLn;   Identisch mit Anweisung WriteLn('Z')
```

Zwei Aufgaben der Ausgabeanweisung *WriteLn(Ausgabeliste)*:
1. Inhalt der Ausgabeliste anzeigen.
2. Zeilenschaltung vornehmen (Cursor zum Anfang der nächsten Zeile).

Write und WriteLn

Die Anweisung Write stimmt mit der Anweisung WriteLn bis auf das Fehlen der abschließenden Zeilenschaltung überein. Der Cursor bleibt bei Write also hinter dem letzten Ausgabezeichen stehen.

Ausgabeformatierung von Real-Zahlen

Gibt man im Programm BENZIN1.PAS die Anweisung

```
WriteLn(Verbrauch,' Liter je 100 km');
```

Exponent E+02

an, dann erscheint zum Beispiel die folgende Bildschirmausgabe:

```
8.4567E+02 Liter je 100 km
```

Grund: Dezimalzahlen vom Datentyp Real werden vom Pascal-System in Gleitkommadarstellung ausgegeben. 8.4567E+02 steht für 845.67 als Mantisse. "... E ..." bedeutet "... mal 10 hoch ..." (E für Exponent). 8.4567E+02 steht für

"8.4567 mal 10 hoch 2". Da diese Darstellung schlecht lesbar ist, formatiert
man mit dem Operator ":". Im Programm BENZIN1.PAS gibt die Anweisung

```
WriteLn(Verbrauch:5:2, ' Liter je 100 km');
```

den Inhalt der Variablen Verbrauch formatiert aus: fünf Ziffern; davon zwei
Dezimalstellen; der "." zählt mit; größte Zahl also 99.99; bei größeren Zahlen
erweitert das System die Ausgabestellen automatisch. In allgemeiner Form:

```
WriteLn(Variablenname:Länge:Nachkommastellen);
```

Dabei gibt *Länge* die Gesamtlänge des Druckfeldes inkl. "." an. Beipiele:

```
Schreibposition:    123456789012345678      123456789012345678
                    WriteLn(D)              WriteLn(D:10:2)
    für D=10        1.0000000000E+01          10.00
    für D=11.070110701  1.1070110701E+01      11.07
```

Ausgabeformatierung von Integer und String

Ganze Zahlen (Integer) werden rechtsbündig und Text bzw. Zeichenketten
(String) werden linksbündig formatiert ausgegeben. Beispiele:

```
Anweisung zur Ausgabe:        12345678901234567890
WriteLn('Diskette':10);       Diskette
WriteLn('3.5"':10);           3.5"
WriteLn(77:10);                       77
WriteLn(-513);                      -513
WriteLn('DM':6, 888:10:10);   DM            888
```

Aufgabe 2/4: Das Programm DREIECK1.PAS wird wie rechtsstehend ausgeführt. Ergänzen Sie den Quellcode an den mit .... bezeichneten Stellen.

```
PROGRAM Dreieck1;

VAR
  z1, z2, ... ;
                                        Zwei Zahlen? 77 1
BEGIN                                   Zahlen jetzt: 1 77
  Write('Zwei Zahlen? ');               Programmende Dreieck1.
  ReadLn(z1,z2);
  .... ;
  WriteLn('Zahlen jetzt: ',z1,' ',z2); WriteLn('Programmende Dreieck1.')
END.
```

Aufgabe 2/5: Erklären Sie die Wirkung der folgenden Wertzuweisungen.

```
z := 1;             x := 0.5;           y := 2 + 3 * 4;
z := z + 1;         x := .5;            y := (2 + 3) * 4;
z := 1 + z;         x := 5E-01          y := 3 * 4 + 2;
z + 1 := z;         x := 50E-02         y := 3 * (4 + 2);
```

2.2 Programm mit benannter Konstante

Im Programm BENZIN1.PAS von Abschnitt 2.1 wurde mit Variablen gearbeitet. Nun sollen neben Variablen auch Konstanten verarbeitet werden.

Problemstellung Das Programm MWST1.PAS ermittelt für einen beliebigen Rechnungsbetrag den Bruttobetrag inklusive 15 % Mehrwertsteuer. Die VAR-Vereinbarung für die drei Real-Variablen Netto, Mwst und Brutto wird durch eine CONST-Vereinbarung ergänzt, um Steuersatz als Real-Konstante zu definieren. Fordern Sie ein leeres Fenster mit "Datei/Neu" bzw. "File/New" an und geben Sie darin den Pascal-Quellcode zu Programm MWST1.PAS ein:

```
PROGRAM Mwst1;
   {Rechnungsbetrag inkl. Mehrwertsteuer}

CONST
   Steuersatz = 15;                             {Steuersatz als}
                                                {Konstante definieren}
VAR
   Netto, Mwst, Brutto: Real;

BEGIN
   Write('Rechnungsbetrag exkl. MWSt? ');
   ReadLn(Netto);
   Mwst := Netto * Steuersatz / 100;            {Steuersatz als}
   Brutto := Netto + Mwst;                      {Konstante verwenden}
   WriteLn(Netto:8:2,' DM Nettobetrag');
   WriteLn(Mwst:8:2,' DM Mehrwertsteuer');
   WriteLn(Brutto:8:2,' DM inkl. ',Steuersatz:4:1,' %');
   WriteLn('Programmende Mwst1.');
   ReadLn;
END.
```

Unbenannte und benannte Konstante Im Quellcode zu Programm MWST1.PAS ist 100 eine unbenannte Konstante, während Steuersatz als benannte (zuvor vereinbarte) Konstante verwendet wird. *Steuersatz = 15* würde eine Integer-Konstante vereinbaren, während *Steuersatz = 15.* (man kann auch *Steuersatz = 15.0* schreiben) eine Real-Konstante einrichtet. Führen Sie das Programm mit dem Befehl "Start/Ausführen" bzw. "Run/Run" für 1000 DM wie folgt aus:

```
Rechnungsbetrag exkl. MWSt? 1000
 1000.00 DM Nettobetrag
  150.00 DM Mehrwertsteuer
 1150.00 DM inkl. 15.0 %
Programmende Mwst1.
```

Benannte Konstante ist vorteilhaft Zum einen ist der Quelltext besser lesbar (das Wort *Steuersatz* sagt mehr aus als die Zahl 15). Zum anderen muß man bei etwaigen Wertänderungen nur einmalig die Konstantenvereinbarung abändern, während im Anweisungsteil des Programms keine Änderungen erforderlich sind.

Schreib-/Lese-Speicher (Variable) und Nur-Lese-Speicher (Konstante)

Einer Variablen kann man wiederholt verschiedene Werte zuweisen und diese
ausgeben; eine Variable ist ein Schreib-/Lese-Speicher. In einer Konstanten dagegen kann man den konstant vereinbarten Wert nicht ändern. Eine Konstante ist ein Nur-Lese-Speicher (Read-Only-Memory).

```
Variable als                          Konstante als
Ein-/Ausgabe-Speicher:                Nur-Ausgabe-Speicher:

VAR                                   CONST
  Steuersatz: Real;                     Steuersatz = 15.0;
BEGIN                                 BEGIN
  Steuersatz := 15;                     WriteLn(Steuersatz);
  WriteLn(Steuersatz);                  ...;
  WriteLn(Steuersatz);
  Steuersatz := 16.5;
  ...;
```

Aufgabe 2/5: Ersetzen Sie in Programm MWST1.PAS die unbenannten Konstanten durch benannte Konstanten. Programmname sei MWST1A.PAS.

Aufgabe 2/6: Ergänzen Sie die CONST-Vereinbarung bei ...., damit das links
angegebene Programm KONSTANT.PAS wie rechts wiedergegeben ausgeführt werden kann:

```
PROGRAM Konstant;                     Mit Turbo Pascal formulieren Sie
CONST                                 Probleme computerverständlich.
  .... ;                              Programmende Konstant.
BEGIN
  WriteLn(Womit, Was, Wer);
  WriteLn(Wen, Wie);
  WriteLn('Programmende Konstant.')
END.
```

Aufgabe 2/7: Zur ganzzahligen Division (Integer) sieht Turbo Pascal die Operatoren DIV und MOD vor: 9 DIV 2 ergibt 4 als Quotient und 9 MOD 2 ergibt 1 als Rest. Diese Operatoren werden im Programm GANZDIV1.PAS verwendet. Vervollständigen Sie dazu den Quellcode des Programms:

```
PROGRAM GanzDiv1;
VAR
  ...;
BEGIN
  Write('Zahl Teiler? ');
  ReadLn(Zahl,Teiler);
  ...;
  ...;
  WriteLn('Division = ',Quotient,' Rest ',Rest);
  WriteLn('Programmende GanzDiv1.');
END.
```

Ausführung zu Programm GanzDiv1:

```
Zahl Teiler? 20 7
Division = 2 Rest 6
Programmende GanzDiv1.
```

Aufgabe 2/8: Im Programm REAL1.PAS werden die Funktionen Int(), Frac(), Abs(), Trunc(), Round() und Random() aufgerufen. Welchen Bildschirm erhalten Sie bei der Ausführung von Programm REAL1.PAS?

```
PROGRAM Real1;
VAR
  z: Real;

BEGIN
  z := 98.246;
  WriteLn('1. ',z);
  WriteLn('2. ',z:6:3);                {Variable:Gesamt:Kommastellen}
  WriteLn('3. ',z:6:2);
  WriteLn('4. ',Int(z):2:0);           {Ganzzahliger Teil als Real-Wert}
  WriteLn('5. ',Frac(z):3:4);          {Nachkommateil als Real-Wert}
  WriteLn('6. ',Abs(z*-1):5:2);        {Absolutwert bzw. Betrag}
  WriteLn('7. ',Trunc(z));             {Ganzzahliger Teil als LongInt}
  WriteLn('8. ',Round(z));             {Runden als LongInt-Wert}
  WriteLn('9. ',Random:15:13);         {Zufallszahl größer/gleich 0 und}
                                       {kleiner 1}

  WriteLn('Programmende Real1.');
  ReadLn;
END.
```

Turbo Pascal-Wegweiser für Ausbildung und Studium

3.1   Zweiseitige Auswahl mit IF - THEN - ELSE

Verzweigende Programme enthalten mindestens eine IF-Anweisung, um in Abhängigkeit von einer Bedingung im weiteren Programmablauf unterschiedliche Anweisungen auszuwählen. Im folgenden Beispiel werden in Abhängigkeit der Bedingung *Tage > 8* zwei verschiedene Werte in die Variable *Prozentsatz* zugewiesen:

```
WENN der Inhalt von Tage größer als 8,          IF Tage > 4
  DANN weise 1.5 der Variablen Prozentsatz zu    THEN Prozentsatz := 1.5
  SONST weise 4 der Variablen Prozentsatz zu     ELSE Prozentsatz := 4;
```

Bild 3.1: Auswahl als algorithmischer Entwurf (links) und Pascal-Quellcode (rechts)

Problemstellung   Dem Programm SKONTO1.PAS liegen folgende Zahlungsbedingungen zugrunde: „Innerhalb von 8 Tagen werden 4 Prozent Skonto gewährt, sonst hingegen beträgt der Skontoabzug nur 1.5 Prozent.“

Pascal-
Quellcode   Geben Sie den Quellcode mit "Datei/Neu" ein und speichern Sie ihn mit der Befehlsfolge "Datei/Speichern" (ab Turbo Pascal-Version 7.0) bzw. mit "File-/Save" (bis Version 6.0) auf Diskette ab.

```
PROGRAM Skonto1;
  {Zweiseitige Auswahlstruktur mit IF-THEN-ELSE}

VAR
  Tage: Integer;
  Rechnungsbetrag, Prozentsatz, Skontobetrag: Real;

BEGIN
  WriteLn('Rechnungsbetrag, Tage nach Erhalt? ');
  ReadLn(Rechnungsbetrag, Tage);

  IF Tage > 8
    THEN                                                {Eine Anweisung}
      ProzentSatz := 1.5                                {nach THEN}
    ELSE
      BEGIN                                             {Zwei Anweisungen}
        ProzentSatz := 4;                               {nach ELSE, des-}
        WriteLn('... sogar ',ProzentSatz:3:1,' % Skonto.'); {halb BEGIN-END}
      END;

  Skontobetrag := Rechnungsbetrag * Prozentsatz / 100;
  Rechnungsbetrag := Rechnungsbetrag - Skontobetrag;
  Write(Skontobetrag:5:2,' DM Skonto bei ',Rechnungsbetrag:5:2);
  WriteLn(' DM Zahlung.');
  WriteLn('Programmende Skonto1.');
  ReadLn;
END.
```

Zweiseitige
Auswahl

Mit der Befehlsfolge "Start/Ausführen" (Pascal 7.0) bzw. "Run/Run" (bis 6.0) erhalten Sie bei Eingabe von 1000 DM und 9 Tagen sowie 4000 DM und 7 Tagen folgende Ausführungsbildschirme zu Programm SKONTO1.PAS:

Zwei
Ausführungen

```
Rechnungsbetrag, Tage nach Erhalt?
1000 9                                    Eingabe des Benutzers unterstrichen
15.00 DM Skonto bei 985.00 DM Zahlung.
Programmende Skonto1.


Rechnungsbetrag, Tage nach Erhalt?
4000 7
... sogar 4.0% Skonto.
160.00 DM Skonto bei 3840.00 DM Zahlung.
Programmende Skonto1.
```

Vor THEN bzw. ELSE steht niemals ein ";"-Zeichen

IF-THEN-ELSE bildet eine Anweisungseinheit und darf deshalb nicht durch ";" getrennt werden. Aus diesem Grunde steht im Programm SKONTO1.PAS weder vor THEN noch vor ELSE ein ";".

Mehrere Anweisungen als BEGIN-END-Block zusammenfassen

THEN bzw. ELSE bezieht sich stets nur auf *eine* Folgeanweisung. Deshalb ist eine Blockanweisung BEGIN-END zu schreiben, wenn mehr als eine Anweisung hinter THEN bzw. ELSE auszuführen ist. Im Programm SKONTO1-.PAS werden im ELSE-Teil zwei Anweisungen durch BEGIN-END zu einer Anweisungseinheit zusammengefaßt.

Struktogramm zu Programm SKONTO1.PAS

Der Programmablauf läßt sich als Struktogramm (Nassi-Shneiderman-Diagramm) darstellen. Die rechteckigen Sinnbilder sind nach DIN 66261 normiert; die äußere Form ist stets ein Rechteck, wobei Größe, Unterteilung und Innenbeschriftung frei wählbar sind. Das Sinnbild der zweiseitigen Auswahl (Dyadic Selective) mit IF enthält einen "Ja"-Zweig und einen "Nein"-Zweig:

Ablauf als
Zeichnung

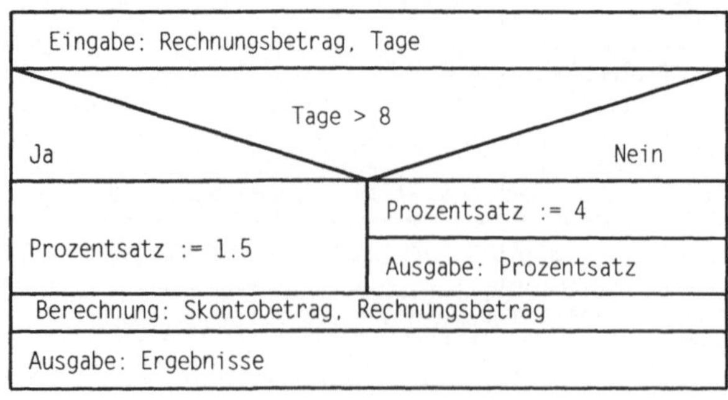

3.2   Einseitige Auswahl mit IF-THEN

Durch die IF-THEN-ELSE-Anweisung werden in Abhängigkeit von einer Bedingung zwei Fälle mit verschiedenen Anweisungen ausgewählt (Abschnitt
3.1). Durch die IF-THEN-Anweisung hingegen werden nur einem Fall bestimmte Anweisungen zugeordnet, während im anderen Fall "nichts getan
wird" (Leeranweisung). Man spricht von *zweiseitiger Auswahlstruktur* und *ein-
seitiger Auswahlstruktur*. Einseitige Auswahl als Pseudocode bzw. Entwurf
links und als Pascal-Quellcode rechts:

```
WENN Bedingung                                    IF x > 0
   DANN Anweisung;                                   THEN WriteLn('x ist positiv');
```

Für positive Werte von X wird die Meldung "x ist positiv" ausgegeben und
dann weitergegangen. Für negative Werte von X oder für Null hingegen wird
nichts getan und sofort im Programm fortgefahren.

3.2.1   Schachtelung von IF

Problemstellung   Man kann IF-Anweisungen geschachtelt anordnen. Das folgende Programm
POSITIV1.PAS soll eine Meldung ausgeben, wenn X und Y positiv sind. Geben Sie dazu den Quellcode ein:

Pascal-
Quellcode
```
PROGRAM Positiv1;
   {Schachtelung von zwei einseitigen Auswahlstrukturen IF-THEN}

VAR
   x, y: Real;

BEGIN
   Write('Zwei Zahlen x y? ');
   ReadLn(x,y);                                     {Zwei IF's geschachtelt}
   IF x > 0
     THEN IF y > 0
             THEN WriteLn('x und y sind positiv');
   WriteLn('Programmende Positiv1.');
   ReadLn;
END.
```

Zwei
Ausführungen   Nur bei der links angegebenen Ausführung sind beide Bedingungen X > 0 und
Y > 0 erfüllt; nur in diesem Fall erfolgt die Ausgabe der Meldung.

```
Zwei Zahlen x y? 10000 67              Zwei Zahlenx y? 999 1
x und y sind positiv                   Programmende Positiv1.
Programmende Positiv1.
```

Struktogramm zu Programm POSITIV1.PAS

In der zeichnerischen Darstellung der einseitigen Auswahl (Monadic Selectiv)
läßt man den "Nein"-Zweig leer. Das Struktogramm verdeutlicht die Schachtelung zweier Auswahlstrukturen: Äußere Auswahl mit Bedingung $x > 0$ und
innere Auswahl mit Bedingung $y > 0$:

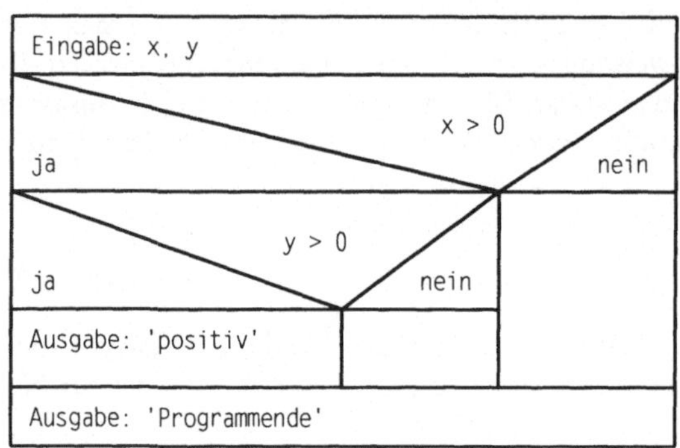

3.2.2   Logische bzw. Boolesche Operatoren

Problemstellung   Die Bedingung $x > 0$ ist ein Ausdruck, der nur die Werte *True* (wahr für X
größer als Null) oder *False* (unwahr) annehmen kann. Man spricht von einem
logischen Ausdruck bzw. Booleschen Ausdruck (nach George Boole). Im Programm POSITIV2.PAS wird anstelle der Schachtelung von Auswahlstrukturen (Programm POSITIV1.PAS, Abschnitt 3.2.1) der logische Operator AND
verwendet, um die Ausdrücke X>0 und Y>0 zu verknüpfen.

```
PROGRAM Positiv2;
  {Einseitige Auswahlstruktur. Logischer Operator AND}
VAR
  x, y: Real;
BEGIN
  Write('Zwei Zahlen x y? ');
  ReadLn(x,y);
  IF (x > 0) AND (y > 0)
    THEN WriteLn('x und y sind positiv');
  WriteLn('Programmende Positiv2.');
END.
```

Logisch AND:	Logisch OR:	Logisch NOT:
False AND False ergibt False	False OR False ergibt False	NOT False
False AND True ergibt False	False OR True ergibt True	ergibt True
True AND False ergibt False	True OR False ergibt True	NOT True
True AND True ergibt True	True OR True ergibt True	ergibt False

Bild 3.2: Logische Operatoren AND (und), OR (oder) und NOT (Negation)

3.2.3 Datentyp Boolean für Wahrheitswerte

Problemstellung Geben Sie das folgende Programm POSITIV3.PAS ein, und testen Sie es. Bei unterschiedlichen IF-Anweisungen erhalten Sie den gleichen Ausführungsbildschirm wie bei den Programmen POSITIV1.PAS (Abschnitt 3.2.1) und POSITIV2.PAS (Abschnitt 3.2.2).

```
PROGRAM Positiv3;
   {Einseitige Auswahlstruktur. Logischer Operator AND. Datentyp Boolean}
VAR
   x, y: Real;                      {Datentyp Real für beliebige Zahlenwerte}
   xPositiv, yPositiv: Boolean;     {Datentyp Boolean für 2 Werte True und False}
BEGIN
   Write('Zwei Zahlen x y? ');
   ReadLn(x,y);
   xPositiv := x > 0;               {True oder False nach xPositiv zuweisen}
   yPositiv := y > 0;
   IF xPositiv AND yPositiv
      THEN WriteLn('x und y sind positiv');
   WriteLn('Programmende Positiv3.');
END.
```

Zuweisung *xPositiv:=x>0* In Programm POSITIV3.PAS wird für die Variablen xPositiv und yPositiv der Datentyp Boolean vereinbart; damit können die Variablen nur die zwei Werte True oder False annehmen. Die Zuweisung *xPositiv:=x>0* geht in zwei Schritten vor:

1. Vergleichoperation x>0 auswerten: Ist x>0 erfüllt, dann ergibt sich True, sonst aber False.
2. Vergleichsergebnis zuweisen: Der Operator := weist der Variablen xPositiv den Wert True oder False zu.

Hinweis: Für *IF xPositiv THEN ...* könnte man auch *IF xPositiv=True THEN ...* schreiben. Diese Anweisung würde zwar korrekt ausgeführt, ist jedoch etwas umständlich formuliert, entspricht sie doch der Frage "Wenn der Schimmel weiß ist, dann ...". Die folgende Gegenüberstellung verdeutlicht dies:

```
IF X > 0                    WENN der Vergleich X>0 den Wert True ergibt,
   THEN ... ;                  DANN führe die Anweisungen hinter THEN aus
   ...


IF xPositiv                 WENN xPositiv den Wert True beinhaltet,
   THEN ... ;                  DANN führe die Anweisungen hinter TRUE aus
   ...
```

Aufgabe 3/1: Wozu dient die Auswahl in Programm SPEICHER.PAS?

```
PROGRAM Speicher;
VAR
   Verfuegbar: Real;
BEGIN
```

```
      Verfuegbar := MemAvail;
      IF Verfuegbar < 0
        THEN Verfuegbar := Verfuegbar + 65536.0;
      WriteLn('Verfügbarer Speicherplatz = ',Verfuegbar:5:0);
      WriteLn('Programmende Speicher.'); ReadLn;
    END.
```

Aufgabe 3/2: Wie lautet die IF-Anweisung im Programm UNGERADE.PAS,
wenn das Programm wie rechts wiedergegeben ausgeführt werden kann? Hinweis: Der MOD-Operator gibt den Rest bei ganzzahliger Division aus (siehe
auch Aufgabe 2/7).

```
PROGRAM Ungerade;                          Eine Zahl? 66
VAR                                        Gerade Zahl.
  z: Integer;                              Programmende Ungerade.
BEGIN
  Write('Eine Zahl? '); ReadLn(z);         Eine Zahl? 7
  IF ...                                   Ungerade Zahl.
  ...;                                     Programmende Ungerade.
END.
```

Aufgabe 3/3: Ergänzen Sie den Quellcode zu Programm FUNKTION.PAS
so, daß das Programm wie unten wiedergegeben ausgeführt werden kann.

```
PROGRAM Funktion;
  {Funktion f(x) mit zwei Fällen: y = 3x-2 für x<1 sowie y = 2x+1 für x>=1}
VAR
  x,y: Real;
BEGIN
  Write('x-Wert? ');
  ReadLn(x);
  IF ...;
  WriteLn('x-Wert=',x:3:2,', y-Wert=',y:3:2);
  Write('Programmende Funktion.'); ReadLn;

END.
```

```
    x-Wert? -4                      x-Wert? 23.5
    x-Wert:-4.00, y-Wert=-14.00     x-Wert=23.50, y-Wert=48.00
    Programmende Funktion.          Programmende Funktion.
```

Aufgabe 3/4: Ergänzen Sie den Quellcode zu Programm QUADRAT1.PAS.

```
PROGRAM Quadrat1;
  {Quadratische Gleichung lösen. Zwei IF für drei Fälle}
VAR
  a, b, c, D, x1, x2: Real;
BEGIN
  WriteLn('Gleichung a*x^2 + b*x + c lösen:');
  Write('Eingabe: a b c? ');
  ReadLn(a,b,c);
  D := Sqr(b) - 4*a*c;
  IF D < 0 ...
END.
```

3.3　Mehrseitige Auswahl

Nach der *zweiseitigen Auswahl* mit IF-THEN-ELSE (Abschnitt 3.1) und der *einseitigen Auswahl* mit IF-THEN (Abschnitt 3.2) werden in einer *mehrseitigen Auswahl* mehrere Fälle mit den Anweisungen CASE bzw. IF abgefragt.

3.3.1　Auswahl als Fallabfrage mit CASE

Problemstellung　Das Programm FALL1.PAS veranschaulicht, wie man mit der CASE-Anweisung für eine Variable (hier: Wahl als Integer-Variable) mehrere Fälle (hier: vier Fälle und einen Restfall) abfragt.

```
PROGRAM Fall1;
   {Mehrseitige Auswahl mit fünf Fällen. Fallabfrage mit CASE}

VAR
   Wahl: Integer;

BEGIN
   Write('Ihre Wahl zwischen 1 und 7? ');
   ReadLn(Wahl);

   CASE Wahl OF                                       {Beginn von CASE}
      1:     WriteLn('Sie haben 1 eingegeben.');
      2:     WriteLn('Ihre Eingabe: 2');
      3,4,5: BEGIN
                WriteLn('Sie haben 3, 4 oder 5');
                WriteLn('eingetippt.');
             END;
      6,7:   WriteLn('6 oder 7 als Eingabe.');
      ELSE WriteLn('Falsche Eingabe.');
   END;                                               {Ende von CASE}

   WriteLn('Programmende Fall1.');
   ReadLn;
END.
```

Fallabfrage mit CASE appears beside the CASE block.

Zwei Ausführungsbeispiele zu Programm FALL1.PAS am DOS-Bildschirm:

```
Ihre Wahl zwischen 1 und 7? 4
Sie haben 3, 4 oder 5
eingetippt.
Programmende Fall1.

Ihre Wahl zwischen 1 und 7? 99
Falsche Eingabe.
Programmende Fall1.
```

Die CASE-Anweisung kontrolliert die Fallabfrage als besondere Form der mehrseitigen Auswahl. Sind für einen Fall mehr als eine Anweisung abzuarbeiten, so sind diese Anweisungen als Block zwischen BEGIN-END zu schreiben (siehe oben im Programm der 3. Fall). Der ELSE-Teil ist optional und kann auch entfallen; dann wird dem "Restfall" keine gesonderte Anweisung zugeordnet.

CASE als
Struktogramm

```
CASE Ausdruck Of                  Ausdruck eines einfachen Datentyps außer Real
  K1: Anweisung 1;
  K2: Anweisung 2;                K1, K2, ..., Kn als Konstanten des gleichen
  ...                             Datentyps wie Ausdruck
  Kn: Anweisung m
  [ELSE Anweisung n;]             Den ELSE-Teil kann man auch weglassen
END;
```

Bild 3.3: Fallabfrage mit der Kontrollanweisung CASE-OF-END

Zeichnerische Darstellung der Fallabfrage von Programm FALL1.PAS

Die Fallabfrage bzw. mehrseitige Auswahl (Muliple Selective) wird im Struktogramm durch ein eigenes Sinnbild dargestellt; der ELSE-Teil bzw. "Sonst"-Teil ist optional und bleibt leer – falls im Pascal-Quellcode nicht vorgesehen:

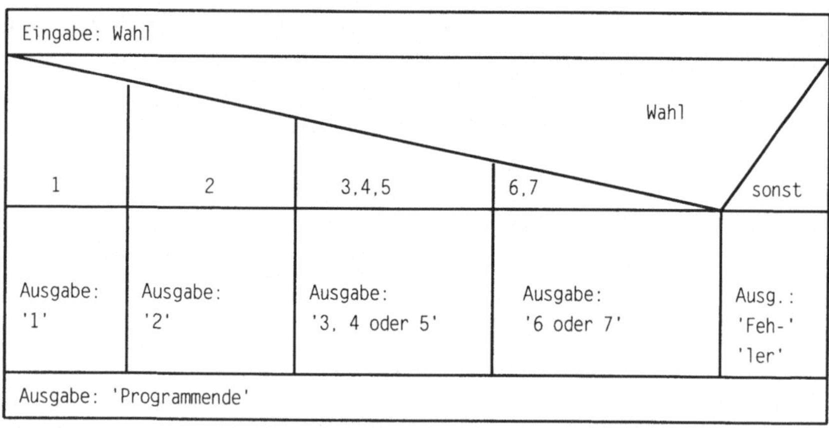

3.3.2   Auswahl mit Schachtelung von mehreren IF

Die Ausführungen des folgenden Programms FALL2.PAS stimmen mit denen von Programm FALL1.PAS (Abschnitt 3.3.1) exakt überein. Da keine CASE-Anweisung verwendet wird, sind mehrere IF-Anweisungen geschachtelt anzuordnen. Der umseitige Quellcode zu Programm FALL2.PAS ist nicht gerade

leicht lesbar; die CASE-Anweisung stellt somit eine wesentliche Vereinfachung
bei der Fallabfrage dar.

```
PROGRAM Fall2;
   {Mehrseitige Auswahl mit fünf Fällen. Schachtelung von IF}

VAR
   Wahl: Integer;

BEGIN
   Write('Ihre Wahl zwischen 1 und 7? ');
   ReadLn(Wahl);
   IF Wahl = 1
      THEN WriteLn('Sie haben 1 eingegeben.')
      ELSE IF Wahl = 2
              THEN WriteLn('Ihre Eingabe: 2')
              ELSE IF (Wahl=3) OR (Wahl=4) OR (Wahl=5)
                      THEN BEGIN
                              WriteLn('Sie haben 3, 4 oder 5');
                              WriteLn('eingetippt.');
                           END
                      ELSE IF (Wahl=6) OR (Wahl=7)
                              THEN WriteLn('6 oder 7 als Eingabe.')
                              ELSE WriteLn('Falsche Eingabe.');
   WriteLn('Programmende Fall2.');
   ReadLn;
END.
```

Schachtelung
von vier IF

Aufgabe 3.5: Das Programm URLAUB1.PAS gibt für die Eingabe von Alter
und Betriebsjahren Auskunft über die Urlaubstage wie folgt:

- Je nach Alter werden 30 Tage (Alter unter 18 Jahre), 28 Tage (von 18 bis
  einschl. 40 Jahre alt) oder 31 Tage Urlaub (ab 40 Jahre alt) gewährt.

- Bei 10 oder mehr Jahren Betriebszugehörigkeit erhält man einen und bei 25
  oder mehr Jahren zwei zusätzliche Urlaubstage.

Variablenliste: *Alter, Betriebsjahre* und *Tage.* Erstellen Sie das Programm UR-
LAUB1.PAS, damit es zum Beispiel wie folgt ausgeführt werden kann:

```
Alter, Jahre der Betriebszugehörigkeit? 30 11
Urlaubstage = 29
Programmende Urlaub1.
```

Turbo Pascal-Wegweiser
für Ausbildung und Studium

4.1   Abweisende Schleife mit WHILE-DO

*Entwurf des
Algorithmus*

Mehrere Zahlen sollen an der Tastatur eingegeben werden, um daraus den Mittelwert zu berechnen und anzuzeigen. Der Ablauf läßt sich wie folgt als *algorithmischer Entwurf bzw. Pseudocode* darstellen:

```
Zuweisung: Summe:=0 und Anzahl:= 0 als Anfangswerte (Initialisierung)
Eingabe: Beliebige Zahl (Zahl 0 bedeutet "Wiederholung beenden")
SOLANGE Zahl ungleich Null ist
  Erhöhen: Summe um Zahl sowie Anzahl um 1
  Eingabe: Nächste Zahl
ENDE-SOLANGE
Mittelwert berechnen und (falls möglich) ausgeben
```

*Pascal-
Quellcode*

Überträgt man den algorithmischen Entwurf in Pascal, dann erhält man das folgende Programm MITTEL1.PAS:

```
PROGRAM Mittel1;
   {Mittelwert berechnen. Abweisende Schleife mit WHILE-DO}

VAR
   Anzahl: Integer;
   Zahl, Summe, Mittelwert: Real;

BEGIN
   Summe := 0;                      {Vorbereitungsteil der Schleife}
   Anzahl := 0;
   Write('Erste Zahl (0=Ende)? ');
   ReadLn(Zahl);

   WHILE Zahl <> 0 DO               {Beginn des Wiederholungsteils der Schleife}
   BEGIN
     Summe := Summe + Zahl;
     Anzahl := Anzahl + 1;
     Write(Anzahl+1,'. Zahl (0=Ende)? ');
     ReadLn(Zahl);
   END;                            {Ende des Wiederholungsteils der Schleife}

   IF Anzahl > 0 THEN
     BEGIN
       Mittelwert := Summe / Anzahl;
       WriteLn('Mittelwert von ',Anzahl,' Zahlen');
       WriteLn('beträgt ',Mittelwert:4:2);
     END;
   WriteLn('Programmende Mittel1.');
   ReadLn;
END.
```

Führen Sie das Programm MITTEL1.PAS aus, um den Mittelwert der Zahlen 4, 2.75 und 6 berechnen zu lassen; die Schleife wird drei Mal durchlaufen und

4.25 als Mittelwert ausgegeben (links wiedergegeben). Bei sofortiger Eingabe von 0 wird die Schleife kein Mal durchlaufen bzw. abgewiesen (rechts wiedergegeben).

Zwei Ausführungen

```
Erste Zahl (0=Ende)? 4            Erste Zahl (0=Ende)? 0
2. Zahl (0=Ende)? 2.75            Programmende Mittel1.
3. Zahl (0=Ende)? 6
4. Zahl (0=Ende) 0
Mittelwert von 3 Zahlen
beträgt 4.25
Programmende Mittel1.
```

Schleife als Struktogramm

Die WHILE-Schleife wird im Struktogramm als gesondertes Sinnbild dargestellt, wobei die Eintrittsbedingung (hier *Zahl < > 0*) oben eingetragen wird.

```
Initialisieren: Summe:=0, Anzahl:=0

Eingabe: Zahl

Solange Zahl ungleich 0

    Erhöhe: Summe := Summe + Zahl

    Erhöhe: Anzahl := Anzahl + 1

    Eingabe: Zahl

Berechnung und Ausgabe: Mittelwert
```

WHILE ohne Blockanweisung

Um nur eine Anweisung hinter DO wiederholt ausführen zu lassen, kann der BEGIN-END-Block entfallen. Beispiel:

```
Z := 8;                   {Z erhält 8 als Anfangswert}
WHILE Z < 10 DO           {Die Schleife wird zweimal durchlaufen; danach}
    Z := Z + 1;           {ist in Z der Wert 10 gespeichert}
```

```
WHILE Bedingung DO        SOLANGE die Eintrittsbedingung erfüllt ist
BEGIN
  Anweisung 1;
  Anweisung 2;            Beliebig viele Anweisungen als BEGIN-END-Block
  ...;
  Anweisung n;
END;                      wiederhole die Anweisungen zwischen BEGIN-END
```

Bild 4.1: Abweisende Schleife mit der Kontrollanweisung WHILE - DO

Aufgabe 4/1: Im Programm MITTEL1.PAS sind zwei Programmstrukturen hintereinander angeordnet: eine Schleife, gefolgt von einer Auswahl. Welcher Laufzeitfehler kann auftreten, wenn man die Auswahlstruktur wegläßt?

4.2   Nicht-abweisende Schleife mit REPEAT-UNTIL

Algorithmischer Entwurf

Der Benutzer soll eine vom Pascal-System zufällig erzeugte Zahl erraten. Dabei sollen ihm Hilfestellungen der Form "... eingegebene Zahl zu klein" bzw. "... zu groß" gegeben werden, bis die Zufallszahl gefunden wird:

```
Erzeuge zufällig: ComputerZahl als die zu erratende Zahl
WIEDERHOLE
   Eingabe: BenutzerZahl
   Hinweis ausgeben, ob BenutzerZahl zu groß, zu klein oder gleich ist
BIS BenutzerZahl = ComputerZahl
```

Pascal-Quellcode

Codiert man den Entwurf in Turbo Pascal, dann erhält man den folgenden Quellcode zu Programm ZUFALLZ1.PAS. Die Anweisungen REPEAT-UN-TIL kontrollieren eine nicht-abweisende Schleife.

```
PROGRAM ZufallZ1;
   {Zufallszahl erraten. Nicht-abweisende Schleife mit REPEAT}

VAR
   Unten, Oben, BenutzerZahl, ComputerZahl, Versuch: Integer;

BEGIN
   Randomize;
   Write('Zufallszahlen: von bis? ');
   ReadLn(Unten,Oben);
   ComputerZahl := Random(Oben-Unten) + Unten;
   Versuch := 0;
   REPEAT                                          {Beginn der Schleife}
     Write('Zahl? ');
     ReadLn(BenutzerZahl);
     Versuch := Versuch + 1;
     IF BenutzerZahl > ComputerZahl
       THEN WriteLn('... zu groß')
       ELSE IF BenutzerZahl < ComputerZahl
               THEN WriteLn('... zu klein')
   UNTIL BenutzerZahl = ComputerZahl;             {Ende der Schleife}

   WriteLn('Gefunden nach ',Versuch,' Versuchen.');
   WriteLn('Programmende ZufallZ1.');
   ReadLn;
END.
```

Ausführung

Führen Sie das Programm ZUFALLZ1.PAS aus, wobei der PC eine Zufallszahl zwischen 20 und 25 auswählen soll. Je nach der vom Benutzer eingegebenen Zahl gibt das Programm die Hilfen "... zu groß" bzw. "... zu klein" aus. Die Schleife wird durchlaufen, BIS (UNTIL) die vom Benutzer eingegebene BenutzerZahl gleich der vom PC gewählten ComputerZahl ist (siehe nächste Seite).

<table>
<tr><td>Ausführung zu
FufallZ1</td><td>

```
Zufallszahlen: von bis? 20 25
Zahl? 25
... zu groß
Zahl? 20
... zu klein
Zahl? 22
... zu groß
Zahl? 21
Gefunden nach 4 Versuchen.
Programmende ZufallZ1.
```

</td></tr>
</table>

Struktogramm
zu ZufallZ1

Im Struktogram-Sinnbild wird die Austrittsbedingung der nicht-abweisenden Schleife eingetragen, hier also *BenutzerZahl = ComputerZahl..*

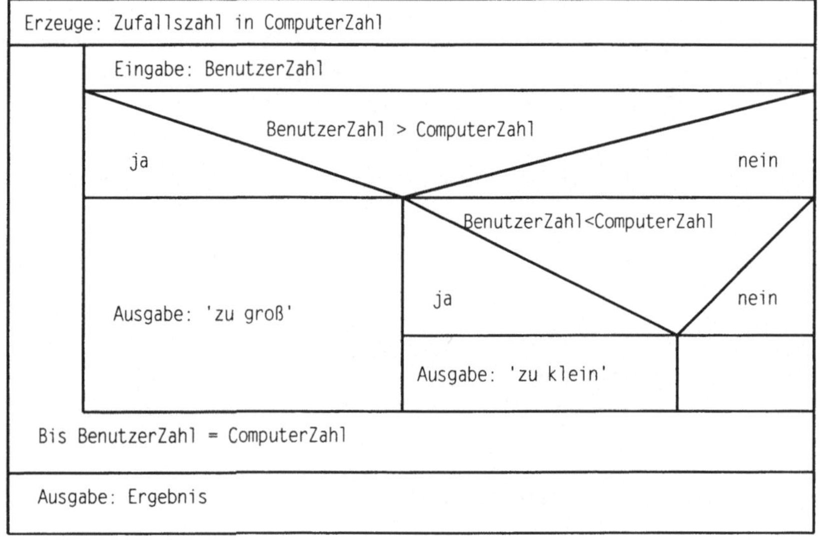

Hinweis: Die Anweisungen zwischen REPEAT und UNTIL werden wiederholt durchlaufen, bis die hinter UNTIL angegebene Austrittsbedingung *BenutzerZahl = ComputerZahl* erfüllt ist. Die Schleife wird mindestens einmal durchlaufen. Der erste Schleifendurchlauf erfolgt somit **unkontrolliert.**

```
REPEAT                          WIEDERHOLE die Anweisungen.
   Anweisung 1;
   Anweisung 2;                 Wiederholungsteil mit
   ...                          n Anweisungen
   Anweisung n
UNTIL Bedingung;                BIS die Austrittsbedingung erfüllt ist
```

Bild 4.2: Nicht-abweisende Schleife mit der Kontrollanweisung REPEAT-UNTIL

Aufgabe 4/2: Ersetzen Sie die WHILE-Schleife in Programm MITTEL1.PAS (Abschnitt 4.1) durch eine REPEAT-Schleife und speichern Sie die Änderung als Programm MITTEL2.PAS ab.

4.3 Zählerschleife mit FOR-DO

Pascal-Quellcode

Neben den Anweisungen WHILE-DO (abweisende Schleife) und REPEAT-UNTIL (nicht-abweisende Schleife) stellt Turbo Pascal die Anweisung FOR-DO bereit, um eine Zählerschleife zu kontrollieren. Das Programm ZINS-TAB1.PAS demonstriert diesen Schleifentyp:

```
PROGRAM ZinsTab1;
  {Zinstabelle. Zählerschleife mit FOR-DO}
VAR
  K0, K1, P, Z: Real;
  Jahr: Integer;

BEGIN
  Write('Kapital Zinssatz? ');
  ReadLn(K0, P);
  WriteLn('Jahr: Anfang: Zinsen:    Ende:');
  FOR Jahr := 1 TO 6 DO                        {Beginn der Zählerschleife}
  BEGIN
    Z  := K0 * P / 100;
    K1 := K0 + Z;
    WriteLn(Jahr:3,K0:9:2, Z:9:2, K1:9:2);
    K0 := K1;
  END;                                         {Ende der Zählerschleife}
  WriteLn('Programmende ZinsTab1.');
  ReadLn;
END.
```

Ausführung

Das Programm ZINSTAB1.PAS zeigt die Zinsen in sechs Jahren bei variablen Werten von Kapital und Zinssatz in Form einer Zinstabelle an. Bei der Ausführung des Programms ZINSTAB1.PAS erhält man für ein Kapital von 800 DM und einen Zinssatz von 10 % die folgende Zinstabelle:

```
Kapital Zinssatz? 800 10
Jahr: Anfang: Zinsen:    Ende:
 1    800.00    80.00    880.00
 2    880 00    88.00    968.00
 3    968.00    96.80   1064.80
 4   1064.80   106.48   1171.28
 5   1171.28   117.13   1288.41
 6   1288.41   128.84   1417.25
Programmende ZinsTab1.
```

Die Anweisung FOR-DO kontrolliert die Zählerschleife: Beim Eintritt in die Schleife erhält die Zählervariable (kurz: Zähler) namens *Jahr* die 1 als Anfangswert. Dieser Wert wird bei jedem Schleifendurchlauf um 1 erhöht. Hat der Zähler den Endwert 6 erreicht, wird die Schleife verlassen.

Struktogramm   Wie WHILE-DO kontrolliert auch die Anweisung FOR-DO eine abweisende Schleife als kopfgesteuerte Schleife: Vor einer neuen Wiederholung wird geprüft, ob die Schleifenbedingung als Eintrittsbedingung erfüllt ist Aus diesem Grunde sind im Struktogramm die gleichen Sinnbilder für diese Schleifentypen vorgesehen:

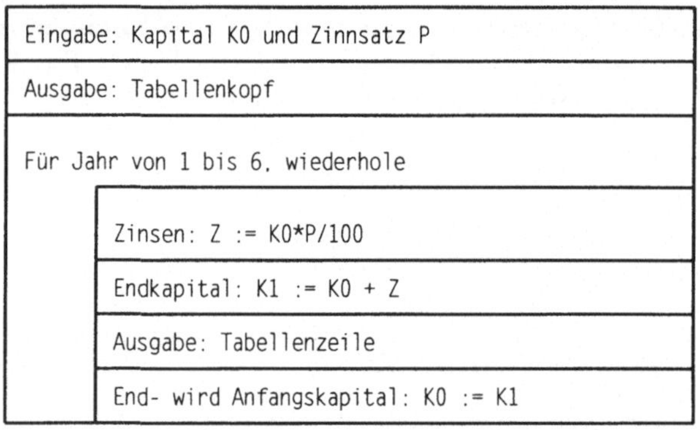

```
┌─────────────────────────────────────────────────────┐
│ Eingabe: Kapital K0 und Zinnsatz P                  │
├─────────────────────────────────────────────────────┤
│ Ausgabe: Tabellenkopf                               │
├─────────────────────────────────────────────────────┤
│ Für Jahr von 1 bis 6. wiederhole                    │
│   ┌─────────────────────────────────────────────┐   │
│   │ Zinsen: Z := K0*P/100                       │   │
│   ├─────────────────────────────────────────────┤   │
│   │ Endkapital: K1 := K0 + Z                    │   │
│   ├─────────────────────────────────────────────┤   │
│   │ Ausgabe: Tabellenzeile                      │   │
│   ├─────────────────────────────────────────────┤   │
│   │ End- wird Anfangskapital: K0 := K1          │   │
│   └─────────────────────────────────────────────┘   │
└─────────────────────────────────────────────────────┘
```

Zählervariable   Da *Jahr* die Werte 1 bis 6 durchläuft, bezeichnet man die Zählervariable auch
= Laufvariable   als Laufvariable.

```
FOR Zähler := Anfangswert TO Endwert DO        FÜR Zähler, der vom Anfangwert
   BEGIN                                        bis zum Endwert läuft. wiederhole
      Anweisung 1;
      Anweisung 2;                              Wiederholung mit n Anweisungen
      ...                                       bei jeweils um 1 erhöhtem Zähler
      Anweisung n;
   END;
```

Bild 4.3: Zählerschleife mit der Kontrollanweisung FOR-DO

FOR-TO und   Ersetzen Sie TO durch DOWNTO, wenn der Anfangswert größer als der
-DOWNTO   Endwert ist. Die folgenden Schleifen geben jeweils viermal untereinander den Text 'Pascal-Wegweiser' am Bildschirm aus:

```
Werte 12. 13. 14 und 15 für Zähler i:     Werte 15. 14. 13 und 12 für Zähler i:

   FOR i := 12 TO 15 DO                       FOR i := 15 DOWNTO 12 DO
      WriteLn('Pascal-Wegweiser');               WriteLn('Pascal-Wegweiser');
```

Schleifen wie *FOR i:=15 TO 12 DO* und *FOR i:=12 TO 15 DOWNTO* werden kein einziges Mal durchlaufen.

Aufgabe 4/3: Erstellen Sie die Programme DESIGN1.PAS, DESIGN2.PAS und DESIGN3.PAS mit geschachtelten FOR-Schleifen und Zählervariablen z und s, damit sie wie folgt ausgeführt werden können.

```
     =                    = = = =                ==========
    = =                   =       =               ========
   = = =                  =       =                =====
  = = = =                 =       =                 ===
 = = = = =                = = = =                     =

Programmende Design1.   Programmende Design2.    Programmende Design3.
```

Aufgabe 4/4: Das Programm WAHRHEIT.PAS hat eine Zählerschleife, für deren Zähler der Datentyp Boolean vereinbart ist. Welchen Bildschirm erhalten Sie bei der Programmausführung? Aus welchem Grunde kann man für Zähler die Typen Integer und Boolean vereinbaren, nicht aber Real-Typen?

```
PROGRAM Wahrheit;
   {FOR-Schleife mit Zählervariable vom Datentyp Boolean}
VAR
   ErSagtEtwas: Boolean;
BEGIN
   FOR ErSagtEtwas := True DOWNTO False DO
     IF ErSagtEtwas
        THEN WriteLn('Tillmann sagt: Jakob hat Recht.')
        ELSE WriteLn('Jakob sagt: Tillmann hat gelogen.');
   WriteLn('Programmende Wahrheit.');
END.
```

Aufgabe 4/5: Das Programm WERTTAB1.PAS sieht eine FOR-Schleife mit variabler Schrittweite des Zählers vor, um Wertetabellen zur Funktion $y = x^2 + 5$ zu erstellen. Ergänzen Sie den Pascal-Quelltext.

Quellcode

```
PROGRAM WertTab1;
   {Wertetabelle. FOR-Schleife mit variabler Schrittweite}
VAR
   Zaehler: Integer; Anfang, Ende, Schritt, x, y: Real;
BEGIN
   WriteLn('Anfangswert Endwert Schrittweite für x?');
   ReadLn(Anfang,Ende,Schritt);
   WriteLn('      x           y = x^2 + 5');
   FOR ...
END.
```

Ausführung

```
Anfangswert Endwert Schrittweite für x?
10 100 15
       x           y = x^2 + 5
     10.00          105.00
     25.00          630.00
     40.00         1605.00
     55.00         3030.00
     70.00         4905.00
     85.00         7230.00
    100.00        10005.00
```

Turbo Pascal-Wegweiser
für Ausbildung und Studium

Eine Prozedur ist formal wie ein Programm aufgebaut und kann als Programm im Programm aufgefaßt werden. Es gibt vordefinierte und benutzerdefinierte Prozeduren.

Vordefinierte Prozeduren

Prozedur vereinbaren

Prozeduren wie ReadLn und WriteLn sind als Standardprozeduren vordefiniert, müssen somit vom Benutzer nicht nochmals vereinbart werden. Die vordefinierten Prozeduren sind in den bisherigen Kapiteln etwas ungenau als Anweisungen bezeichnet worden.

Prozedur aufrufen

Der Aufruf der Prozedur bringt sie zur Ausführung; man schreibt dazu den Prozedurnamen hin (Prozeduranweisung). Bei den meisten Prozeduren sind hinter dem Namen aktuelle Parameter in Klammern anzugeben. Mit dem Aufruf der Prozedur ReadLn

```
ReadLn(Ein, X);                    {Prozeduranweisung mit zwei Parametern}
```

wird die Tastatureingabe an die aktuellen Parameter *Ein* und *X* als spezielle Variablen übergeben. Bei parameterlosen Prozeduren wie *ClrScr* (Bildschirmlöschen) entfällt die Angabe von Parametern:

```
ClrScr;                            {Prozeduranweisung ohne Parameter}
```

Benutzerdefinierte Prozeduren

Prozedur vereinbaren

Im Gegensatz zu den Standardprozeduren können die Namen und die jeweiligen Anweisungsfolgen vom Benutzer frei vorgegeben bzw. gewählt werden. Die Vereinbarung der Prozedur muß der Benutzer vornehmen. Prozeduren sind mit Name, Vereinbarungs- und Anweisungsteil im Prinzip wie "normale" Programme aufgebaut. Die Vereinbarung der Prozedur nehmen Sie im Vereinbarungsteil des übergeordneten Programms vor:

```
PROCEDURE Prozedurname(Parameterliste);        {Prozedurkopf}
   Vereinbarungen;                             {Vereinbarungsteil}
   BEGIN                                       {Anweisungsteil}
     Anweisungen
   END;                                        {END; anstelle von  END.}
```

Bild 5.1: Eine Prozedur ist formal wie ein "normales" Programm aufgebaut

Prozedur aufrufen

Der Aufruf der Prozedur erfolgt als Prozeduranweisung durch Hinschreiben ihres Namens (gegebenenfalls mit Parametern), und zwar im Anweisungsteil des übergeordneten Programms:

```
Prozedurname(Parameterliste);                      {Prozeduranweisung}
```

5.1   Parameterlose Prozedur

Pascal-
Quellcode

Das Programm MAXIMUM1.PAS ruft zweimal nacheinander eine Prozedur namens MAX auf, um jeweils das Maximum von zwei in den Variablen A und B gespeicherten Zahlen anzugeben.

```
PROGRAM Maximum1;
  {Maximum von zwei Zahlen. Parameterlose Prozedur}

VAR                                              {Variablen vereinbaren}
  a,b,x,y: Integer;

PROCEDURE Max;                                   {Prozedur vereinbaren}
  BEGIN
    IF a > b
      THEN WriteLn('Maximum = ',a)
      ELSE WriteLn('Maximum = ',b);
  END;

BEGIN
  Write('Zwei Zahlen? ');
  ReadLn(a,b);
  Max;                                           {1. Aufruf der Prozedur}
  Write('Zwei andere Zahlen? ');
  ReadLn(x,y);
  a := x; b := y;
  Max;                                           {2. Aufruf der Prozedur}
  WriteLn('Programmende Maximum1.');
END.
```

Ausführung

```
Zwei Zahlen? 2000 9999
Maximum = 9999
Zwei andere Zahlen? 7 1
Maximum = 7
Programmende Maximum1.
```

Aufgabe 5/1: Das Programm BENZIN1A.PAS soll genauso ausgeführt werden wie das Programm BENZIN1.PAS (Abschnitt 2.1). Ergänzen Sie den Vereinbarungsteil mit der VAR-Vereinbarung und den drei PROCEDURE-Vereinbarungen.

```
PROGRAM Benzin1a;
  ...;                                  {Die Vereinbarungsteile fehlen}

BEGIN                                   {Programmtreiber mit Aufruf}
  Eingabe;                              {von drei Prozeduren}
  Verarbeitung;                         {über drei Prozeduranweisungen}
  Ausgabe;
  WriteLn('Programmende Benzin1a.');
END.
```

5.2 Prozedur mit Werteparametern

Das Programm MAXIMUM1.PAS (Abschnitt 5.1) arbeitet recht umständlich:
Da in der Prozedur MAX die Zahlen der Variablen A und B verglichen
werden, sind vor dem zweiten Prozeduraufruf die Werte von x nach a und von
y nach b "von Hand" zuzuweisen bzw. zu übergeben.

Im folgenden Programm MAXIMUM2.PAS werden beim Prozeduraufruf "automatisch" Werte als Parameter an die Prozedur MAX übergeben. Geben Sie
den Quellcode zu Programm MAXIMUM2.PAS ein und testen Sie die Programmausführung:

```
PROGRAM Maximum2;
    {Maximum von zwei Zahlen. Prozedur mit Werteparametern}

VAR
    z1, z2, x, y: Integer;

PROCEDURE Max(a,b:Integer);           {Prozedurvereinbarung mit den formalen}
    BEGIN                             {Parametern a und b}
      IF a > b
        THEN WriteLn('Maximum = ',a)
        ELSE WriteLn('Maximum = ',b);
    END;

BEGIN
    Write('Zwei Zahlen? ');
    ReadLn(z1,z2);
    Max(z1,z2);                       {1. Prozeduraufruf: Wertübergabe z1, z2}
    Write('Zwei andere Zahlen? ');
    ReadLn(x,y);
    Max(x,y);                         {2. Prozeduraufruf: Wertübergabe x, y}
    WriteLn('Programmende Maximum2.');
END.
```

Prozedur is marked beside the PROCEDURE block and *Programm-
treiber* beside the main BEGIN block.

Werteparameter zur Eingabe von Werten in die Prozedur

Auf einen der Werteparameter a und b kann die Prozedur MAX nur lesend
zugreifen. Werteparameter nennt man deshalb auch Eingabeparameter (Eingabe von der rufenden Programmebene in die Prozedur hinein).

Globale und lokale Variablen

Die Variablen z1, z2, x und y sind im Programm MAXIMUM2.PAS als globale Variablen vereinbart worden und deshalb in allen untergeordneten Ebenen bekannt. Beim Aufruf der Prozedur werden ihre Werte an a und b übergeben, die als lokale Variablen nur innerhalb der Prozedur MAX gültig und bekannt sind.

5.3   Prozedur mit Variablenparametern

Im Gegensatz zu den Programmen MAXIMUM1.PAS und MAXIMUM2.PAS
(Abschnitt 5.1 und 5.2) wird beim folgenden Programm namens MAXI-
MUM3.PAS die größte Zahl von der Prozedur MAX nicht am Bildschirm aus-
gegeben, sondern an das rufende Programm zurückgegeben.

```
PROGRAM Maximum3;
   {Maximum von zwei Zahlen. Prozedur mit zwei Werte- und einem
Variablenparameter}

VAR
   z1, z2, x, y, Erg: Integer;

PROCEDURE Max(a,b:Integer; VAR Ergebnis:Integer);
   BEGIN
     IF  a > b
       THEN Ergebnis := a
       ELSE Ergebnis := b;
   END;

BEGIN
   Write('Zwei Zahlen? ');
   ReadLn(z1,z2);
   Max(z1,z2,Erg);
   WriteLn('Maximum = ',Erg);
   Write('Zwei andere Zahlen? ');
   ReadLn(x,y);
   Max(x,y,Erg);
   WriteLn('Größte Zahl = ',Erg);
   WriteLn('Programmende Maximum3.');
END.
```

*Struktogramm
mit zwei
Prozedur-
aufrufen*

Im Struktogramm sieht man den Unterprogrammaufruf als Oval vor, in das
die Prozeduranweisung eingetragen wird.

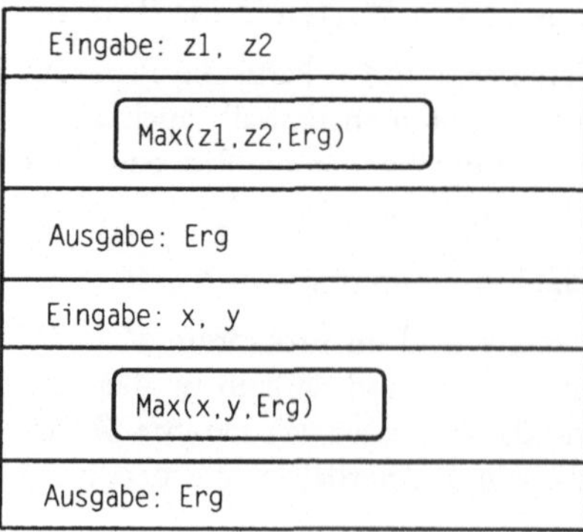

Aktuelle und formale Parameter

*aktuell =
Argument*

a und *b* sind Werteparameter, während *Ergebnis* in der Parameterliste durch VAR als Variablenparameter gekennzeichnet ist. Als formaler Parameter vertritt *Ergebnis* den beim Proceduraufruf angegebenen aktuellen Parameter *Erg*. Aktuelle Parameter bezeichnet man auch als Argumente.

*formal =
lokal bekannt*

Formale Parameter sind immer nur lokal im jeweiligen Unterprogramm bekannt. *a*, *b* und *Ergebnis* sind formale Parameter und somit als lokale Namen nur innerhalb der Prozedur MAX bekannt. *z1*, *z2*, *x*, *y* und *Erg* sind im Programm MAXIMUM3.PAS global vereinbart.

Werteparameter zur Eingabe

Zugriff: Nur lesender Zugriff auf den Parameter möglich.
Bezeichnungen: Eingabeparameter, Call by Value.
Vereinbarung: PROCEDURE Pro(a:Real);
Aufruf: Pro(77); Pro(6+r); Pro(S);
Übergabe: Wert 77 wird an a übergeben. Keine Rückübergabe möglich.

Variablenparameter zur Ein- und Ausgabe:

Zugriff: Lesender wie schreibender Zugriff auf den Parameter möglich.
Bezeichnungen: Ein-/Ausgabeparameter, Ergebnisparameter, Variablensubstitution, Call by Reference.
Vereinbarung::   PROCEDURE Pro(VAR a:Real);
Aufruf: Pro(x); Pro(Endbetrag);
Übergabe: Variablenadresse wird übergeben. Inhalt von a ist nach Änderung durch die Prozedur wieder als x im rufenden Hauptprogramm verfügbar.

Bild 5.2: Gegenüberstellung von Werteparameter und Variablenparameter

Aufgabe 5/2: Im Programm TAUSCH1.PAS wird eine Prozedur T aufgerufen, um den Inhalt zweier Variablen auszutauschen. Der Aufruf der Prozedur erfolgt nacheinander über folgende Prozeduranweisungen:

```
T(z1,z2);
...;
T(x,y);
```

Erstellen Sie dazu das Programm TAUSCH1.PAS.

Aufgabe 5/3: Wie kann die Prozedur XX vereinbart sein, wenn sie mittels XX(a,b,c), XXX(Summe,825,Z3) und XXX(0.5,m,Betrag) aufgerufen wird?

5.4   Funktion als Unterprogramm

In Pascal kann man Unterprogramme mit PROCEDURE als Prozeduren oder mit FUNCTION als Funktionen schreiben. Eine Prozedur wird wie eine Anweisung aufgerufen; man spricht deshalb auch von der Prozeduranweisung. Eine Funktion hingegen wird wie eine Variable aufgerufen, darf also rechts vom Zuweisungsoperator oder in einer Bedingung stehen.

5.4.1   Funktionen wie Variablen aufrufen

Problemstellung Das in den Programmen MAXIMUM1.PAS bis MAXIMUM3.PAS (Abschnitte 5.1 bis 5.3) über Prozeduren gelöste Maximumproblem soll im Programm MAXIMUM4.PAS über eine Integer-Funktion gelöst werden.

```
PROGRAM Maximum4;
   {Maximum von zwei Zahlen. Integer-Funktion}

VAR
   z1, z2, x, y: Integer;

FUNCTION Max(a,b:Integer): Integer;              {Funktion vereinbaren}
   BEGIN
     IF a > b
       THEN Max := a
       ELSE Max := b;
   END;

BEGIN
   Write('Zwei Zahlen? ');
   ReadLn(z1,z2);
   WriteLn('Maximum = ',Max(z1,z2));             {Funktion Max aufrufen}
   Write('Zwei andere Zahlen? ');
   ReadLn(x,y);
   WriteLn('Größte Zahl = ',Max(x,y));           {Funktion Max nochmals aufrufen}
   WriteLn('Programmende Maximum4.');
END.
```

Vereinbarung der Funktion MAX in Programm MAXIMUM4.PAS

Die Vereinbarung der Funktion MAX wird nach der VAR-Vereinbarung mit dem reservierten Wort FUNCTION eingeleitet. Eine Funktion wird im Vereinbarungsteil des übergeordneten Programms vereinbart:

Eine Funktion ist ein Unterprogramm, das genau einen Wert als Ergebnis zurückgibt. Die Parameterliste kann Werteparameter und Variablenparameter (mit VAR) enthalten. Die Datentypangabe des Funktionswertes (hier: Integer) erfolgt am Ende der Kopfzeile: Dieser Wert wird dem rufenden Programm nach Ausführung der Funktion übergeben. Im Anweisungsteil der Funktion ist dem Funktionsnamen mindestens einmal ein Funktionswert zuzuweisen (hier: *Max:=a* bzw. *Max:=b*).

```
FUNCTION Funktionsname(Parameterliste):Ergebnistyp;        {Funktionskopf}

Vereinbarungen;                                            {Vereinbarungsteil}

BEGIN                                                      {Anweisungsteil}
  Anweisungen
END;                                                       {END; statt END.}
```

Bild 5.3: Aufbau der Vereinbarung einer Funktion

Aufruf der Funktion MAX in Programm MAXIMUM4.PAS

Die Funktion MAX wird in einer WriteLn-Anweisung aufgerufen:

```
WriteLn('Größte Zahl = ',Max(x,y));
```

Das Funktionsergebnis wird also an WriteLn übergeben und von dieser am Bildschirm angezeigt. Prozeduren werden wie Anweisungen aufgerufen, Funktionen hingegen wie Variablen.

```
Variable := Funktionsname(Parameterliste);        {Funktionsaufruf}
```

Grund: Da die Funktion einen Wert zurückgibt, muß sie (wie eine Variable) zum Beispiel rechts vom Wertzuweisungszeichen stehen; nur so kann das Funktionsergebnis abgeliefert werden.

Funktionstypen je nach Ergebnistyp

Je nach dem Datentyp des Funktionsergebnisses unterscheidet man zum Beispiel eine Integer-Funktion, Real-Funktion, Boolean-Funktion und Char-Funktion. Beispiele:

```
Vereinbarung:                                      Aufruf:

FUNCTION Zahl4: Integer;                           Wert := Zahl4;

FUNCTION Erhoehen(Par:Real): Real;                 WriteLn(Erhoehen(97));

FUNCTION FunBool(Zahl1,Zahl2:Real): Boolean;       IF MaxBool(7,1.5) THEN ;

FUNCTION FunChar(e1:Real;VAR e2:Char): Char;       z := FunChar(3.4,Zei);
```

Aufgabe 5/4: Das Programm FUNPROZ.PAS soll die Funktion Aus1 und die Prozedur Aus2 aufrufen, die jeweils "Feldberg im Schwarzwald" ausgeben.

5.4.2   Geschachtelter Aufruf von Funktionen

Zwei Formen der Schachtelung von Funktionen sind zu unterscheiden: Entweder man ruft die Funktion im Anweisungsteil einer Funktion auf. Diese Form des Aufrufes ist entsprechend auch bei Prozeduren möglich. Oder man ruft die Funktion in der Parameterliste einer Funktion auf; das Programm MAXIMUM5.PAS gibt dazu ein Beispiel.

```
PROGRAM Maximum5;
   {Maximum von drei Zahlen. Integer-Funktion mit geschachteltem Aufruf}

VAR
   z1, z2, z3: Integer;

FUNCTION Max(a,b:Integer): Integer;
  BEGIN
    IF a > b
      THEN Max := a
      ELSE Max := b
  END;

BEGIN
  Write('Drei Zahlen? ');
  ReadLn(z1,z2,z3);
  WriteLn('Maximum = ',Max(Max(z1,z2),z3));     {geschachtelter Aufruf von MAX}
  WriteLn('Programmende Maximum5.')
END.
```

Testen Sie das Programm MAXIMUM5.PAS zweimal mit den Werten 4, 7 und 1 bzw. 111, -2 und 100:

```
Drei Zahlen? 4 7 1            Drei Zahlen? 111 -2 100
Maximum = 7                   Maximum = 111
Programmende Maximum5.        Programmende Meximum5.
```

Im Programm MAXIMUM5.PAS werden die beiden Prozeduraufrufe

```
VorlaeufigesMaximum := Max(z1,z2);
EndgueltigesMaximum := Max(VorlaeufigesMaximum);
```

wie folgt durch einen geschachtelten Funktionsaufruf von MAX ersetzt:

```
EndgueltigesMaximum := Max(Max(z1,z2),z3);
```

Aufgabe 5/5: Welchem Zweck dient die Funktion H? Erstellen Sie ein Programm RUFH.PAS, das die Funktion H aufruft (Tastatureingabe für x).

```
FUNCTION H(x:Integer): Real;
BEGIN
  H := x/3;
END;
```

Aufgabe 5.6: Das Programm PROGAUF1.PAS demonstriert, welche Formen der Vereinbarung in einem Turbo Pascal-Programm möglich sind: USES (Abschnitt 11), CONST, TYPE, VAR, PROCEDURE und FUNCTION.

```
PROGRAM ProgAuf1;
  {Demonstration zum allgemeinen Aufbau eines Pascal-Programms}
```

Vereinbarungen

```
USES                                      {Unit Crt als Sammlung von Routi-}
  Crt;                                    {nen (hier für ClrScr) einbinden}

CONST                                     {Konstanten erhalten einen festen}
  Zahl0 = 11111;                          {Wert, der nicht veränderbar ist}

TYPE                                      {Datentypen definieren durch}
  GanzeZahl = Integer;                    {Umbenennen vordefinierter Typen}
  MiniZahl = 1..9;                        {oder Neudefinition von Typen}

VAR                                       {Variablen nehmen Werte eines}
  Zahl1: GanzeZahl;                       {vordefinierten Datentyps oder}
  z2: MiniZahl;                           {benutzerdefinierten Typs auf}

PROCEDURE Ausgabe1;                       {Prozeduren als Unterprogr., die }
BEGIN                                     {direkt kein Ergebnis zurückgeben}
  WriteLn('Heidelberg liegt am Neckar.');
END;

FUNCTION Verdoppeln(z:GanzeZahl):Integer; {Funktionen als Unterprogramme,}
BEGIN                                     {die Ergebnis direkt zurückgeben}
  Verdoppeln := z * 2;
END;
```

*Programm-
treiber*

```
BEGIN                                     {Hauptprogramm zw. BEGIN und END.}

  ClrScr;                                 {1. Prozedur aus Unit Crt rufen}

  Ausgabe1;                               {2. Benutzerdefin. Prozedur rufen}
  WriteLn(Zahl0,' mal 2 = ');

  Write(Verdoppeln(Zahl0));               {3. Benutzerdefinierte Funktion}

  Write('Welche ganze Zahl verdoppeln? '); {4. Vordefinierte Ausgabeprozedur}

  ReadLn(Zahl1);                          {5. Vordefinierte Eingabeprozedur}

  WriteLn(Verdoppeln(Zahl1));             {6. Funktion nochmals aufrufen}

  z2 := 5;                                {7. Wertzuweisung}

  WriteLn('Summe: ',Zahl0 + Zahl1 + z2);  {8. Ausgabeproz. mit Berechnung}

  WriteLn('Programmende ProgAuf1.');      {9. Vordefinierte Ausgabeprozedur}

  ReadLn;                                 {10. Vordefin. Eingabeprozedur}

END.                                      {Der "." hinter END ist wichtig}
```

a) Welches Dialogprotokoll erhalten Sie am Bildschirm, wenn Sie das Programm PROGAUF1.PAS für die Eingabe von Zahl1=4, Zahl=-222 sowie Zahl1=44444 (beliebige Zahl1 > 32767, also größer als MaxInt) ausführen lassen?

b) Geben Sie zwei grundlegende Unterschiede an, die beim Aufruf der Prozedur Ausgabe1 einerseits und der Funktion Verdoppeln andererseits sichtbar werden.

c) Worin unterscheiden sich die Prozeduren ClrScr und Ausgabe1?

d) Sind z und Zahl1 globale oder lokale Variablen?

e) „Die Datentypen GanzeZahl, MiniZahl und Integer unterscheiden sich nur in ihren Namen, nicht aber im jeweiligen Wertebereich". Beurteilen Sie diese Aussage.

f) In den Unterprogrammaufrufen *ReadLn(Zahl1)* und *Verdoppeln(Zahl1)* ist Zahl1 als Parameter angegeben. Wozu dient Zahl1 als Parameter?

g) Ist GanzeZahl ein **formaler oder aktueller Parameter?**

h) Bezeichnet man formale oder aktuelle Parameter als Argumente?

i) Ist GanzeZahl ein **lokaler oder globaler Bezeichner?**

j) Welche der Unterprogrammaufrufe von Verdoppeln und Ausgabe1 sind fehlerhaft (Begründung)?

```
WriteLn(Verdoppeln(10));
WriteLn(Verdoppeln(XX));            {XX als Integer-Variable initialisiert
WriteLn(Verdoppeln(YY));             {YY als Real-Variable initialisiert}
WriteLn(Verdoppeln(ZZ));            {ZZ als Konstante ZZ=888}
WriteLn(Ausgabe1);
WriteLn(Ausgabe1(XX);
IF Verdoppeln(aaa) > 100 THEN ...
OK := Verdoppeln(aaa) > 100 THEN ...   {OK als Boolean-Variable}
```

k) Testen Sie die Wertzuweisungen *z2:=9* und *z2:=10* und erklären Sie den Unterschied.

l) Erklären Sie den Begriff *Prozeduranweisung* am vorliegenden Programm.

m) „Die Prozedur Ausgabe1 könnte man in der Funktion Verdoppeln aufrufen, nicht aber umgekehrt Verdoppeln in Ausgabe1." Was halten Sie von dieser Aussage (begründen Sie Ihre Meinung)?

n) *MiniZahl = 1...9* wird als Unterbereichstyp bezeichnet, da die Werte 1..9 als Unterbereich von Integer vereinbart sind. Ist Integer demzufolge mit *TYPE Integer = -32768..32767* vordefiniert?

o) Was bezweckt diese Vereinbarung: *TYPE Werte = (1,3,5,7,9,11,13,15,17)?* Wie könnte man diesen benutzerdefinierten Datentyp nennen?

Turbo Pascal-Wegweiser
für Ausbildung und Studium

Die Bezeichnungen *Textverarbeitung* bzw. *Stringverarbeitung* beziehen sich stets auf den einfachen Datentyp Char (einzelnes Zeichen) und den strukturierten Datentyp STRING (Zeichenkette).

- In Abschnitt 6.1 wird auf den Datentyp Char eingegangen.

- In Abschnitt 6.2 wenden wir uns dem Datentyp STRING zu (die Großschreibung weist STRING als reserviertes Wort aus).

6.1   Datentyp Char für Einzelzeichen

Problemstellung   Das Programm CODETAB1.PAS gibt eine Codetabelle mit den Zeichen aus, die nach dem ASCII (*American Standard Code for Information Interchange*, Amerikanischer Standard-Code für den Austausch von Information) mit den Ordnungszahlen 32 bis 255 codiert bzw. verschlüsselt sind.

Quellcode

```
PROGRAM CodeTab1;
   {ASCII-Code als Tabelle. Zählervariable vom Char-Typ}

VAR
   z: Char;
   i: Integer;

BEGIN
   i := 0;
   FOR z := ' ' TO #255 DO
   BEGIN
     Write(z:3);
     i := i + 1;
     IF i MOD 16 = 0 THEN WriteLn;
   END;
   WriteLn('Programmende CodeTab1.'); ReadLn;
END.
```

Bei der Ausführung von Programm CODETAB1.PAS erhalten Sie die folgende Codetabelle am Bildschirm, in der jeweils 16 Zeichen in der Zeile stehen:

Ausführung

```
    !  "  #  $  %  &  '  (  )  *  +  ,  -  .  /       Zeichen 32: Space ' '
 0  1  2  3  4  5  6  7  8  9  :  ;  <  =  >  ?       Zeichen 33: '!'
 @  A  B  C  D  E  F  G  H  I  J  K  L  M  N  O
 P  Q  R  S  T  U  V  W  X  Y  Z  [  \  ]  ^  _       Zeichen 48: '0'
 `  a  b  c  d  e  f  g  h  i  j  k  l  m  n  o       Zeichen 49: '1'
 p  q  r  s  t  u  v  w  x  y  z  {  |  }  ~  ▓
 ...
Programmende CodeTab1.
```

Der ASCII hat sich als Standard-Code für PCs durchgesetzt. So wird das Leerzeichen ' ' (Space, Blank) generell mit der Codenummer 32 geführt, während die Ziffer '0' die um 16 höhere Codenummer 48 hat. In der von Programm CODETAB1.PAS ausgegebenen Tabelle werden also immer 16 Zeichen nebeneinander in der Tabellenzeile dargestellt. Die Anweisung

```
IF i MOD 16 = 0 THEN WriteLn;
```

sorgt dafür, daß jeweils nach dem 16. Zeichen ein Zeilenvorschub zur nächsten Tabellenzeile ausgegeben wird (denn dann ist i durch 16 ohne Rest teilbar).

6.1.1   Zählervariable als Char-Variable

Im Programm CODETAB1.PAS wird für die Variable z der Datentyp Char vereinbart, der alle Zeichen des Zeichensatzes gemäß dem ASCII umfaßt. Da die Zeichen mit Codenummern bzw. Ordinalzahlen von 0 bis 255 durchnumeriert sind, ist ein Sortieren der Zeichen möglich. Die Sortierfolge gilt für Buchstaben ('A'=65 kommt vor 'B'=66, siehe Zeile 3 in obiger Codetabelle), für Ziffern ('0'=48 vor '1'=49) und auch für Sonderzeichen ('%'=37 vor '&'=38). Daß es mit dem Einsortieren der Umlaute ä, ü, ö und dem Zeichen ß Schwierigkeiten geben kann, ergibt sich aus dem ASCII.

Beispiele zu # Darstellung von Zeichen gemäß ASCII: Buchstabe 'h'=104, Ziffer '6'=54, Sonderzeichen '/'=47 und Steuerzeichen LF=10 für Line Feed bzw. Zeilenvorschub. In Pascal läßt sich ein Zeichen auch dadurch angeben, daß man die Codenummer hinter das Zeichen # schreibt. Beispiele: #104 für 'h', #54 für '6'und #10 für LF.

Zähler vom Char-Typ In der FOR-Schleife von Programm CODETAB1.PAS dient die Char-Variable z als Zähler. Anstelle von ' ' kann man auch #32 schreiben; die zwei folgenden Schleifen sind somit gleichbedeutend:

```
FOR z := ' ' TO #255 DO          FOR z := #32 TO #255 DO
   Write(z:3);                       Write(z:3);
```

Natürlich kann man eine Integer-Variable i als Zähler angeben. In diesem Falle muß man aber durch den Funktionsaufruf Chr(i) das Zeichen mit der Codenummer i ausgeben lassen:

```
FOR i := 32 TO 255 DO            FOR i := 30 TO 253 DO
   Write(Chr(i):3);                 Write(Chr(i+2):3);
```

Anstelle von *Write(Chr(i):3)* kann man auch *Write(Chr(i),' ')* schreiben.

Vordefinierte Funktionen Chr(), Pred(), Succ() und Ord()

Die Funktion Chr(i) gibt das Zeichen mit der Ordnungsnummer i an. Beispiele: Chr(65) ergibt 'A' und Chr(i) ergibt 'B' für i=66.

Die Funktion Pred(z) gibt das Vorgängerzeichen an. Ist in der Char-Variablen z das 'C' abgelegt, ergibt Pred(z) den Wert 'B'. Entsprechend gibt Pred('B') das Zeichen 'A' an. Succ(z) gibt das Nachfolgerzeichen an. Succ('x') ergibt 'y'.

Die Funktion Ord(z) gibt Ordnungsnummer bzw. Codenummer gemäß ASCII an. Beispiele: Ord('A') ergibt 65. Chr(Ord('A')) ergibt wieder 'A', da Ord() die Umkehrfunktion zur Funktion Chr() ist.

6.1.2   Menütechnik mit Char-Variable

Das Programm MENUE1.PAS enthält das *Strukturgerüst* für ein eigenes Menüprogramm, das Sie Ihren jeweiligen Anforderungen anpassen können.

```
PROGRAM Menue1;
  {Strukturgerüst zur Menütechnik}

PROCEDURE MenueWahl1;
BEGIN
  WriteLn('... Wahl1')                     {Hier tragen Sie Ihre Anweisungen ein}
END;

PROCEDURE MenueWahl2;
BEGIN
  WriteLn('... Wahl2')
END;

PROCEDURE Menue;
VAR
  Auswahl: Char;
BEGIN
  REPEAT
    WriteLn(' 0   Ende');
    WriteLn(' 1   Wahl 1');                {Hier setzen Sie Ihren Text ein}
    WriteLn(' 2   Wahl 2');
    REPEAT
      Write('Wahl 0-2? ');
      ReadLn(Auswahl)
    UNTIL Auswahl IN ['0','1','2'];
    CASE Auswahl OF
      '1': MenueWahl1;                     {Hier ergänzen Sie Prozeduraufrufe}
      '2': MenueWahl2;
    END;
    WriteLn('Weiter mit Taste'); ReadLn;
  UNTIL Auswahl = '0';
END;

BEGIN                                      {des Programmtreibers}
  Menue;
  WriteLn('Programmende Menue1.');
  ReadLn;
END.                                       {des Treibers}
```

Ausführung Führt man das Programm MENUE1.PAS aus, so wird das Menü wiederholt angeboten, bis 0 als Wahl eingegeben wird.

```
0   Ende                              {Menü zum ersten Mal}
1   Wahl 1
2   Wahl 2
Wahl 0-2? 1
... Wahl1
Weiter mit Taste
0   Ende                              {Menü zum zweiten Mal}
1   Wahl 1
2   Wahl 2
Wahl 0-2? 9
Wahl 0-2? R
Wahl 0-2? /
Wahl 0-2? 0
Programmende Menue1.
```

Die Menüwahl wird über die Variable Auswahl vorgenommen, für die der Datentyp Char vereinbart ist. Gegenüber dem Datentyp Integer hat dies den Vorteil, daß das Programm bei Eingabe eines Buchstabens oder Sonderzeichens nicht mit einer Fehlermeldung abbricht. Mit der Schleifenabfrage

Mengenoperator
IN
```
UNTIL Auswahl IN ['0','1','2'];
```

wird die Eingabeanforderung wiederholt, bis eines der zugelassenen Zeichen 0, 1 oder 2 eingegeben wird. Gleichbedeutend, aber etwas umständlicher als der Mengenoperator IN wäre die folgende Abfrage:

```
UNTIL (Auswahl='0') OR (Auswahl='1') OR (Auswahl='2');
```

Kennzeichen
der
Menütechnik
Das Programm MENUE1.PAS zeigt die drei Kennzeichen der Menütechnik:
1. Wiederholtes Angebot von Wahlmöglichkeiten über ein Menü.
2. Bereitstellung von Prozeduren für die Wahlmöglichkeiten.
3. Programmende über das Hauptmenü.

Passen Sie das Menüprogramm durch Einfügen der Prozeduren MenueWahl1, MenueWahl2, ... und Änderung der Prozedur Menue Ihren Anforderungen an.

Aufgabe 6/1: Ändern Sie das Programm CODETAB1.PAS so zu einem Programm CODETAB2.PAS ab, daß in der Tabelle zusätzlich die Überschriften 0,1,...,15 zu den Spalten und 32,48,64,... zu den Zeilen erscheinen.

Aufgabe 6/2: Geben Sie die Befehlsfolge an, um - ausgehend vom Strukturgerüst des Programms MENUE1.PAS - ein eigenes Menüprogramm zu erstellen und unter dem Namen MENUE2.PAS zu speichern.

6.2   Datenstruktur STRING für Zeichenketten

Ein String ist eine Zeichenkette mit einer Länge von bis zu 255 Zeichen. Die
Elemente eines Strings sind Zeichen (Ziffern, Buchstaben bzw. Sonderzeichen)
vom Datentyp Char. Beispiele: 'Pascal' stellt eine String-Konstante und 'a' eine
Char-Konstante dar.

6.2.1   Grundlegende Abläufe zur Stringverarbeitung

Problemstellung Das *Zugreifen, Vergleichen, Suchen, Entfernen, Einfügen, Kopieren, Umformen*
und *Verschieben* von Teilstrings in einem Gesamtstring sind grundlegende Abläufe. Das Programm STRING1.PAS demonstriert diese Abläufe am Beispiel
eines 15 Elemente langen Strings.

```
PROGRAM String1;
  {Grundlegende Abläufe bei der Stringverarbeitung}
CONST                                              {Konstante vereinbaren}
  Anzahl = 20;

TYPE                                               {Zwei Datentypen vereinbaren}
  Str20    = STRING[Anzahl];
  Indextyp = 0..Anzahl;

VAR                                                {Variablen vereinbaren}
  Gesamtstring, Teilstring: Str20;
  Position:               Indextyp;
  Wahl:                   Integer;
  Beenden:                Boolean;

PROCEDURE Suchen(VAR Posi:Indextyp; VAR Gesamtstr,Teilstr: Str20);
  BEGIN
    Write('Welcher Gesamtstring? '); ReadLn(Gesamtstr);
    Write('Welcher Teilstring?   '); ReadLn(Teilstr);
    Posi := Pos(Teilstr,Gesamtstr);
    IF Posi = 0
      THEN WriteLn(Teilstr,' in ',Gesamtstr,' nicht gefunden.')
      ELSE WriteLn(Teilstr,' beginnt ab Position ',Posi,'.');
  END;

PROCEDURE Zeigen;
  BEGIN
    Suchen(Position,Gesamtstring,Teilstring);
  END;

PROCEDURE Entfernen;
  BEGIN
    Suchen(Position,Gesamtstring,Teilstring);
```

```pascal
      IF Position <> 0 THEN
        BEGIN
          WriteLn('Gesamtstring bisher: ',Gesamtstring);
          Delete(Gesamtstring,Position,Length(Teilstring));
          WriteLn('Gesamtstring jetzt:  ',Gesamtstring);
        END;
  END;
PROCEDURE Einfuegen;
  VAR
    Einfuegestring: Str20;
  BEGIN
    Suchen(Position,Gesamtstring,Teilstring);
    IF Position <> 0 THEN
      BEGIN
        Write('Vor ',Teilstring,' einzufuegender String? ');
        ReadLn(Einfuegestring);
        WriteLn('Gesamtstring bisher: ',Gesamtstring);
        Insert(Einfuegestring,Gesamtstring,Position);
        WriteLn('Gesamtstring jetzt:  ',Gesamtstring);
      END;
  END;


PROCEDURE Kopieren;
  VAR
    Kopierposition: Indextyp;
  BEGIN
    Suchen(Position,Gesamtstring,Teilstring);
    IF Position <> 0 THEN
      BEGIN
        Write(Teilstring,' an welche Position kopieren? ');
        ReadLn(Kopierposition);
        WriteLn('Gesamtstring bisher: ',Gesamtstring);
        Insert(Teilstring,Gesamtstring,Kopierposition);
        WriteLn('Gesamtstring jetzt:  ',Gesamtstring);
      END;
  END;

PROCEDURE Umkehren;
  VAR
    Laenge,I: Indextyp;
  BEGIN
    Suchen(Position,Gesamtstring,Teilstring);
    IF Position <> 0 THEN
      BEGIN
        WriteLn('Gesamtstring bisher: ',Gesamtstring);
        Laenge := Length(Teilstring);
        Teilstring := '';
        FOR I := Position+Laenge-1 DOWNTO Position DO
            Teilstring := Teilstring + Copy(Gesamtstring,I,1);
        Delete(Gesamtstring,Position,Laenge);
        WriteLn('Gesamtstring dann:   ',Gesamtstring);
        Insert(Teilstring,Gesamtstring,Position);
        WriteLn('Gesamtstring jetzt:  ',Gesamtstring);
      END;
  END;
```

```pascal
PROCEDURE Zaehlen;
  VAR
    Zaehler,I: Indextyp;
  BEGIN
    Suchen(Position,Gesamtstring,Teilstring);
    IF Position <> 0 THEN
      BEGIN
        Zaehler := 0;
        FOR I := Position TO Length(Gesamtstring) DO
          IF Copy(Gesamtstring,I,Length(Teilstring))=Teilstring
            THEN Zaehler := Zaehler+1;
        WriteLn(Teilstring,' ist ',Zaehler,' mal enthalten.');
      END;
  END;

PROCEDURE DirektZugreifen;
  VAR
    Stelle: Integer;
  BEGIN
    Suchen(Position,Gesamtstring,Teilstring);
    IF Position <> 0 THEN
      BEGIN
        REPEAT
          Write('Welche Stelle 1 - ',Anzahl,' lesen? ');
          ReadLn(Stelle);
        UNTIL (Stelle >0) AND (Stelle<=Anzahl);
        WriteLn('Gespeichert ist: ',Gesamtstring[Stelle]);
      END;
  END;

PROCEDURE Vergleichen;
  BEGIN
    Suchen(Position,Gesamtstring,Teilstring);
    IF Position <> 0 THEN
      BEGIN
        IF Gesamtstring = Teilstring
          THEN WriteLn('Strings mit gleichem Inhalt und gleicher Länge')
          ELSE IF Gesamtstring < Teilstring
                 THEN WriteLn('Gesamtstring ist kürzer und kleiner')
                 ELSE WriteLn('Gesamtstring ist länger und kleiner');
      END;
  END;

BEGIN
  Beenden := False;
  REPEAT
    WriteLn('----------------------------------------------------');
    WriteLn('0  Beenden');
    WriteLn('1  Einen Teilstring im Gesamtstring suchen');
    WriteLn('2  Einen Teilstring aus dem Gesamtstring entfernen');
    WriteLn('3  Einen Teilstring in den Gesamtstring einfügen');
    WriteLn('4  Einen Teilstring im Gesamtstring kopieren');
    WriteLn('5  Die Zeichenfolge im Gesamtstring umkehren');
    WriteLn('6  Das Vorkommen eines Teilstrings zählen');
    WriteLn('7  Auf ein Element des Strings direkt zugreifen');
    WriteLn('8  Zwei Strings vergleichen');
```

```
        WriteLn('------------------------------------------------------');
        Write('Wahl? '); ReadLn(Wahl);
        CASE Wahl OF
          1: Zeigen;
          2: Entfernen;
          3: Einfuegen;
          4: Kopieren;
          5: Umkehren;
          6: Zaehlen;
          7: DirektZugreifen;
          8: Vergleichen;
          ELSE Beenden := True;
        END;
        Write('... mit Taste weiter ... '); ReadLn
      UNTIL Beenden;
      WriteLn('Programmende String1.'); ReadLn;
    END.
```

Ausführung Lassen Sie das Demonstrationsprogramm STRING1.PAS laufen und testen Sie es mit folgenden Eingabewerten (Anmerkung: Nach jeder Menüwahl wird das Menü erneut angezeigt. Im folgenden Bildschirmprotokoll ist das Menü jedoch nur einmal wiedergegeben:

```
-------------------------------------------------   Ausgabe des
0 Beenden                                           Menüs
1 Einen Teilstring im Gesamtstring suchen
2 Einen Teilstring aus dem Gesamtstring entfernen
3 Einen Teilstring in den Gesamtstring einfuegen
4 Einen Teilstring im Gesamtstring kopieren
5 Die Zeilchenfolge im Gesamtstring umkehren
6 Das Vorkommen eines Teilstrings zählen
7 Auf ein Element des Strings direkt zugreifen
8 Zwei Strings vergleichen
-------------------------------------------------
Wahl? 1                                             Wahl des
Welcher Gesamtstring? Ein kleiner Heidelberger      Benutzers
Welcher Teilstring?   ei
ei beginnt ab Position 7.
... mit Taste weiter ...
-------------------------------------------------   Ausgabe des
Wahl? 2                                             Menüs nicht
Welcher Gesamtstring? Heidelberg                    mehr angegeben
Welcher Teilstring?   ei
ei beginnt ab Position 2.
Gesamtstring bisher: Heidelberg
Gesamtstring jetzt:  Hdelberg
... mit Taste weiter ...
-------------------------------------------------
Wahl? 3
Welcher Gesamtstring? Es wird regnen.
Welcher Teilstring?   regnen
regnen beginnt ab Position 9.
Vor regnen einzufügender String? nicht
Gesamtstring bisher: Es wird regnen.
```

```
Gesamtstring jetzt:  Es wird nicht regnen
... mit Taste weiter ...
------------------------------------------------    {Anstelle -----wird}
Wahl? 4                                             {jeweils das Menü}
Welcher Gesamtstring? Freiburg im Breisgau          {ausgegeben}
Welcher Teilstring?   burg
burg beginnt ab Position 5.
burg an welche Position kopieren? 1
Gesamtstring bisher: Freiburg im Breisgau
Gesamtstring jetzt:  burgFreiburg im Brei
... mit Taste weiter ...
------------------------------------------------
Wahl? 5
Welcher Gesamtstring? Heidelberg am Neckar
Welcher Teilstring?   berg
berg beginnt ab Position 7.
Gesamtstring bisher: Heidelberg am Neckar
Gesamtstring dann:   Heidel am Neckar
Gesamtstring jetzt:  Heidelgreb am Neckar
... mit Taste weiter ...
------------------------------------------------
Wahl? 6
Welcher Gesamtstring? Kleines Heidelberg
Welcher Teilstring?   ei
ei beginnt ab Position 3.
ei ist 2 mal enthalten.
... mit Taste weiter ...
------------------------------------------------
Wahl? 7
Welcher Gesamtstring? Heidelberg
Welcher Teilstring?   del
del beginnt ab Position 4.
Welche Stelle 1 - 20 lesen? 5
Gespeichert ist: e
... mit Taste weiter ...
------------------------------------------------
Wahl? 8
Welcher Gesamtstring? Heidelberg
Welcher Teilstring?   Heidelberg
Heidelberg beginnt ab Position 1.
Strings mit gleichem Inhalt und gleicher Länge
... mit Taste weiter ...
------------------------------------------------
Wahl? 0
... mit Tasten weiter ...
Programmende String1.
```

6.2.2   Explizite Vereinbarung eines Stringtyps

Zur Vereinbarung einer Stringvariablen ergeben sich die drei umseitig be-
schriebenen Möglichkeiten.

1. Man vereinbart sowohl die konstante Anzahl der Stringelemente (mit CONST) als auch den Datentyp (mit TYPE) explizit, um dann die Variable zu deklarieren (mit VAR).
2. Man geht wie bei der ersten Möglichkeit vor, läßt aber die Elementanzahl unbenannt (TYPE und VAR, aber ohne CONST).
3. Man vereinbart auch den Datentyp nur implizit, also auf der rechten Seite der Variablenvereinbarung (VAR, aber ohne TYPE und CONST).

```
1. Vereinbarungen mit       2. Vereinbarungen        3. Vereinbarung nur mit
   CONST, TYPE und VAR:        mit TYPE und VAR:         VAR:


CONST                       TYPE                     VAR
  Anzahl = 20;                Str20 = STRING[20];      Gesamtstring: STRING[20];
TYPE                        VAR
  Str20 = STRING[Anzahl];     Gesamtstring: Str20;
VAR
  Gesamtstring: Str20;
```

Bild 6.1: Strings vereinbaren mit CONST, TYPE und VAR

Im Programm STRING1.PAS wird die erste Möglichkeit verwendet und die Variable Gesamtstring mit expliziter Typvereinbarung vereinbart: Zunächst wird mit Str20 ein neuer Datentyp explizit vereinbart. Str20 als *benutzerdefinierter Datentyp* kann nun in VAR-Vereinbarungen verwendet werden wie die *vordefinierten Datentypen* Integer, Real und Char. Für die Variable Gesamtstring wird Str20 als Datentyp vereinbart.

String-Typen explizit vereinbaren

Warum verwendet man nicht die oben als dritte Möglichkeit genannte Vereinbarung (STRING[20] implizit vereinbarter Typ), die doch wesentlich kürzer ist? Strings als Parameter von Unterprogrammen (Prozedur, Funktion) setzen eine explizite TYPE-Vereinbarung voraus. Um eine Stringvariable in der Parameterliste einer Prozedur anzugeben, muß dieser ein explizit vereinbarter Datentyp zugeordnet werden. So kann man in der Prozedur Suchen *VAR Teilstr:Str20* schreiben (STR20 als Datentyp), nicht aber *VAR Teilstr:STRING[20]* (da STRING[20] kein explizit vereinbarter Typ ist).

6.2.3   Direktzugriff auf Stringelemente

Direktzugriff auf das 4. Element der Stringvariablen

Eine Zeichenkette wird stets linksbündig ab Stelle 1 in der Stringvariablen abgelegt. Beispiel: Variable *Gesamtstring* als 20-Elemente-Stringvariable nach der zwei Zuweisungen *Gesamtstring := 'Berlin'* und *Gesamtstring[4]:= 'x'*:

Stringvariable

	'B'	'e'	'r'	'x'	'i'	'n'				...	
0	1	2	3	4	5	6	7	8	9	...	20

Die Zuweisung *Gesamtstring[4]* greift direkt auf das 4. Element des Strings zu, um dieses Element zu lesen oder (wie hier mit dem Zeichen 'x') zu beschreiben. Siehe Prozedur Direktzugriff im Programm STRING1.PAS:

```
VAR
  Gesamtstring: STRING[20]
BEGIN
  Gesamtstring := 'Berlin';
  Gesamtstring[4] := 'x';
```

Verarbeitung eines Strings über Addition und Indizierung

Stringaddition Mit Teilstring := Teilstring + 'Z' wird an Teilstring das Zeichen 'Z' angehängt. Man spricht von *Stringaddition bzw. Stringverkettung.* Entsprechend wird in der Prozedur Umkehren von Programm STRING1.PAS mit

```
Teilstring := Teilstring + Copy(Gesamtstring,I,1);
```

das Zeichen an die Variable Teilstring angehängt, das durch die Copy-Funktion aus der Variablen Gesamtstring entnommen worden ist. Dabei ist zu beachten, daß 'Z' ein einzelnes Zeichen ist, während Copy als Funktionsergebnis einen 1-Element-String liefert.

Vergleich zweier Strings mit drei möglichen Fällen

In der Prozedur Vergleichen von Programm STRING1.PAS wird gezeigt, daß beim Stringvergleich drei Fälle auftreten können: 1. Gleichheit: Die Strings haben die gleiche Länge und den gleichen Inhalt. 2. Der kürzere String ist kleiner und 3. Der längere String ist kleiner. Zum Stringvergleich sind alle sechs Vergleichsoperatoren >, > =, <, < =, = und < > zugelassen.

Vordefinierte Prozeduren Delete(), Insert(), Str() und Val() für Strings

Der Prozeduraufruf *Delete(S,P,L)* löscht aus dem String S ab der Position P genau L Zeichen.

Der Prozeduraufruf *Insert(S,D,P)* fügt den String S in D ab der Stelle P ein.

Str(N,S) wandelt einen Integer-Wert oder Real-Wert N in einen String S um.

Mit dem Aufruf *Val(S,N,F)* wandelt man den String S in einen Integer- oder Real-Wert N um und setzt F auf die Fehlerposition (F =0 bedeutet fehlerfrei).

Vordefinierte Funktionen Copy(), Concat(), Length() und Pos()

StrErgebnis := Copy(S,P,L); ruft die String-Funktion Copy() auf und entnimmt aus dem String S ab Position P genau L Zeichen. Die Variable StrErgebnis nimmt das Funktionsergebnis auf und muß als Stringvariable vereinbart sein.
StrErgebnis := Concat(S1,S2,...,Sn); ruft die String-Funktion Concat() auf und verkettet die Strings S1 + S2 + ... + Sn. Die Stringverkettung mit dem "+"-Operator wird oft vorgezogen.

NumErgebnis := Length(S); ruft die Integer-Funktion Length() auf und gibt die aktuelle Länge des Strings S zurück.

NumErgebnis := Pos(T,S); ruft die Integer-Funktion Pos() auf und gibt die Anfangsposition des Teilstrings T im String S zurück.

Aufgabe 6/3: Erstellen Sie das Programm ANALYSE1.PAS, das die Anzahl der Vokale in einem String wie folgt ermittelt:

```
Zu analysierender String?
Auswertung von Meßdaten mit dem PC vornehmen.

Vokal:  Absolute Häufigkeiten:  Relative Häufigkeiten:
------------------------------------------------------------
  A             2                    0.154
  E             6                    0.462
  I             1                    0.077
  O             2                    0.154
  U             2                    0.154
Programmende Analyse1.
```

Sehen Sie die vier Prozeduren Eingabe, HaeufigkeitAbsolut, HaeufigkeitRelativ und Ausgabe vor.

Turbo Pascal-Wegweiser für Ausbildung und Studium

1	Das erste Pascal-Programm	1
2	Lineare Programme	10
3	Verzweigende Programme	20
4	Programme mit Schleifen	30
5	Unterprogramme	38
6	Programme mit Strings	49
7	**Tabellenverarbeitung mit Arrays**	**62**
8	Programme mit Dateien	78
9	Rekursion und Iteration	96
10	Zeiger bzw. Pointer	107
11	Units	118
12	Objektorientierte Programmierung	132
13	Debugging	147
14	Grafik	157
15	Pascal als Basissprache von Delphi	169
16	Referenz zu Turbo Pascal	177

7.1 Eindimensionaler Integer-Array

Einfache Variable

Eine einfache Variable kann man sich als Schachtel vorstellen, die durch einen Namen, einen Datentyp sowie einen Inhalt gekennzeichnet ist. Beispiel: Variable z vom Datentyp Integer mit dem Inhalt (Wert) 4:

| 4 |

Array als strukturierte Variable

Einen Array kann man sich als Schachtel vorstellen, die durch einen Namen, einen Datentyp sowie mehrere Inhalte (Werte) gekennzeichnet ist. Die Schachtel ist also in mehrere Schubladen unterteilt, wobei die Inhalte der Schubladen (Elemente) den gleichen Datentyp aufweisen müssen. Beispiel: Variable Lotto mit sechs Elementen vom Datentyp Integer:

| 1 | 48 | 31 | 47 | 2 | 16 |

Das Programm LOTTO0.PAS erzeugt sechs Lottozahlen zwischen 1 und 49 und speichert diese Zahlen in einem Array namens Lotto ab. Geben Sie dazu den folgenden Quellcode ein:

```
PROGRAM Lotto0;
   {Lottozahlen erzeugen über einen Integer-Array mit 6 Elementen}

VAR
   z , Tip: Integer;
   Lotto: ARRAY[1..6] OF Integer;

BEGIN
   Randomize;                          {Zufallszahlengenerator neu setzen}
   FOR z := 1 TO 6 DO
   BEGIN
      Tip := Random(49)+1;             {Zufallszahl zwischen 1 - 49 erzeugen}
      Lotto[z] := Tip;                 {Tip als neue Lottozahl speichern}
   END;
   WriteLn('Sechs Lottozahlen:');
   FOR z := 1 TO 6 DO
      Write(Lotto[z]:3);               {Arrayelemente als Lottozahlen ausgeben}
   WriteLn;
   WriteLn('Programmende Lotto0.');
   ReadLn;
END.
```

Ausführung

Lassen Sie das Programm LOTTO0.PAS zweimal hintereinander ausführen, so können zum Beispiel folgende Lottozahlen am Bildschirm erscheinen:

```
Sechs Lottozahlen:              Sechs Lottozahlen:
  1 48 31 47  2 16               47  7  3 20 11 20
Programmende Lotto0.            Programmende Lotto0.
```

Zur Vereinbarung des Array gibt man den Variablennamen (Lotto), den Indextyp (mit 1..6 die ganzzahligen Werte 1,2,3,4,5,6) und den Elementtyp (Integer) im VAR-Vereinbarungsteil an.

```
Vereinbarung allgemein:      VAR
                               Variablenname: ARRAY[Indextyp] OF Elementtyp;

Vereinbarung am Beispiel:    VAR
                               Lotto: ARRAY[1..6] OF Integer;
```

Bild 7.1: Vereinbarung eines eindimensionalen Arrays

Indextyp

Der Indextyp definiert die "Numerierung" bzw. Anzahl der Schubladen des Arrays und muß abzählbar sein (Integer, Byte, Char, Boolean, ein Aufzähltyp oder wie hier ein Teilbereichstyp). Der Indextyp kann also nicht Real sein.

Elementtyp

Der Elementtyp definiert die zugelassenen Inhalte bzw. Werte der Schubladen und ist beliebig (einfach wie strukturiert).

Indizierung

Lotto[4] liest man als "Lotto an der Stelle 4"; es wird direkt auf das 4. Element des Arrays Lotto zugegriffen. Mit *WriteLn(Lotto[4])* erfolgt dieser Zugriff lesend, während mit *ReadLn(Lotto[4])* bzw. *Lotto[4]:=31* schreibend auf den Array zugegriffen wird. 4 ist der Index (Anzeige), der die 4. Stelle im Array anzeigt; man spricht von Indizierung des Arrays. Wie im Programm LOTTO0-.PAS gibt man zur Indizierung häufig keine Konstante (wie hier 4) an, sondern eine Variable (wie hier z als Indexvariable). Lotto[z] (lies "Lotto an der Stelle z") greift auf das Element zu, dessen Stelle durch den derzeitigen Wert der Indexvariablen z gegeben ist.

7.2 Eindimensionaler Boolean-Array

Im Programm LOTTO0.PAS erscheinen die Lottozahlen unsortiert. Zudem ist es möglich, daß die gleiche Lottozahl mehrfach gezogen wird (wie im Ausführungsbeispiel die Zahl 20). Man kann diese Nachteile beheben: 1. Über eine zusätzliche Schleife solange neue Zufallszahlen erzeugen, bis eine neue Zahl gezogen wird. 2. Den Array anschließend sortieren.

Problemstellung

Das folgende Programm LOTTO1.PAS zeigt hierzu eine elegantere Möglichkeit auf: Durch Verwendung eines Boolean-Arrays namens Lotto werden Lottozahlen ohne Wiederholung in sortierter Reihenfolge ausgegeben. Ausführungsbeispiel zu Programm LOTTO1.PAS:

```
    2   4   7  21  30  48
Programmende Lotto1.
```

<table>
<tr><td>

Pascal-
Quellcode
</td><td>

```
PROGRAM Lotto1;
  {Lottozahlen erzeugen über einen Boolean-Array mit 49 Elementen}

VAR
  z , Tip: Integer;
  Lotto: ARRAY[1..49] OF Boolean;

BEGIN
  FOR z := 1 TO 49 DO                 {Lotto[z]=False bedeutet "Lottozahl z}
    Lotto[z] := False;                {ist noch nicht gezogen worden}

  Randomize;
  FOR z := 1 TO 6 DO
  BEGIN
    REPEAT
      Tip := Random(49)+1;           {Zufallszahl zwischen 1 - 49 erzeugen}
    UNTIL NOT Lotto[Tip];
    Lotto[Tip] := True;              {Tip als neue Lottozahl speichern}
  END;

  FOR z := 1 TO 49 DO
    IF Lotto[z] THEN Write(z:3);     {Der Index z ist die Lottozahl}
  WriteLn;
  WriteLn('Programmende Lotto1.');
  ReadLn;
END.
```
</td></tr>
</table>

Lotto wird als Boolean-Array vereinbart, um in 49 Elementen die Werte True oder False aufnehmen zu können.

Über die erste FOR-Schleife setzt man alle Elemente auf False; False bedeutet "Lottozahl mit dem entsprechenden Index wurde (noch) nicht gezogen".

Über die zweite FOR-Schleife erzeugt man dann Lottozahlen zwischen 1 und 49. Wird zum Beispiel z=4 als Tip gezogen, so speichert *Lotto[Tip]:=True* diese Zahl im Lotto-Array ab: dem 4. Element des Lotto-Arrays wird der Wert True zugewiesen.

<table>
<tr><td>

Index als
Lottozahl
</td><td>

Über die dritte FOR-Schleife gibt man die Lottozahlen am Bildschirm aus. Die Anweisung *IF Lotto[z] THEN Write(z:3)* liest man wie folgt: "Wenn in Lotto an der Stelle z der Wert True gespeichert ist, dann gib den Inhalt der Indexvariablen z als die entsprechende Lottozahl am Bildschirm aus". Eine getippte Lottozahl wird somit nicht direkt durch den Inhalt des Array bezeichnet, sondern durch die Stelle bzw. den Index.
</td></tr>
</table>

Lotto als Boolean-Array mit den Lottozahlen 2, 4, 7, 21, 30 und 48

True bedeutet, daß die Lottozahl mit dem entsprechenden Index gewählt ist. *False* steht für "Lottozahl nicht gezogen":

False	True	False	True	. . .	False	True	False
1	2	3	4	. . .	47	48	49

7.3 Zweidimensionale Arrays

Problemstellung Einen zweidimensionalen Array kann man sich als Tabelle mit waagerechten Zeilen und senkrechten Spalten vorstellen. Das Programm TABELLE1.PAS soll zwei 12-Elemente-Tabellen (3 Zeilen, 4 Spalten) mit Zufallszahlen zwischen 1 und 100 belegen und in eine dritte Tabelle elementweise aufaddieren.

```
PROGRAM Tabelle1;
  {Addition zweier Tabellen}
CONST                                    {1. Konstanten benennen}
  ZeileMax = 3;
  SpalteMax = 4;

TYPE                                     {2. Datentypen benennen}
  Zeilen = 1..ZeileMax;
  Spalten = 1..SpalteMax;
  TabTyp = ARRAY[Zeilen,Spalten] OF Integer;

VAR                                      {3. Variablen benennen}
  Tab1, Tab2, Tab3: TabTyp;
  z: Zeilen;
  s: Spalten;

PROCEDURE Belegen(VAR T:TabTyp);
BEGIN
  FOR z := 1 TO ZeileMax DO
  BEGIN
    FOR s := 1 TO SpalteMax DO
    BEGIN
      T[z,s] := Random(100) + 1;
      Write(T[z,s]:5);
    END;
    WriteLn;
  END;
END;

PROCEDURE Addieren(T1,T2:TabTyp; VAR T3:TabTyp);
BEGIN
  FOR z := 1 TO ZeileMax DO
    FOR s := 1 TO SpalteMax DO
      T3[z,s] := T1[z,s] + T2[z,s];
END;

PROCEDURE Anzeigen(T:TabTyp);
BEGIN
  FOR z := 1 TO ZeileMax DO
  BEGIN
    FOR s := 1 TO SpalteMax DO
      Write(T[z,s]:5);
    WriteLn;
  END;
END;
```

```
    BEGIN                                       {von Tabelle1 als Treiber(-programm)}
      WriteLn('Erste Tabelle:');
      Belegen(Tab1);
      WriteLn('Zweite Tabelle:');
      Belegen(Tab2);
      Addieren(Tab1,Tab2,Tab3);
      WriteLn('Addition der Tabellen:');
      Anzeigen(Tab3);
      WriteLn('Programmende Tabelle1.');
      ReadLn;
    END.                                        {von Tabelle1 als Treiber}
```

Ausführung   Das Programm TABELLE1.PAS sieht keine Tastatureingabe des Benutzers
vor; die Elemente der Tabellen Tab1 und Tab2 werden mit Zufallszahlen belegt. Bei der Programmausführung erhalten Sie zum Beispiel folgende Bildschirmausgabe:

```
    Erste Tabelle:
       66   70   84   40            Aktueller Parameter im Treiberprogram: Tab1
       71   10   50   17
       91   78    7   59            Formaler Parameter in Prozedur Belegen: T
    Zweite Tabelle:
       96   65   61   52            Aktueller Parameter im Treiberprogramm: Tab2
       20   85    5   42
       91   15    2    5             Formaler Parameter in Prozedur Belegen: T


    Addition der Tabellen:          Aktueller Parameter in Treiberprogramm: Tab3
      162  135  145   92
       91   95   55   59            Formaler Parameter in Prozedur Anzeigen: T
      182   93    9   64
    Programmende Tabelle1.
```

```
  Allgemein:    VAR
                  Variablenname: ARRAY[IndextypZ, IndextypS] OF   Elementtyp;

  Beispiel:     VAR
                  Tab1: ARRAY[1..3,1..4] OF Integer;
```

Bild 7.2: Vereinbarung eines zweidimensionalen Arrays in Kurzform mit VAR

IndextypZ gibt den Datentyp der Zeilen der Tabelle an, während IndextypS
die Ausdehnung der Spalten festlegt. Die kurze Form der Vereinbarung lautet:

```
    VAR
      Tab1: ARRAY[1..3,1..4] OF Integer;
```

Diese kurze Form wird im Programm TABELLE1.PAS nicht gewählt. Statt-
dessen vereinbart man mit TYPE drei Datentypen namens Zeilen, Spalten und
TabTyp, um dann mit der Vereinbarung

```
    VAR
      Tab1: TabTyp;
```

den Array definieren zu können. Die Abbildung zeigt, daß man nicht auch für
die Zeilen und Spalten des Arrays eigene Datentypen vereinbaren muß.

```
Datentypen für Zeile, Spalte          Benutzerdefinierter Datentyp für und
für den Array:

CONST
  ZeileMax = 3;
  SpalteMax = 4;

TYPE                                  TYPE
  Zeilen = 1..ZeileMax;                 TabTyp = ARRAY[1..3,1..4] OF Integer;
  Spalten = 1..SpalteMax;
  TabTyp = ARRAY[Zeilen,Spalten] OF Integer;

VAR                                   VAR
  Tab1,Tab2,Tab3: TabTyp;               Tab1,Tab2,Tab3: TabTyp;
```

Bild 7.3: Vereinbarung eines zweidimensionalen Arrays in Langform mit CONST,
TYPE und VAR

Datentyp
explizit
vereinbaren

Aus welchen Gründen wird die Array-Vereinbarung in Programm TABEL-
LE1.PAS nicht in *Kurzform* mit VAR (Typen implizit definiert) vorgenommen, sondern in *Langform* mit TYPE (Typen explizit definiert)?

1. Arrays können als Parameter für Unterprogramme (Prozeduren, Funktionen) nur dann übergeben werden, wenn sie sich auf explizite TYPE-Ver-
   einbarungen beziehen. So kann man in der Kopfzeile der Prozedur Belegen
   T als Variablenparameter vereinbaren:

   ```
   PROCEDURE Belegen(VAR T:TabTyp);
   ```

   Dabei wird für T der explizit vereinbarte Datentyp TabTyp angegeben.
   Die folgende Kopfzeile dagegen wird vom Pascal-System mit einer Fehlermeldung abgewiesen:

   ```
   PROCEDURE Belegen(VAR T:ARRAY[1..3,1..4] OF Integer];
   ```

2. Für den Array eines bestimmten Type lassen sich bequem mehrere Variablen vereinbaren, indem man die Variablennamen aufzählt und den benut-
   zerdefiniertten Typ (zum Beispiel TabTyp) nennt:

   ```
   VAR Tab1,Tab2,Tab3: TabTyp;
   ```

7.4   Abläufe der Tabellenverarbeitung

- *Initialisieren*	die Elemente mit einem Anfangswert belegen
- *Eingeben*	elementweise von Tastatur bzw. Diskette einlesen
- *Verschieben*	die Elemente um Indexplätze versetzen
- *Umdrehen*	Elemente spiegeln (letztes wird erstes Element usw.
- *Kopieren*	elementweise vom Quell- in den Zielarray übertragen
- *Auswählen*	Elemente nach dem Index oder dem Wert selektieren
- *Summieren*	den Wert aller Elemente addieren
- *Suchen*	einen bestimmten, größten/kleinsten Wert ermitteln

Bild 7.4: Grundlegende Algorithmen zur Verarbeitung von Tabellen (Arrays, Feldern)

Das Programm ARRAY1.PAS veranschaulicht diese Abläufe am Beispiel eines
Integer-Arrays namens Z über die Prozeduren Initialisieren, Eingeben, Ver-
schiebenLinks, VerschiebenRechts, Umdrehen, Kopieren, AuswaehlenIndex,
AuswaehlenWert und SummierenMax demonstrieren.

```
PROGRAM Array1;
  {Grundlegende Abläufe zum Array als Datenstruktur demonstrieren}

CONST
  Anzahl = 9;
VAR
  Z:        ARRAY[1..Anzahl] OF Integer;
  Wahl, i: Integer;
  Beenden: Boolean;

PROCEDURE Anzeigen;
  BEGIN
    FOR i := 1 TO Anzahl DO
      Write('[',i,']=',Z[i],'  ');
    WriteLn; ReadLn;
  END;

PROCEDURE Initialisieren;
  BEGIN
    FOR i := 1 TO Anzahl DO
      Z[i] := 0;
  END;

PROCEDURE Eingeben;
  VAR
    Index, Wert: Integer;
  BEGIN
    WriteLn('Werte eingeben (Ende=Index außerhalb [1..10]):');
    Write('Index Wert? '); ReadLn(Index,Wert);
    WHILE Index IN [1..Anzahl] DO
    BEGIN
      Z[Index] := Wert;
      Write('Index Wert? '); ReadLn(Index,Wert);
    END;
  END;
```

```pascal
PROCEDURE VerschiebenLinks;
  BEGIN
    FOR i := 1 TO Anzahl-1 DO
      Z[i] := Z[i+1];
    WriteLn('Elemente 2-10 um 1 nach links verschoben.');
  END;

PROCEDURE VerschiebenRechts;
  BEGIN
    FOR i := Anzahl DOWNTO 2 DO
      Z[i] := Z[i-1];
    WriteLn('Elemente 9-1 um 1 nach rechts verschoben.');
  END;

PROCEDURE Umdrehen;
  VAR
    Hilf: Integer;                      {Hilfsvariable zum Dreieckstausch}
  BEGIN
    FOR i := 1 TO 5 DO
    BEGIN
      Hilf := Z[i];
      Z[i] := Z[Anzahl-i+1];
      Z[Anzahl-i+1] := Hilf;
    END;
   WriteLn('Elemente 1 und 10, 2 und 9, ... ausgetauscht.');
  END;

PROCEDURE Kopieren;
  VAR
    von, nach: Integer;
  BEGIN
    Write('... kopieren: von nach? ');
    ReadLn(von,nach);
    Z[nach] := Z[von];
  END;

PROCEDURE AuswaehlenIndex;
  VAR
    Schrittweite: Integer;
  BEGIN
    Write('Schrittweite für Index? ');
    ReadLn(Schrittweite);
    i := 1;
    WHILE i <= 10 DO
    BEGIN
      Write(Z[i],' ');
      i := i + Schrittweite;
    END;
    WriteLn;
  END;

PROCEDURE AuswaehlenWert;
  VAR
    KleinsterWert: Integer;
 .BEGIN
    Write('Kleinster anzuzeigender Wert? ');
```

Programm
ARRAY1.PAS

```pascal
      ReadLn(KleinsterWert);
      FOR i := 1 TO Anzahl DO
        IF Z[i] >= KleinsterWert
          THEN Write(Z[i],' ');
      WriteLn;
    END;

PROCEDURE SummierenMax;
  VAR
    Summe, Max: Integer;
  BEGIN
    Summe := Z[1]; Max := Z[1];
    FOR i := 2 TO Anzahl DO
    BEGIN
      Summe := Summe + Z[i];
      IF Z[i] > Max
        THEN Max := Z[i];
    END;
    WriteLn('Summe: ',Summe,', Maximum: ',Max);
  END;


BEGIN
  Initialisieren;
  Beenden := False;
  REPEAT
    WriteLn('-------------------------------');
    WriteLn('0  Programmende');
    WriteLn('1  Array initialisieren');
    WriteLn('2  Array eingeben');
    WriteLn('3  Array links verschieben');
    WriteLn('4  Array rechts verschieben');
    WriteLn('5  Array umdrehen');
    WriteLn('6  Array kopieren');
    WriteLn('7  Array nach Index auswählen');
    WriteLn('8  Array nach Wert auswählen');
    WriteLn('9  Array summieren und Maximum');
    WriteLn('-------------------------------');
    Write('Wahl? '); ReadLn(Wahl);
    CASE Wahl OF
      1: Initialisieren;
      2: Eingeben;
      3: VerschiebenLinks;
      4: VerschiebenRechts;
      5: Umdrehen;
      6: Kopieren;
      7: AuswaehlenIndex;
      8: AuswaehlenWert;
      9: SummierenMax;
      ELSE Beenden := True;
    END;
    Anzeigen
  UNTIL Beenden;
  WriteLn('Programmende Array1.'); ReadLn;
END.
```

Testen Sie das Programm ARRAY1.PAS mit den folgenden Werten (das Menü
ist nur beim ersten Schleifendurchlauf komplett wiedergegeben):

Ausführung zu
ARRAY1.PAS

```
------------------------------------
0  Programmende
1  Array initialisieren
2  Array eingeben
3  Array links verschieben
4  Array rechts verschieben
5  Array umdrehen
6  Array kopieren
7  Array nach Index auswählen
8  Array nach Wert auswählen
9  Array summieren und Maximum
------------------------------------
Wahl? 2
Index Wert? 3 12
Index Wert? 5 66
Index Wert? 7 10
Index Wert? 1 43
Index Wert? 2 97
Index Wert? 9 50
Index Wert? 8 70
Index Wert? 4 11
Index Wert? 6 31
Index Wert? 0
[1]=43  [2]=97  [3]=12  [4]=11  [5]=66  [6]=31  [7]=10  [8]=70  [9]=50

Wahl? 3
Elemente 2-10 um 1 nach links verschoben.
[1]=97  [2]=12  [3]=11  [4]=66  [5]=31  [6]=10  [7]=70  [8]=50  [9]=50

Wahl? 4
Elemente 9-1 um 1 nach rechts verschoben.
[1]=97  [2]=97  [3]=12  [4]=11  [5]=66  [6]=31  [7]=10  [8]=70  [9]=50

Wahl? 5
Elemente 1 und 10, 2 und 9, ... ausgetauscht.
[1]=50  [2]=70  [3]=10  [4]=31  [5]=66  [6]=11  [7]=12  [8]=97  [9]=97

Wahl? 6
... kopieren: von nach? 3 6
[1]=50  [2]=70  [3]=10  [4]=31  [5]=66  [6]=10  [7]=12  [8]=97  [9]=97
```

7.5 Unterscheidung von Typen von Arrays

Arrays lassen sich nach *Elementtypen* (welcher Datentyp ist für die Elemente
vereinbart?), nach *Indextypen* (welcher Datentyp ist für die Stellen des Arrays
vorgesehen?) und nach *Dimensionen* (in wieviele Richtungen soll sich der Ar-

ray ausdehnen?) unterscheiden. Zudem kann man den Array als *typisierte Konstante* bereits bei der Vereinbarung mit Anfangswerten belegen.

Unterscheidung von Arrays nach Elementtypen

*Datentyp für
Elemen?t*

Der Elementtyp eines Arrays ist beliebig: einfach oder strukturiert. Die folgende Übersicht gibt typische Beispiele.

Real-Array R1 mit sechs Elementen zur Speicherung von Dezimalzahlen (Elementtyp ist Real; Indextyp ist 1..6 als Unterbereichstyp von Integer):

```
VAR R1: ARRAY[1..6] OF Real;
```

Integer-Array I1 mit 20 Elementen 1,2,3,...20 für ganze Zahlen (Elementtyp ist
Integer; Indextyp ist 1..20 als Unterbereichstyp von Integer):

```
VAR I1: ARRAY[1..20] OF Integer;
```

Byte-Array B1 mit 14 Elementen -10,-9,-8,...,-1,0,1,2,3 zur Speicherung von
Zahlen zwischen 0 und 255:

```
VAR B1: ARRAY[-10..3] OF Byte;
```

Boolean-Array B1 mit 8 Elementen zur Speicherung von True oder False::

```
VAR B1: ARRAY[2..9] OF Boolean;
```

Char-Array C1 mit 256 Elementen zur Speicherung von Zeichen wie 'w'
(Buchstabe), '4' (Ziffer) und/oder '&' (Sonderzeichen):

```
VAR C1: ARRAY[0..255] OF Char;
```

STRING-Array S1 mit 34 Elementen zur Speicherung von Zeichenketten, die
jeweils bis zu 20 Zeichen lang sein können:

```
VAR S1: ARRAY[10..33] OF STRING[20];
```

Aufzähltyp-Array A1 mit 9 Elementen, die einen der bei der Typvereinbarung
aufgezählten Namen Mo, Di, Mi bzw. Don aufnehmen können:

```
VAR A1: ARRAY[1..9] OF (Mo,Di,Mi,Don);
```

Teilbereichstyp-Array T1 mit 8 Elementen, die Werte zwischen 15000 und
32500 aufnehmen können, welche bei der Typvereinbarung (als Teilbereich
des Integer-Typs) angegeben wurden.

```
VAR T1: ARRAY[8..15] OF 15000..32500;
```

Unterscheidung von Arrays nach Indextypen

Datentyp für Index?

Integer-Array I1C mit dem Elementtyp Char:

```
VAR I1C: ARRAY['m'..'s'] OF Integer;
```

Integer-Array I1B mit dem Elementtyp Boolean:

```
VAR I1B: ARRAY[Boolean] OF Integer;
```

Real-Array R1A mit dem Elementtyp Aufzählung:

```
TYPE
  Tage = (Mo,Di,Mi,Don,Fr,Sa);
VAR
  R1A: ARRAY[Tage] OF Real;
```

Unterscheidung von Arrays nach Dimensionen an Beispielen

Ausdehnung?

Zweidimensionaler Char-Array als Tabelle mit drei waagrechten Zeilen und vier senkrechten Spalten:

```
VAR Tabelle1: ARRAY[1..3,1..4] OF Char;
```

Tabelle mit Char-Zeilenindex und Integer-Spaltenindex:

```
VAR Tabelle2: ARRAY['a'..'f',10..15] OF Integer;
```

Dreidimensionaler Real-Array als Würfel mit 125 Elementen:

```
VAR Wuerfel1: ARRAY[1..5,1..5,1..5] OF Real;
```

Array als typisierte Konstante bzw. initialisierte Variable

Vordefinierte Variable

Die Variable B soll bereits bei der Vereinbarung mit Anfangswerten definiert werden, um auf sie später wie auf eine normale Variable lesend und schreibend zugreifen zu können. Dazu weist man der Variablen B in einer CONST-Vereinbarung die Anfangswerte direkt hinter der Datentypangabe wie folgt zu:

```
TYPE
  BereichsTyp = ARRAY[1..6] OF STRING[4];
CONST
  B: BereichsTyp = ('Verk','Eink','Prod','Verw','Werb','Lag');
```

In der Variablen B sind sechs 4-Zeichen-Strings gespeichert, auf die im Anweisungsteil lesend (z.B. durch die Ausgabeanweisung *WriteLn(B[2])* oder schreibend (z. B. durch die Zuweisung *B[2] := 'Stab'*) zugegriffen werden kann.

Verarbeitung elementweise (mit Indizierung) oder komplett

Element für Element
Vergleichsoperationen sind bei Arrays nur elementweise durchführbar. So kann man in einen Array x Werte elementweise über die Indexvariable i wie folgt eingeben:

```
FOR i := 1 TO 6 DO
  ReadLn(x[i]);
```

Alle Elemente
Typgleiche Arrays komplett zuweisen: Weisen zwei Arrayse x und xKopie exakt die gleichen Datentypen (Elementtyp sowie Indextyp) auf, so kann man sie als Dateneinheit komplett zuweisen:

```
xKopie := x;
```

Aufgabe 7/1: Testen Sie das Programm ARRAY2.PAS. Welche Bildschirme erhalten Sie für die Tastatureingaben 1, 2, 7 sowie größer als 7 für Zahl?

```
PROGRAM Array2;
VAR
  x: Integer;
  y: ARRAY[1..5] OF Integer;

BEGIN
  Write('Zahl? '); ReadLn(y[1]);
  FOR x := 2 TO 5 DO
    y[x] := x + y[1]*y[x-1];
  FOR x := 5 DOWNTO 1 DO
    Write(y[x],' ');
  WriteLn;
  Write('Programmende Array2.');
  ReadLn;
END.
```

Aufgabe 7/2: Serielle Reihenfolgesuche nach einem Namen in einem String-Array über das Programm SUCHNAM1.PAS. Bei der Ausführung des Programmes erhält man zum Beispiel die beiden folgenden Bildschirme:

```
Wieviele Namen (maximal 20)? 3
1. Name? Diskette
2. Name? CPU
3. Name? Hard Disk
Suchbegriff? CPU
CPU an 2. Position gefunden.
Programmende SuchNam1.

Wieviele Namen (maximal 20)? 2
1. Name? Heidelberg
2. Name? Freiburg
Suchbegriff? Heidelberger
Fehler. Nicht gefunden.
Programmende SuchNam1.
```

Erstellen Sie die fehlenden Prozeduren Eingabe, SerielleSuche und Ausgabe
zum Programm SUCHNAM1.PAS an den mit ... markierten Stellen.

```
PROGRAM SuchNam1;
   {Suchen in einem String-Array}
TYPE
   Stri30 = STRING[30];
CONST
   MaxAnzahl = 20;
VAR
   Name:      ARRAY[1..MaxAnzahl] OF Stri30;
   NameSuch:  Stri30;
   i, Anzahl: 1..MaxAnzahl;
   Vorhanden: Boolean;

PROCEDURE Eingabe;
BEGIN ...;

PROCEDURE SerielleSuche;
BEGIN ...;

PROCEDURE Ausgabe;
BEGIN ...;

BEGIN
   Eingabe;
   SerielleSuche;
   Ausgabe;
   WriteLn('Programmende SuchNam1.');
END.
```

Aufgabe 7/3: Im Programm SORT1.PAS werden dem String-Array Name als
initialisierte Variable (siehe Abschnitt 7.5) bereits bei der Vereinbarung sechs
Namen zugeordnet Das Programm sortiert den Array nach der Methode
"Bubble-Sort bzw. paarweiser Austausch":
- Ekkehard-Tillmann bleibt
- Tillmann-Severin tauschen
- Tillmann-Lena tauschen
- Tillmann-Klaus tauschen
- Tillmann-Anita tauschen
Reihenfolge jetzt: Ekkehard, Severin, Lena, Klaus, Anita, Tillmann. Nun wird
der nächste Durchlauf gestartet mit Ekkehard-Severin bleibt, Severin-Lena
tauschen, ...

Erstellen Sie die beiden fehlenden Prozeduren Bubble (sie ruft die Prozedur
Tausch auf) sowie Ausgabe.

```
PROGRAM Sort1;
   {Bubble Sort in einem String-Array. Initialisierte Arrayvariable}
CONST
   Anzahl = 6;
```

```
TYPE
  Elementtyp = STRING[20];
  Arraytyp = ARRAY[1..Anzahl] OF Elementtyp;        {Name als initialisierte}
                                                    {Variable}
CONST
  Name: Arraytyp = ('Ekkehard','Tillmann','Severin','Lena', 'Klaus', 'Anita');

PROCEDURE Ausgabe(Nam:Arraytyp);
  ...

PROCEDURE Tausch(VAR a,b:Elementtyp);
VAR
  Hilf: Elementtyp;
BEGIN
  Hilf := b; b := a; a := Hilf;
END;

PROCEDURE Bubble(VAR Nam:Arraytyp);
  ...

BEGIN
  Ausgabe(Name);
  Bubble(Name);
  Ausgabe(Name);
  WriteLn('Programmende Sort1.'); ReadLn;
END.
```

Aufgabe 7/4: Entwickeln Sie das Programm PASDREI1.PAS für maximal 14 Zeilen. Variablen x, y, z (Integer) und Zahl (20-Elemente-Integer-Array).

```
Zeilenanzahl des Pascalschen Dreiecks? 4
              1
           1   1
         1   2   1
       1   3   3   1
     1   4   6   4   1
Programmende PasDrei1.
```

Aufgabe 7/5: Im Programm SUCHNAM1.PAS (siehe Aufgabe 7/2) werden die Prozeduren Eingabe, SerielleSuche und Ausgabe ohne Parameterübergabe aufgerufen.

Ändern Sie das Programm so zu einem Programm SUCHNAM2.PAS ab, daß es frei von Seiteneffekten ist: Also ausschließlich lokale Variablen vorsehen; Array als Parameter beim Prozeduraufruf übergeben.

Turbo Pascal-Wegweiser
für Ausbildung und Studium

Was ist eine Datei?

Das vorliegende Kapitel des Buches trägt die Überschrift "8 Programme mit *Dateien*". Was ist mit *Datei* gemeint? Schließlich wird jede Form von Information als *Datei* auf Diskette oder Festplatte gespeichert.

Bei einer *Programmdatei (engl. Program File)* stellen die gespeicherten Daten Befehle bzw. Anweisungen dar. Die Daten werden von einer Programmiersprache als Befehle interpretiert (ausgelegt) bzw. zu ausführbaren Maschinenbefehlen compiliert (übersetzt).

Bei einer *Datendatei (engl. Data File)* hingegen stellen die Daten Fakten zu einem bestimmten Gebiet dar. Beispiele: Ein Brief, eine Sammlung von Kundenadressen, Meßergebnisse einer Versuchsreihe, Speicherauszug eines Bereichs des Hauptspeichers.

In der Kapitel-Überschrift "8 Programme mit Dateien" sind mit *Dateien* die zuletzt genannten *Datendateien (Data Files)* gemeint. Das Turbo Pascal-System unterstützt drei Dateitypen: FILE OF, TEXT und FILE:

```
1. Datensatzorientierte Datei als typisierte Datei mit den Datenstrukturen
   RECORD (Datensatz als Verbund) und FILE OF (Datei).
   Abschnitt 8.1.

2. Textdatei als typisierte Datei mit der Datenstruktur TEXT.
   Abschnitt 8.2.

3. Nicht-typisierte Datei mit der Datenstruktur FILE.
   Abschnitt 8.3
```

Bild 8.1: Drei Dateitypen werden von Turbo Pascal unterstützt

8.1   Datensatzorientierte Datei

8.1.1   Menü-Verwaltung einer Kundendatei

Das Programm KUNDEN1.PAS verwaltet eine Kundendatei über ein Menü. In der Kundendatei sind für jeden Kunden die Kundennummer, der Name und der bisher getätigte Umsatz gespeichert. Der Datensatz bzw. Kundensatz ist als Record mit den Komponenten Nummer (Integer), Name (Str20 = STRING[20]) und Umsatz (Real) vereinbart. Die Datei wird zum Beispiel unter dem Namen KUND7.DAT auf Diskette gespeichert.

```pascal
PROGRAM Kunden1;
  {Kundenverwaltung über Menü}

TYPE
  Str20 = STRING[20];
  Kundensatz = RECORD
                    Nummer: Integer;
                    Name:   Str20;
                    Umsatz: Real;
                  END;
  Kundendatei = FILE OF Kundensatz;                    {FILE OF-Datei}

VAR
  KundenRec: Kundensatz;
  KundenFil: Kundendatei;
  Dateiname: STRING[14];
  NameSuch:  Str20;



PROCEDURE Vorlauf;
VAR
  Neu: Char;
BEGIN
  Write('Name der Datei (z.B. B:Kunden.DAT)? ');
  ReadLn(Dateiname);
  Assign(KundenFil,Dateiname);
  Write('Datei neu anlegen (j/n)? ');
  ReadLn(Neu);
  IF Neu = 'j'
    THEN Rewrite(KundenFil)      {Achtung: bisherige Datei wird überschrieben}
    ELSE Reset(KundenFil);       {Inhalt der bisherigen Datei bleibt erhalten}
END; {von Vorlauf}


PROCEDURE SatzAnzeigen;                      {Inhalt des aktiven Satzes zeigen}
BEGIN
  WITH KundenRec DO
  BEGIN
    WriteLn('  Kundennummer:  ',Nummer);
    WriteLn('  Name:          ',Name);
    WriteLn('  Umsatz bisher: ',Umsatz:4:2);
  END;
END; {von SatzAnzeigen}


PROCEDURE Suchen(VAR NameSuch:Str20);     {Über den Namen sequentiell suchen}
VAR
  Gefunden: Boolean;
BEGIN
  Seek(KundenFil,0);                          {Satzzeiger auf den 1. Satz}
  Write('Kundenname als Suchbegriff? ');
  ReadLn(NameSuch);
  Gefunden := False;
  WHILE NOT (Eof(KundenFil) OR Gefunden) DO
  BEGIN
```

Programm
Kunden1.PAS

```
            Read(KundenFil,KundenRec);
            IF NameSuch = KundenRec.Name THEN Gefunden:=True;
          END;
          IF Gefunden
            THEN SatzAnzeigen
            ELSE BEGIN
                  WriteLn('Satz ',NameSuch,' nicht vorhanden.');
                  NameSuch := '0';
                END;
        END; {von Suchen}


        PROCEDURE Auflisten;
        VAR
          SatzNr: Integer;                             {Für die relative Satznummer}
        BEGIN
          Seek(KundenFil,0); SatzNr := -1;
          WriteLn('Satznummer:  Kundennummer:            Name:     Umsatz:');
          WHILE NOT Eof(KundenFil) DO
          BEGIN
            Read(KundenFil,KundenRec);
            SatzNr := SatzNr + 1;
            WITH KundenRec DO
              WriteLn(SatzNr:6,': ',Nummer:15,Name:21,Umsatz:11:2);
          END;
        END; {von Auflisten}


        PROCEDURE Anhaengen;
        BEGIN
          Seek(KundenFil,FileSize(KundenFil));        {Dateizeiger hinter letzten Satz}
          WITH KundenRec DO
            BEGIN
              Write('Kundennummer (0=Ende)? '); ReadLn(Nummer);
              WHILE Nummer <> 0 DO
              BEGIN
                Write('Name?             '); ReadLn(Name);
                Write('Umsatz?           '); ReadLn(Umsatz);
                Write(KundenFil,KundenRec);
                Write('Nummer (0=Ende)? '); ReadLn(Nummer);
              END;
            END;
        END; {von Anhaengen}


        PROCEDURE Menue;
        VAR
          Wahl: Char;
        BEGIN
          REPEAT
            Write('Weiter mit Return'); ReadLn;
            WriteLn('======================================================');
            WriteLn('0   Ende          Schließen aktive Datei = ',Dateiname);
            WriteLn('1   Suchen:       Sätze lesen und anzeigen');
            WriteLn('2   Auflisten:    Alle Sätze seriell lesen');
            WriteLn('3   Anhängen:     Satz auf die Datei speichern');
```

```
      WriteLn('4   Öffnen:       Neue Datei auf Diskette öffnen');
      WriteLn('================================================');
      ReadLn(Wahl);
      CASE Wahl OF
        '1': Suchen(NameSuch);
        '2': Auflisten;
        '3': Anhaengen;
        '4': Vorlauf;
      END
    UNTIL Wahl = '0';
  END; {von Menue}


  PROCEDURE Nachlauf;
  BEGIN
    Close(KundenFil);
    WriteLn('Datei ',Dateiname,' geschlossen.');
  END; {von Nachlauf}


  BEGIN {vom Programmtreiber zur Verwaltung der Kundendatei}
    Vorlauf;
    Menue;
    Nachlauf;
    WriteLn('Programmende Kunden1.'); ReadLn;
  END.
```


Führen Sie das Programm KUNDEN1.PAS aus: Die Datei Kund7.DAT ist
auf der in Laufwerk B: befindlichen Diskette neu anzulegen. Dann sind vier
Kundensätze zu speichern. Nach dem Lesen der Eintragungen soll die Datei
geschlossen und die Programmausführung beendet werden.

```
Name der Datei (z.B. B:Kunden.DAT)? B:KUND7.DAT
Datei neu anlegen (j/n)? j
Weiter mit Return
================================================
0 Ende:      Schließen aktive Datei = B:KUND7.DAT
1 Suchen:    Sätze lesen und anzeigen
2 Auflisten: Alle Sätze seriell lesen
3 Anhängen:  Satz auf die Datei speichern
4 Öffnen:    Neue Datei auf Diskette öffnen
================================================
3
Kundennummer (0=Ende)? 101
Name?              Frei
Umsatz?            6500
Nummer (0=Ende)? 104
Name?              ...               ... Eingabe der nächsten drei Sätze
...                                  nicht wiedergegeben
Nummer (0=Ende)? 0
Weiter mit Return
================================================
0 Ende:      Schließen aktive Datei = B:KUND7.DAT
1 Suchen:    Sätze lesen und anzeigen
```

```
2 Auflisten: Alle Sätze seriell lesen
3 Anhängen:  Satz auf die Datei speichern
4 Öffnen:    Neue Datei auf Diskette öffnen
==================================================
2
Satznummer:  Kundennummer:            Name:              Umsatz:
      1            101                 Frei               6500.00
      2            104                 Dumke-Gries         295.60
      3            110                 Sarah              1018.75
      4            109                 Hildebrandt        4590.05
Weiter mit Return
==================================================
0 Ende:      Schließen aktive Datei = B:KUND7.DAT
1 Suchen:    Sätze lesen und anzeigen
2 Auflisten: Alle Sätze seriell lesen
3 Anhängen:  Satz auf die Datei speichern
4 Öffnen:    Neue Datei auf Diskette öffnen
==================================================
1
Kundenname als Suchbegriff? Dumke Gries
   Kundennummer:   104
    Name:          Dumke-Gries
   Umsatz bisher: 295.60
   Weiter mit Return
==================================================
0 Ende:      Schließen aktive Datei = B:KUND7.DAT
1 Suchen:    Sätze lesen und anzeigen
2 Auflisten: Alle Sätze seriell lesen
3 Anhängen:  Satz auf die Datei speichern
4 Öffnen:    Neue Datei auf Diskette öffnen
==================================================
0
Datei b:Kund7.DAT geschlossen.
Programmende Kunden1.
```

Nach Ausführung von Programm KUNDEN1.PAS sind in der Datei KUND7.DAT nun vier Datensätze dauerhaft gespeichert.

Die Kundendatei ist in Datensätze (hier sind es vier Sätze) und jeder Datensatz in Datenfelder (hier die drei Felder Nummer, Name und Umsatz) gegliedert. Die Datensätze werden als RECORD-Strukturen und die Datei selbst als FILE OF-Struktur dargestellt. Jeder Datensatz ist gleich lang (konstante Satzlänge). Die Datenstrukturen RECORD und FILE OF sind nun zu erklären.

8.1.2　　Datenstruktur RECORD für Datensätze

ARRAY wie RECORD sind strukturierte Datentypen. Im ARRAY müssen alle Elemente den gleichen Datentyp aufweisen, im RECORD hingegen kann man für jedes Element einen anderen Datentyp vereinbaren.

```
         RECORD:                              ARRAY:
Verschiedene Element-Typen          Gleiche Datentypen
Element-Reihenfolge unwichtig       Reihenfolge fest
Element-Zugriff über Namen          Zugriff über Index(-variable)


         KundenRec                            AbsatzArr

Nummer      Name      Umsatz          1  2  3  4  5  6  7
```

Bild 8.2: Unterscheidung von RECORD (Verbund) und ARRAY (Feld, Tabelle):

Ein Record (Datensatz) ist ein Verbund von Komponenten (Datenfeldern), die verschiedene Datentypen haben können. Im Programm KUNDEN1.PAS wird die Record-Variable KundenRec mit impliziter Typvereinbarung definiert:

```
VAR
   KundenRec: RECORD
                Nummer: Integer:
                Name:   STRING[20];
                Umsatz: Real;
              END;
```

Um Record wie Array als Parameter eines Unterprogramms (Prozedur, Funktion) übergeben zu können, müssen ihre Datentypen explizit vereinbart sein:

```
TYPE                                 TYPE
   Kundensatz = RECORD                  Indextyp = 1..7;
                  Nummer: Integer;      Zahlen = ARRAY[Indextyp];
                  Name: STRING[20];
                  Umsatz: Real;
                END;
VAR                                  VAR
   KundenRec: Kundensatz;               AbsatzArr: Zahlen;
                                        i: Indextyp;
```

Bild 8.3: Record (links) und Array (rechts) mit expliziten Datentypen vereinbaren

Verarbeitung des Records elementweise (Datenfeldname) oder komplett

Mit *KundenRec.Name:='Klaus'* wird *'Klaus'* dem Datenfeld *Name* zugewiesen. Mit *WriteLn(KundenRec.Umsatz:8:2)* wird das Umsatz-Feld ausgegeben.

Nur typgleiche Records lassen sich als Einheit komplett zuweisen: So wird mit *KundKopie:=KundenRec* der Record mit allen Feldern kopiert. Die Vergleichsoperationen sind nur elementweise durchführbar.

WITH-Anweisung zum vereinfachten Zugriff auf Datenfelder

Die beiden folgenden Zuweisungen mit WITH (links) und ohne WITH
(rechts) sind identisch. Bei Verwendung von WITH spart man sich die Angabe
des Recordnamens.

```
WITH KundenRec DO BEGIN
    Name := 'Severin';                  KundenRec.Name := 'Severin';
    Umsatz := 46600.75                  KundenRec.Umsatz := 46600.75;
END; {von WITH}
```

Records als Elemente anderer Datenstrukturen vereinbaren

Records lassen sich schachteln bzw. mit anderen Datenstrukturen kombinie-
ren. Record mit Element(en) vom Record-Typ (Record-Schachtelung):

```
RECORD ...; RECORD ... END; ... END;
```

Der Record namens Kundensatz wird als Elementtyp eines 100-Elemente-Ar-
rays namens Kunden vereinbart, um 100 Datensätze in Reihe anzuordnen
bzw. über einen Index direkt beschreiben und lesen zu können:

```
VAR Kunden: ARRAY[1..100] OF Kundensatz;
```

Der Record namens Kundensatz wird als Elementtyp einer Datei namens Kundendatei vereinbart, um eine variable Anzahl von Datensätzen in der FILE
OF-Datei auf Diskette ablegen zu können:

```
VAR Kundendatei: FILE OF Kundensatz;
```

Record als typisierte Konstante bzw. initialisierte Variable

Einer typisierten Konstanten wird bereits im Rahmen der Vereinbarung ein
Anfangswert zugewiesen. Im Anweisungsteil des Programms kann man auf
diese Konstante dann wie auf eine Variable zugreifen; neben dem lesenden Zugriff ist somit auch der schreibende Zugriff möglich. Im folgenden Beispiel erhält Kundensatz einen Anfangswert, der später beliebig verändert werden
kann:

```
TYPE
   Kundensatz = RECORD
                Nummer: Integer;
                Name: STRING[20];
                Umsatz: Real;
                END;

CONST
   KundenRec: Kundensatz = (Nummer: 119; Name:'Klaus'; Umsatz:7350.20);
```

8.1.3   Datenstruktur FILE OF für die Diskettendatei

Typisierte Datei mit Datensätzen gleicher Länge als Komponenten

FILE OF dient als reserviertes Wort zur Vereinbarung dieser Datei. Beispiel einer Kundendatei: Der logische Dateiname KundenFil wird als Dateivariable und KundenRec als Datensatzvariable bezeichnet; die Datei weist drei Datenfelder auf.

```
TYPE
   Kundensatz = RECORD
                   Nummer:Integer; Name:STRING[20]; Umsatz:Real;
                   END;
   VAR
   KundenRec: Kundensatz;
   KundenFil: FILE OF Kundensatz;
```

Die Datei besteht aus Datensätzen, für die alle der gleiche Datentyp (nämlich Kundensatz) vereinbart wird; deshalb die Bezeichnung "typisierte Datei". Die FILE OF-Datei stellt den Normalfall in der kommerziellen Datenverarbeitung dar. Dabei wird für die Datensätze zumeist der RECORD-Typ vereinbart. Die Datensatzlänge ist konstant, die Anzahl der Sätze ist variabel.

8.1.4   Vordefinierte Prozeduren zum Dateizugriff

Die wichtigsten Prozeduren zur Verarbeitung der FILE OF-Datei in Programm KUNDEN1.PAS sind *Assign, Close, Rewrite, Reset, Read* und *Write*.

Assign(Dateivariable, Stringausdruck)

Die Dateivariable kennzeichnet den logischen Dateinamen und der Stringausdruck den physischen Dateinamen. *Assign(ArtikelFil,'B:Kunden.DAT')*, um den physischen Dateinamen 'B:Kunden.DAT' der Dateivariablen *KundenFil* zuzuweisen.

Close(Dateivariable als logischer Dateiname)

Close(KundenFil) schließt die Datei und aktualisiert das Directory.

Rewrite(Dateivariable)

Die Anweisung *Rewrite(KundenFil)* übernimmt vier Aufgaben:

  1. Die derzeit offene Datei schließen.

  2. Die Datei *KundenFil* öffnen.

3. Den bisherigen Inhalt der geöffneten Datei zerstören.

4. Den Dateizeiger auf den ersten Datensatz mit Nummer 0 stellen.

Reset(Dateivariable)

Reset(KundenFil) mit drei Aufgaben: 1. Derzeit offene Datei schließen, 2. Datei *KundenFil* öffnen und 3. den Dateizeiger auf den ersten Satz mit der Nummer 0 stellen.

Read(Dateivariable, Datensatzvariable)

Read(KundenFil,KundenRec) zum Lesen von Diskette in den RAM:

1. Dateikomponente, auf die der Dateizeiger weist, in die Datensatzvariable *KundenRec* einlesen.

2. Den Dateizeiger um 1 erhöhen.

Write(Dateivariable, Datensatzvariable)

Write(KundenFil,KundenRec) zum Schreiben auf Diskette:

1. Den Inhalt des Datensatzes *KundenRec* auf die Datei *KundenFil* schreiben.

2. Den Dateizeiger der Datei *KundenFil* um eins erhöhen.

Seek(Dateivariable, Datensatznummer)

Seek(ArtikelFil,SatzNr) bewegt den Dateizeiger auf die Position, die in der Variablen *SatzNr* gerade abgelegt ist (Direktzugriff).

8.1.5   Vordefinierte Funktionen zum Dateizugriff

Datei-Funktionen in Programm KUNDEN1.PAS: EoF, FilePos und FileSize.

b := EoF(Dateivariable als logischer Dateiname)

Funktion mit dem Ergebnistyp Boolean zur Angabe des Dateiendes (EoF für "End of File" bzw. "Ende der Datei").

- *EoF(KundenFil)* gibt *True* an, sobald der Dateizeiger hinter den letzten Datensatz der Datei *KundenFil* weist.

- Das Dateiende wird durch [Ctrl/Z], #26 bzw. Chr(26) markiert. *EoF(KundenFil)* ergibt *True*, wenn das **nächste** Zeichen Ctrl-Z ist.

– *WHILE NOT EoF(KundenFil) DO BEGIN...END* kontrolliert eine Schleife, "solange das Ende der Datei *KundenFil* nicht erreicht ist".

Position des   **i := FilePos(Dateivariable)**
Dateizeigers

Funktion mit Ergebnistyp Integer zur Angabe der aktuellen Position des Dateizeigers.

– *FilePos(KundenFil)* ergibt 0, wenn der Dateizeiger auf den 1. Datensatz weist.

– *WriteLn(FilePos(ArtikelFil))* gibt die aktuelle Position des Dateizeigers aus, d.h. die Nummer des Datensatzes, der als nächster verarbeitet werden kann.

Länge der Datei **i := FileSize(Dateivariable)**

Funktion mit dem Ergebnistyp Integer zur Angabe der Dateilänge. Die Dateilänge ist gleich der Anzahl ihrer Datensätze.

– *FileSize(KundenFil)* ergibt 0, wenn die Datei *KundenFil* leer ist.

– *Seek(KundenFil,FileSize(KundenFil))* bewegt den Dateizeiger hinter den letzten Nutzdatensatz.

– Nach dem Öffnen mit Rewrite liefert *FileSize(ArtikelFil)* stets den Wert 0; nach dem Öffnen mit Reset hingegen wird die aktuelle Dateilänge gemeldet.

8.2   Textdatei als typisierte Datei

Zwei   Die *datensatzorientierte Datei* (Abschnitt 8.1) besteht aus Datensätzen als Kom-
Dateitypen ponenten gleicher Länge und wird durch FILE OF beschrieben.

Die *Textdatei* besteht aus Zeilen variabler Länge als Komponenten und wird durch das reservierte Wort TEXT beschrieben. Auf die Textdatei wird nun eingegangen:

- Beispiel zur Vereinbarung: *VAR Textdatei: TEXT;*

- Das Zeilenende wird durch die [Return]-Taste, durch Chr(13) bzw. durch #13 als CR-LF-Sequenz markiert.

- Das Dateiende wird durch [Strg/Z], #26 bzw. Chr(26) markiert.

8.2.1   Textdatei zeilenweise beschreiben

Text in Datei   Über das Programm TEXT1.PAS werden Strings der Reihe nach Zeile für Zei-
speichern   le eingetippt und in eine Textdatei auf Diskette geschrieben. Geben Sie den
folgenden Quellcode zu Programm TEXT1.PAS ein:

```
PROGRAM Text1;
   {Eine Textdatei anlegen und beschreiben}

VAR
   Dateiname: STRING[20];
   Textdatei: TEXT;
   Zeile:     STRING[255];

BEGIN
   Write('Name der anzulegenden Textdatei?');
   ReadLn(Dateiname);
   Assign(Textdatei, Dateiname);
   ReWrite(Textdatei);                          {Den Dateizeiger auf 0 setzen}
   WriteLn('Ret=Zeilenende, Strg-Z=Textende:');
   REPEAT
     ReadLn(Zeile);
     WriteLn(Textdatei,Zeile)                   {Eine Zeile mit #13 schreiben}
   UNTIL Length(Zeile) = 0;                      {Die Endemarke #26 abfragen}
   Close(Textdatei);
   WriteLn('Programmende Text1.'); ReadLn;
END.
```

Führen Sie das Programm TEXT1.PAS aus, um drei Textzeilen wie folgt in eine Datei namens DEMO1.TXT zu speichern (Tastatureingabe unterstrichen):

```
Name der anzulegenden Textdatei? Demo1.TXT
Ret=Zeilenende, Strg-Z=Textende:
Informatik mit
der Programmiersprache Pascal
macht Spaß.
Programmende Text1.
```

8.2.2   Textdatei zeilenweise lesen

Problemstellung   Das Programm TEXT2.PAS liest den Inhalt einer Textdatei Zeile für Zeile in
den RAM ein und zeigt die Zeilen am Bildschirm an. Die Textdatei wurde
zum Beispiel über das Programm TEXT1.PAS (Abschnitt 8.2.1) erfaßt.

```
PROGRAM Text2;
   {Eine Textdatei zeilenweise in den RAM lesen und am Bildschirm anzeigen}

VAR
   Dateiname: STRING[20];
```

```
      Textdatei: TEXT;
      Zeile:     STRING[255];

   BEGIN
     Write('Textdateiname? ');
     ReadLn(Dateiname);
     Assign(Textdatei, Dateiname);     {Dateivariable Textdatei mit Name verbinden}
     Reset(Textdatei);                 {Den Dateizeiger auf Position 0 stellen}
     WHILE NOT EOF(Textdatei) DO
     BEGIN
       ReadLn(Textdatei,Zeile);        {Die Zeichen bis zum CR nach Zeile einlesen}
       WriteLn(Zeile);                 {Diese Zeichen am Bildschirm anzeigen}
     END;
     Close(Textdatei);
     WriteLn('Programmende Text2.'); ReadLn;
   END.
```

Bei der Ausführung von Programm TEXT2.PAS läßt sich der Inhalt der Textdatei DEMO1.TXT wie folgt Zeile für Zeile lesen und anzeigen:

```
      Textdateiname? Demo1.TXT
      Informatik mit
      der Programmiersprache Pascal
      macht Spaß.
      Programmende Text2.
```

Text von Diskette in den RAM einlesen

ReadLn(F,S) liest von der Dateizeigerposition beginnend Zeichen in den String
S, bis [Return] bzw. [Strg/Z] gelesen wird oder bis die Maximallänge von S erreicht ist. Die Steuerzeichen [Return] bzw. [Strg/Z] werden in der Stringvariablen S nicht gespeichert.

8.3   Nicht-typisierte Datei

EIn-/Ausgabe
blockweise
Bei der nicht-typisierten Datei kann man keine Komponenten mit bestimmten
Datentypen vereinbaren. Grund: Das System nimmt die Ein- und Ausgabe
blockweise in Längen von 128 Bytes bzw. Vielfachen davon vor. Dabei dient
FILE als reserviertes Wort zur Vereinbarung. Beispiel:

```
      VAR Binaerdatei: FILE;
```

Die Anweisungen *BlockRead* und *BlockWrite* dienen der blockweisen Übertra-
gung in Längen von 128 Bytes oder Vielfachen davon. Zur Kompatibilität dieses Dateityps: Eine typisierte Datei kann man nicht-typisiert verarbeiten; alle
Sprachmittel außer *Read*, *Write* und *Flush* sind erlaubt.

<table>
<tr><td colspan="2" align="center">Typisierte Datei:</td><td align="center">Nicht-typisierte Datei:</td></tr>
<tr><td colspan="2">Datensatzorientierte Datei: Textdatei:</td><td></td></tr>
<tr><td>- Datensatz als Kompoiente</td><td>- Zeile als Komponente</td><td>- Nicht unterteilt</td></tr>
<tr><td>- Zumeist RECORD-Typ</td><td>- Grundtyp Char</td><td>- Kontrolle liegt</td></tr>
<tr><td>- Konstante Satzlänge</td><td>- Variable Zeilenlänge</td><td> beim Programmierer</td></tr>
</table>

Bild 8.4: Typisierte Dateien und nicht-typisierte Dateien

Das Programm KOPIEREN.PAS dient zur Veranschaulichung der nicht-typisierten Dartei. Das Programm wird als Utility genutzt, um eine beliebige Datei von Diskette auf Diskette zu kopieren. Geben Sie den folgenden Quellcode ein.

```
PROGRAM Kopieren;
  {Beliebige Textdatei auf Diskette kopieren}

VAR
  Quelldatei, Zieldatei;  FILE;
  nQuell, nZiel:          STRING[16
  Blocknummer, Anzahl     Integer;
  Block:                  ARRAY[1..128] OF Byte;

BEGIN
  Write('Quelldateiname? '); ReadLn(nQuell);
  Assign(Quelldatei,nQuell);
  Reset(Quelldatei,1);
  Write('Zieldateiname? '); ReadLn(nZiel);
  Assign(Zieldatei,nZiel);
  ReWrite(Zieldatei,1);                              {Datei neu anlegen}
  Write('Block ');
  Blocknummer := -1;
  REPEAT
    BlockRead(Quelldatei,Block,1,Anzahl);
    BlockWrite(Zieldatei,Block,1);
    Blocknummer := Blocknummer + 1;
    Write(Blocknummer,' ')
  UNTIL Anzahl = 0;
  Write('kopiert.'); WriteLn;
  Close(Quelldatei);
  Close(Zieldatei);
  WriteLn('Programmende Kopieren.'); ReadLn;
END.
```

*Blockweise
Übertragen*

Bei der Ausführung zu Programm KOPIEREN.PAS erhalten Sie zum Beispiel folgendes Bildschirmprotokoll (also **488** Bytes kopiert):

```
Quelldateiname? Text1.PAS
Zieldateiname? Text1Kop.PAS
Block 0 1 2 3 4 5 6 7 8 9 10 11 ...... 482 483 484 485 486 487 kopiert.
Programmende Kopieren.
```

Aufgabe 8/1: Erweitern Sie das Programm KUNDEN1.PAS (Abschnitt 8.1.1) so zu einem Programm KUNDEN2.PAS, daß im Menü zusätzlich die folgenden drei Prozeduren aufgerufen werden:

- Aendern (Menüwahl 4; einen Kunden über den Namen suchen, die Feldinhalte ändern und geänderten Satz zurückschreiben).

- LogischLoeschen (Menüwahl 5; negativer Umsatz markiert einen Satz als logisch gelöscht).

- PhysischLoeschen (Menüwahl 6; Datei ohne logisch gelöschte Sätze auf eine Zieldatei kopieren).

Das erweiterte Menü von Programm KUNDEN2.PAS soll so aussehen:

```
===========================================================
0   Ende          Schließen aktive Datei = Kunden.DAT
1   Suchen:        Sätze lesen und anzeigen
2   Auflisten:     Alle Sätze seriell lesen
3   Anhängen:      Satz auf die Datei speichern
4   Aendern:       Satzinhalt ändern bzw. aktualisieren
5   Löschen:       Löschmarkierungen setzen/entfernen
6   Entfernen:     Markierte Sätze physisch löschen
7   Öffnen:        Neue Datei auf Diskette öffnen
===========================================================
```

Aufgabe 8/2: Entwickeln Sie ein Programm namens ARTIKEL1.PAS, das eine wie folgt strukturierte datensatzorientierte Artikeldatei verwaltet:

```
TYPE
  Artikelsatz = RECORD
                Nummer:      Integer;
                Bezeichnung: STRING[20];
                Bestand:     Integer;
                Stueckpreis: Real;
                LiefNr:      Integer;
              END; {von Stammsatz}
  Artikeldatei = FILE OF Artikelsatz;
```

Die Menüwahl soll über die Prozeduren Abfragen (einzelne Sätze suchen), Auflisten (Gesamtdatei seriell lesen), Anhaengen (Datenerfassung), Aendern, LogischLoeschen, PhysischLoeschen, Anlegen (neue Datei auf Diskette einrichten) und Vorlauf (Name für aktive Datei benennen) erfolgen.

Aufgabe 8/3: Im RAM fallen häufig Daten wie zum Beispiel Zahlenreihen eines Versuches an, die dann auf einem Externspeicher sicherzustellen sind. Entwickeln Sie ein Programm VERSUCH1.PAS, das eine beliebige Zahlenreihe im RAM als Real-Array und auf Diskette als FILE OF Real speichert. Bei

Bei Ausführung des Programms VERSUCH1.PAS soll zum Beispiel das folgende Dialogprotokoll am Bildschirm erscheinen:

Zu Aufgabe 8/3

```
------------------------------Versuch1.PAS------
0    Ende
1    Versuchswerte vom RAM auf Diskette schreiben
2    Versuchswerte von Diskette in den RAM einlesen
3    Versuchswerte über Tastatur erfassen
4    Versuchswerte am Bildschirm anzeigen
-------------------------------------------------------
3
Versuchswerte einzeln tippen (0=Ende)?
12.75
2. Wert? 0.04
3. Wert? 183
4. Wert? 0
3 Zahlenwerte in einem Array im RAM abgelegt.
... weiter mit Return
-----------------------------------------------       (Menü nicht
1                                                      wiedergegeben)
Name der Ausgabedatei (z.B. Versuch1.DAT)? Versuch1.DAT
Diskettendatei Versuch1.DAT nach dem Schreiben von
3 Versuchswerten geschlossen.
... weiter mit Return
-------------------------------------------------------
2
Name der Eingabedatei (z.B. Versuch1.DAT)? Versuch1.DAT
Datei Versuch1.DAT nach dem Einlesen von 3
Versuchswerten in den RAM geschlossen.
... weiter mit Return
-------------------------------------------------------
4
Anzahl der Versuchswerte: 3
      12.75      0.04    183.00
Zahlenwerte komplett in den RAM eingelesen.
```

Quellcode zu Programm VERSUCH1.PAS:

```pascal
PROGRAM Versuch1;
   {Versuchwerte als Real-Array erfassen, als FILE OF Real
    auf Diskette schreiben und von Diskette in den RAM einlesen}

USES Crt;                              {zum Beispiel ClrScr bereitstellen}

CONST
   MaxZahl = 100;                      {Annahme: bis zu 100 Zahlenwerte}

TYPE
   Arraytyp = ARRAY[0..MaxZahl] OF Real;

VAR
   Versuchswerte: Arraytyp;
   Auswahl:       Char;
```

```
     PROCEDURE Lesen(VAR ...            Die Prozeduren Lesen, Schreiben,
     ...                                Erfassen und Anzeigen sind hier
     ...                                zu ergänzen

     PROCEDURE Schreiben(...
     ...
     ...

     PROCEDURE Erfassen(...
     ...
     ...

     PROCEDURE Anzeigen(...
     ...
     ...


     BEGIN  {des Treibers}
       REPEAT
         WriteLn('-------------------------------Versuch1.PAS------');
         WriteLn('0   Ende');
         WriteLn('1   Versuchswerte vom RAM auf Diskette schreiben');
         WriteLn('2   Versuchswerte von Diskette in den RAM einlesen');
         WriteLn('3   Versuchswerte über Tastatur erfassen');
         WriteLn('4   Versuchswerte am Bildschirm anzeigen');
         WriteLn('------------------------------------------------------');
         REPEAT
           ReadLn(Auswahl);
         UNTIL Auswahl IN ['0','1','2','3','4'];
         CASE Auswahl OF
           '1': Schreiben(Versuchswerte);
           '2': Lesen(Versuchswerte);
           '3': Erfassen(Versuchswerte);
           '4': Anzeigen(Versuchswerte);
         END;
         Write('... weiter mit Return'); ReadLn;
         ClrScr;
       UNTIL Auswahl = '0';
       WriteLn('Programmende Versuch1.');
       ReadLn;
     END.  {des Treibers}
```

Aufgabe 8/4: Aufbauend auf das Programm TEXT2.PAS (Abschnitt 8.2.2) ist ein Programm TEXT3.PAS zu entwickeln, das eine *Textdatei* zeichenweise liest, um die Anzahl eines Zeichens zum Beispiel wie folgt anzuzeigen:

```
Textdateiname? Demo1.TXT
ASCII-Nr. des zu lesenden Zeichens? 101
e 3 mal gefunden.
Programmende Text3.
```

Ergänzen Sie den umseitigen Pascal-Quellcode zu Programm TEXT3.PAS an den mit ..... gekennzeichneten Stellen.

```
PROGRAM Text3;
  {Eine Textdatei zeichenweise lesen}

VAR
  Dateiname:       STRING[20];
  Textdatei:       TEXT;
  Zeichen:         Char;
  ASCIINr, Anzahl: Integer;
  IOFehlerNr:      Integer;


BEGIN

  REPEAT
    ....;
    ....;
    ....;
    {$I-} Reset(Textdatei); {$I+}
    IOFehlerNr := IOResult;
    IF IOFehlerNr <> 0
      THEN BEGIN
             WriteLn('Fehlernummer ',IOFehlerNr,' gelesen,');
             WriteLn('da Datei ',Dateiname,' nicht gefunden wurde.');
           END;
  UNTIL IOFehlerNr = 0;

  Write('ASCII-Nr. des zu lesenden Zeichens? ');
  ....;
  Anzahl := 0;

  REPEAT
    Read(Textdatei,Zeichen); Write(Zeichen);
    IF Zeichen = Chr(ASCIINr)
      THEN Anzahl := Anzahl + 1;
  UNTIL Zeichen = #26;              {#26 bzw. Chr(26) für [Strg/Z] als Endemarke}

  WriteLn;
  ....;

  Close(Textdatei);
  WriteLn('Programmende Text3.');
  ReadLn;
END.
```

Turbo Pascal-Wegweiser für Ausbildung und Studium

9.1 Rekursiver Aufruf von Prozeduren

Erfolgt der Aufruf eines Unterprogramms (Prozedur oder Funktion) innerhalb des Unterprogramms selbst, spricht man von *Rekursion*:

> Eine rekursive Prozedur bzw. Funktion ruft sich
> selbst auf.

Iteration oder Rekursion?

Schleife oder Prozeduraufruf?

Namen sollen eingetippt, gespeichert und dann in umgekehrter Reihenfolge wieder ausgegeben werden. Ein solcher Vorgang läßt sich *iterativ* über eine Schleife (siehe Programm NAMEITE1.PAS) oder *rekursiv* über einen Prozeduraufruf (siehe NAMEREK1.PAS) lösen.

Iteration am Beispiel von Programm NAMEITE1.PAS

Lösung durch Schleife

Im Programm NAMEITE1.PAS wird ein String-Array mit 30 Elementen vereinbart, in den dann jeweils bis zu 20 Zeichen lange Namen eingegeben werden können. Nach dem Beenden der Eingabe mit "E" werden die Namen in der umgekehrten Reihenfolge wieder ausgegeben. Der Namensspeicher ist also nach dem LIFO-Prinzip (Last In-First Out) organisiert. Geben Sie den Quelltext zu Programm NAMEITE1.PAS wie folgt ein.

```
PROGRAM NameIte1;
   {Namen mittels Iteration stapeln (siehe Rekursion in NameRek1.PAS)}
   CONST
     Anzahl = 30;

PROCEDURE NameEinAus;
VAR
   Name: ARRAY[1..Anzahl] OF STRING[20];
   Ein,Aus: Integer;
BEGIN
   Ein := 0;
   REPEAT                                              {Schleifen}
     Ein := Ein + 1;
     Write('Name (E=Ende)? '); ReadLn(Name[Ein])
   UNTIL (Name[Ein]='E') OR (Ein=Anzahl);
   FOR Aus := Ein DOWNTO 1 DO
     WriteLn('Ausgabe: ',Name[Aus]);
END;

BEGIN
   WriteLn('Maximal ',Anzahl,' Namen stapeln und ausgeben:');
   NameEinAus;
   WriteLn('Programmende NameIte1.'); ReadLn;
END.
```

Bei der Ausführung von Programm NAMEITE1.PAS erhalten Sie zum Beispiel das folgende Dialogprotokoll.

Ausführung zu
NameIte1

```
Maximal 30 Namen stapeln und ausgeben:
Name (E=Ende)? Tillmann
Name (E=Ende)? Klaus
Name (E=Ende)? Anita
Name (E=Ende)? Irene
Name (E=Ende)? E
Ausgabe: E
Ausgabe: Irene
Ausgabe: Anita
Ausgabe: Klaus
Ausgabe: Tillmann
Programmende NameIte1.
```

Rekursion am Beispiel von Programm NAMEREK1.PAS

Lösung durch
Prozeduraufruf

Bei der Ausführung des folgenden Programms NAMEREK1.PAS erhalten Sie exakt die gleiche Bildschirmausgabe. Der Quelltext zeigt, daß die iterative Lösung von Programm NAMEITE1.PAS im Programm NAMEREK1.PAS durch eine rekursiven Lösung ersetzt worden ist.

```
PROGRAM NameRek1;
   {Namen mittels Rekursion stapeln (siehe Iteration in Programm NameIte1.PAS)}

PROCEDURE NameNeu;
VAR
  Name: STRING[20];

BEGIN
  Write('Name (E=Ende)? '); ReadLn(Name);
  IF Name <> 'E'
    THEN NameNeu;                          {Prozeduraufruf in der Prozedur}
  WriteLn('Ausgabe: ',Name)
END;


BEGIN
  WriteLn('Namen stapeln und ausgeben:');
  NameNeu;
  WriteLn('Programmende NameRek1.'); ReadLn;
END.
```

NameNeu als rekursive Prozedur ruft sich wiederholt selbst auf

- Das wiederholte "... einen neuen Namen eingeben" wird damit erreicht, daß die Prozedur NameNeu sich wiederholt selbst aufruft.

- Beim 1. Aufruf der Prozedur NameNeu wird 'Tillmann' in der *lokalen Variablen Name* abgelegt. Beim 2. Aufruf wird für *Name* bzw. 'Klaus' nochmals Speicherplatz reserviert, dann für 'Anita' und für 'Klaus'. Bis zur Eingabe von 'E' werden auf dem Rekursion-Stack fünf Namen (einschließlich dem 'E' als Endesignal) abgelegt.

– Der Stack ist als Stapelspeicher organisiert, d.h. den letzten Namen kann man sich über dem vorletzten Namen gestapelt vorstellen.

– Damit die Rekursion nicht endlos abläuft und der Stack nicht überläuft, muß die Abbruchbedingung *Name='E'* einmal erfüllt sein. Ist dies der Fall, dann wird *WriteLn('Ausgabe: ',Name)* ausgeführt. Pascal räumt den Stapel nun Name für Name und zeigt ihn jeweils durch WriteLn an. Da der Stack nach dem LIFO-Prinzip (Last In-First Out) organisiert ist, kann er nur von oben bedient werden: 'E' erscheint zuerst und 'Tillmann' erscheint zuletzt.

Ausführung zu Programm NAMEREK1.PAS (Rekursion) mit den gleichen Eingaben wie Programm NAMEITE1.PAS (Iteration):

```
Namen stapeln und ausgeben:
Name (E=Ende)? Tillmann
Name (E=Ende)? Klaus
Name (E=Ende)? Anita
Name (E=Ende)? Irene
Name (E=Ende)? E
Ausgabe: E
Ausgabe: Jakob
Ausgabe: Irene
Ausgabe: Anita
Ausgabe: Klaus
Ausgabe: Tillmann
Programmende NameRek1.
```

Lokale Variablen auf dem Rekursion-Stack speichern

– Beim 1. Aufruf der Prozedur NameNeu wird 'Tillmann' in der Variablen Name gespeichert.

– Beim 2. Aufruf von NameNeu wird Name als lokale Variable nochmals vereinbart, d. h. es wird für eine zweite Variable Name (wir kennzeichnen dies mit Name-2) erneut Speicherplatz im RAM reserviert, um 'Klaus' darin zu speichern.

– Da Name als lokale Variable nur innerhalb der Prozedur NameNeu definiert ist, können für Name-1, Name-2, Name-3, ... unterschiedliche Werte gespeichert werden.

LIFO-Speicher Den dafür von Turbo Pascal reservierten RAM-Speicherbereich nennt man *Rekursion-Stack*. Umseitig wird dieser Stack als LIFO-Speicher (Last In - Forst Out) dargestellt.

Stapel:	In:	Out:	Variable:	
E	⇓	⇑	Name-5	Zuletzt eingegebener String
Irene	⇓	⇑	Name-4	
Anita	⇓	⇑	Name-3	Beim 3. Prozeduraufruf eingegeben
Klaus	⇓	⇑	Name-2	
Tillmann	⇓	⇑	Name-1	Beim 1. Prozeduraufruf von NameNeu in der Variablen Name gespeichert

Bild 9.1: Rekursion-Stack als LIFO-Speicher anhand Programm NAMEREK1.PAS

Lokale Variablen vom Rekursion-Stack wieder entnehmen

Bei einer endlosen Rekursion würde der Stack irgend einmal überlaufen. Im Programm NameRek1.PAS wird der rekursive Aufruf der Prozedur Name-Neu beendet, sobald die Abbruchbedingung *Name='E'* erfüllt ist. Nach Eingabe von 'E' wird die Anweisung *WriteLn('Ausgabe: ',Name)* ausgeführt. Turbo Pascal räumt nun Name für Name vom Stack und gibt ihn am Bildschirm aus.

9.2 Rekursiver Aufruf von Funktionen

Problemstellung Am Beispiel der Summenbildung wird gezeigt, wie dasselbe Problem iterativ (SUMMITE1.PAS) und rekursiv (SUMMREK1.PAS) gelöst werden kann.

Im Programm SUMMITE1.PAS werden Zahlen so lange über die Funktion Summe aufsummiert, bis vom Benutzer Zahl=0 eingegeben wird.

Quellcode

```
PROGRAM SummIte1;
  {Summieren von Zahlen. Lösung durch Iteration}

FUNCTION Summe: Integer;
VAR
  Zahl, Sum: Integer;
BEGIN
  Sum := 0;
  REPEAT
    Write('Zahl? '); ReadLn(Zahl);
    Sum := Sum + Zahl;
  UNTIL Zahl = 0;
  Summe := Sum;                              {Funktionswert zuweisen}
END;
```

```
BEGIN
  WriteLn('Zahlen eingeben (0=Ende):');
  WriteLn(Summe);
  WriteLn('Programmende SummIte1.'); ReadLn;
END.
```

Die Zahlen 3, 7 und 2 sollen aufsummiert werden. Führen Sie dazu das Programm SUMMITE1.PAS wie folgt wiedergegeben aus:

```
Zahlen eingeben (0=Ende):
Zahl? 3
Zahl? 7
Zahl? 2
Zahl? 0
12
Programmende SummIte1.
```

Rekursiver Aufruf der Funktion Summe in Programm SUMMREK1.PAS

Im Programm SUMMREK1.PAS ruft sich die Funktion Summe bis zur Eingabe von Null wiederholt selbst auf. Über *WriteLn(Summe)* wird die parameterlose Funktion Summe zum ersten Mal aufgerufen. Das Ergebnis von Summe kann jedoch nicht (sofort) ausgegeben werden, da in Summe über die Zuweisung *Summe:=Summe+Zahl* ein erneuter rekursiver Aufruf vorgenommen wird.

```
                                        Summe  :=  Summe  +  Zahl;
                                          3.        2.        1.
1.  Lokale Variable Zahl in Funktion Summe
2.  2., 3., 4., ... Aufruf von Funktion Summe
3.  Funktionswert zuweisen.
```

Bild 9.2: Rekursiver Aufruf der Funktion Summe in der Zuweisungsanweisung

```
PROGRAM SummRek1;
  {Summieren von Zahlen. Lösung durch Rekursion}

FUNCTION Summe: Integer;
VAR
  Zahl: Integer;
BEGIN
  Write('Zahl? '); ReadLn(Zahl);
  IF Zahl <> 0
    THEN Summe := Summe + Zahl
    ELSE Summe := 0;
END;

BEGIN
  WriteLn('Zahlen eingeben (0=Ende):');
  WriteLn(Summe);
  WriteLn('Programmende SummRek1.'); ReadLn;
END.
```

Bei Ausführung von Programm SUMMREK1.PAS erhält man das gleiche Dialogprotokoll am Bildschirm wie bei Programm SUMMITE1.PAS:

```
Zahlen eingeben (0=Ende):
Zahl? 3
Zahl? 7
Zahl? 2
Zahl? 0
12
Programmende SummRek1.
```

Aufbauen des Rekursion-Stack über Zuweisung *Summe:=Summe+Zahl*

- Beim 1. Funktionsaufruf erhält Zahl den Wert 3 (siehe Ausführungsbeispiel). Da 3 ungleich 0 ist, wird Summe erneut aufgerufen. Nun wird 3 als erster Wert auf dem Rekursion-Stack abgelegt und anschließend für die lokale Variable Zahl **erneut** Speicherplatz auf dem Stack zugewiesen.

- Nach dem Eintippen von 7 befinden sich auf dem Stack die 3 (auf sie kann nun nicht mehr zugegriffen werden) und die 7 (sie befindet sich gerade im Zugriff).

- Beim 3. Aufruf von Summe wird die 2 auf dem Stack abgelegt.

- Beim 4. Aufruf wird die 0 mittels *Summe:=0* der Funktion als Ergebnis zugewiesen. Da 0 als Endebedingung definiert ist, erfolgt nun kein weiterer rekursiver Aufruf von Summe mehr.

Abbauen des Rekursion-Stack nach der Eingabe von *Zahl=0*

- Auf dem Stack wird der dritte Wert 2 in Zahl verfügbar. Die Anweisung *Summe := Summe+Zahl* kann ausgeführt werden: *Summe:=0+2* ergibt 2 als Ergebnis für Summe.

- Jetzt wird der zweite Stack-Wert 7 aktiviert und mit *Summe := 2+7* ergibt sich 9.

- Abschließend wird die 3 mit *Summe := 9+3* zu 12 als Endergebnis aufsummiert. Der Stack ist wieder abgebaut, geräumt bzw. geleert.

- Über *WriteLn(Summe)* kann nun die 12 als Summenresultat ausgegeben werden.

1. Ein Unterprogramm (Funktion. Prozedur) heißt rekursiv, wenn es sich im Anweisungsteil erneut selbst aufruft.

2. Bei jedem Unterprogrammaufruf werden die derzeitigen Werte der lokalen Variablen auf dem *Rekursion-Stack* bis zur Fortsetzung des unterbrochenen Unterprogramms abgespeichert.

3. Jede Rekursion muß einmal beendet werden, d. h. eine Abbruchbedingung enthalten. Als Rekursions- bzw. Schachtelungstiefe bezeichnet man die Anzahl der Unterprogrammaufrufe.

4. Jede *Rekursion (Wiederholung mittels Schachtelung)* läßt sich auch als *Iteration (Wiederholung mittels Schleife)* lösen.

Bild 9.3: Kennzeichen der Rekursion im Überblick

Eine Rekursion durch eine Iteration ersetzen

Im Prinzip läßt sich jede Rekursion durch eine Iteration ersetzen und umgekehrt. Dabei gilt:

- Eine Rekursion kann klarer und kürzer als die nicht-rekursive Lösung sein.

- Eine Iteration kann bedeutend schneller als die Rekursion sein.

Die geeignete Methode hängt vom jeweiligen Problem ab. Oftmals ist die rekursive Lösung eines Problems für den Benutzer einfacher als für das Programmiersystem (das den Rekursion-Stack verwalten muß). Umgekehrt kann die iterative Lösung für den Benutzer schwieriger sein (da er die Schleifenkontrolle planen muß).

- *Rekursion:* Wiederholung durch Schachtelung (einfach für den Benutzer)

- *Iteration:* Wiederholung durch Schleifenbildung (einfach für das System)

Aufgabe 9/1: Im Programm REKURS0.PAS wird eine Prozedur namens Upro rekursiv aufgerufen, wenn der Benutzer über ein Menü die Wahl W = 1 eingibt.

a) Welches Dialogprotokoll erhalten Sie am Bildschirm, wenn Sie als Benutzer drei Mal nacheinander die Menüwahl W = 1 eingeben?

b) A ist eine globale Variable, während Z und W lokale Variablen darstellen. Welche Auswirkung hat die Unterscheidung "global - lokal" für die Speicherung auf dem Rekursion-Stack.

```
PROGRAM Rekurs0;
  {Demonstrationsprogramm zur Rekursion}
VAR
   A: Integer;                    {Zähler für die Aufrufebenen}
```

```
PROCEDURE Upro(Z: Integer);
  VAR
    W: Integer;

  PROCEDURE Menue;        {Menue in Upro geschachtelt, damit W in Menue bekannt}
  BEGIN
    WriteLn('Bitte wählen:');
    WriteLn('  0  Rückkehr in die vorige Aufrufebene');
    WriteLn('  1  Weiter in die nächste Aufrufebene');
    REPEAT
      Write('Wahl? '); ReadLn(W)
    UNTIL W IN [0..1];
  END; {von Menue}

BEGIN
  WriteLn(Z,'. Aufrufebene von Upro');
  Menue;
  A := A + 1;
  IF W = 1
    THEN Upro(Z+1)                                   {Rekursiver Aufruf von Upro}
    ELSE WriteLn('Protokoll der Variablenwerte:');
  WriteLn('Z war ',Z,';  W war ',W,'; A war ',A);
END; {von Upro}


BEGIN {von Programm Rekurs0.PAS}
  A := 1;
  Upro(A);                                           {Erster Aufruf von Upro}
  WriteLn('A = ',A);
  WriteLn('Ende von Programm Rekurs0.'); ReadLn;
END.  {von Programm Rekurs0}
```

Aufgabe 9/2: Die Ermittlung von n! = 1*2*3*4*...*n (n Fakultät) kann iterativ und rekursiv vorgenommen werden. Dem Programm FAKULTIT.PAS liegt die iterative Lösung zugrunde. Ergänzen Sie den Quellcode an den mittels ...... gekennzeichneten Stellen.

```
PROGRAM FakultIt;
  {Berechnung der Fakultät als  i t e r a t i v e  Lösung}

TYPE
  DefinitionsBereich = 0..13;                  {14! wird falsch}
VAR
  N: DefinitionsBereich;

FUNCTION Fakult(Z:DefinitionsBereich): LongInt;
VAR
  I  : Byte;
  Fak: LongInt;
BEGIN
  Fak := 1;
    FOR I := 1 TO Z DO                     {Fakultät iterativ als Zählerschleife}
      .......
END;
```

```
BEGIN
  WriteLn('Fakultät als  I t e r a t i o n :');
  Write('Zahl N zur Fakultätsberechnung N! eingeben? ');
  ReadLn(N);
  WriteLn(N,'! ergibt');
  WriteLn (Fakult(N),' als Ergebnis.');          {Einziger Aufruf von Fakult}
  WriteLn('Ende von Programm FakultIt.'); ReadLn;
END.
```

Ausführungsbeispiel zu Programm FAKULTIT.PAS:

```
Fakultät als  I t e r a t i o n :
Zahl N zur Fakultätsberechnung N! eingeben? 7
7! ergibt
   1 mal
   2 mal
   3 mal
   4 mal
   5 mal
   6 mal
   7 mal
5040 als Ergebnis
Ende von Programm FakultIt.
```

Aufgabe 9/3: Im Programm FAKULTRE.PAS wird n! nicht iterativ ermittelt (wie in Programm FAKULTIT.PAS von Aufgabe 9/2), sondern rekursiv. Dabei gilt:

```
        (    1                          für n = 1
   n!   (
        (    n * ((n-1)!               für n größer als 1
```

n! (n als natürliche Zahl) ist also durch n*(n-1)! definiert. Damit gilt:

```
(n-3)! = (n-3)*(n-4)!        oder        7! = 7*6!
```

Im Programm FAKULTRE.PAS wird dementsprechend eine Funktion Fakult rekursiv wie folgt aufgerufen:

- Zweiseitige Auswahl zur Steuerung der Rekursion.

- Für die Endebedingung Z=0 wird Fakult das Funktionsergebnis 1 zugewiesen (THEN-Zweig der Auswahl).

- Sonst wird im ELSE-Zweig über Fakult := Z * Fakult(Z-1); wiederholt die Funktion aufgerufen (Aufruf rechts von ":=").

- Die Parameterwerte von Z werden wie folgt auf dem Stack gespeichert: Beim ersten Funktionsaufruf über WriteLn(Fakult(7)) wird Z=7 auf dem Stack abgelegt. Durch Fakult:=7*Fakult(7-1) wird ein zweites Z=6 erzeugt und auf dem Stack abgelegt. Dies wiederholt sich bis Z=0.

– Die Werte von Z werden dann vom Stack abgeholt. Dazu werden in umgekehrter Reihenfolge die Parameterwerte 1,2,...,7 jeweils zum Ergebnis Fakult multipliziert.

Ergänzen Sie im Quellcode zu Programm FAKULTRE.PAS die rekursive Funktion Fakult an der mit ...... gekennzeichneten Stelle, damit das Programm wie unten wiedergegeben ausgeführt werden kann.

```
PROGRAM FakultRe;
  {Berechnung der Fakultaet als  r e k u r s i v e  Lösung}

TYPE
  DefinitionsBereich = 0..13;

VAR
  N: DefinitionsBereich;

FUNCTION Fakult(Z:DefinitionsBereich): LongInt;
BEGIN
   . . . . . .
   . . . . . .
   . . . . . .
END;

BEGIN
  WriteLn('Fakultät als  R e k u r s i o n :');
  Write('Zahl N zur Fakultätsberechnung N! eingeben? ');
  ReadLn(N);
  WriteLn(N,'! ergibt');
  WriteLn (Fakult(N),' als Ergebnis.');        {Erster Aufruf von Fakult}
END. {von FakultRe}
```

Ausführungsbeispiel zu Programm FAKULTRE.PAS:

```
Fakultät als R e k u r s i o n :
Zahl N zur Fakultätsberechnung N! eingeben? 7
7! ergibt
    7 mal
    6 mal
    5 mal
    4 mal
    3 mal
    2 mal
    1 mal
  0 mal
5040 als Ergebnis.
```

Turbo Pascal-Wegweiser
für Ausbildung und Studium

10.1 Statische und dynamische Variablen

Statische Variablen

Der Hauptspeicher (Arbeitsspeicher, RAM) ist durchnumeriert, wobei jede Nummer eine Adresse bezeichnet.

Jeder Variablenname weist auf eine bestimmte Adresse bzw. auf den Wert, der ab dieser Adresse abgelegt ist. Da der Speicherplatzumfang während der Programmausführung gleich bleibt, spricht man von *statischen Variablen*.

Man kann die Adressierung über statische Variablen bzw. deren Namen mit zwei Stufen wie folgt darstellen:

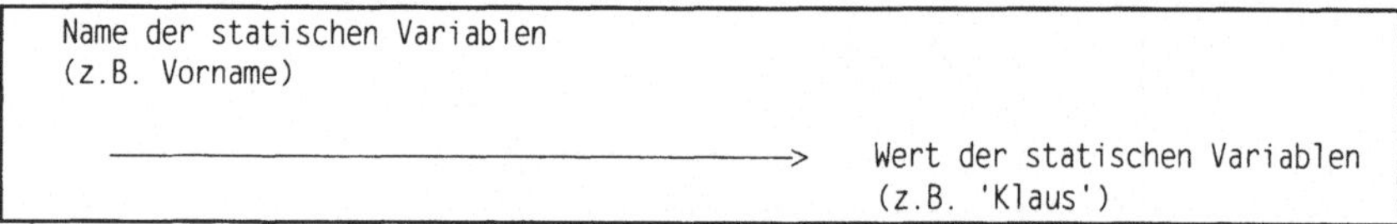

Bild 10.1: Beziehung „Name - Wert" bei einer statischen Variablen

Dynamische Variablen

Man kann das zweistufige zu einem dreistufigen Vorgehen erweitern, in dem man eine Zeigervariable aufruft, in der eine Adresse als Verweis auf den eigentlichen (Nutz-)Wert gespeichert ist.

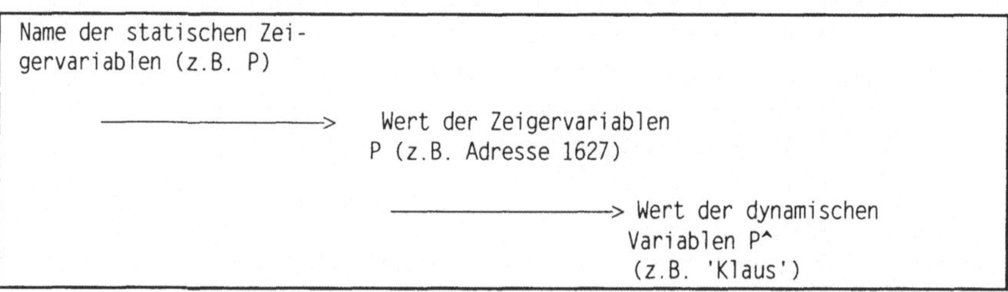

Bild 10.2: Beziehung „Name - Zeiger - Wert" bei dynamischen Variablen

*P und P^*

Dieses dreistufige Vorgehen ist nur auf den ersten Blick umständlich; es hat den Vorteil, daß man während der Programmausführung zusätzliche Variablen (z. B. für 'Lena' und 'Irene') *dynamisch* erzeugen kann, indem man Adreßzuweisungen in Zeigervariablen vornimmt:

- *Statische Variable:* Die Zeigervariable P ist *statisch* im Vereinbarungsteil vereinbart.

- *Dynamische Variable:* Die Variable P^ hingegen wird *dynamisch* mittels Zeigerverweis erzeugt. P^ liest man als "... durch P angezeigt". P^ wird als Bezugsvariable bezeichnet, da sie sich auf die Zeigervariable P bezieht.

10.2 Statischer Zeiger und dynamische Variable

Problem

Am Beispiel des Programmes POINTER1.PAS soll der Zusammenhang zwischen einem Zeiger bzw. einer Zeigervariablen P1 und einer dynamischen Variablen P1^ in sechs Schritten erklärt werden.

Quellcode

```
PROGRAM Pointer1;
  {Pointer auf dynamische Variable}

VAR
  P1,P2: ^Integer;                    {Schritt 1: Zeiger statisch vereinbaren}

BEGIN
  New(P1);                            {Schritt 2: Variable dynamisch erzeugen}
  P1^ := 9999;                        {Schritt 3: Dynamische Variable}
  WriteLn('1. ',P1^);                            {beschreiben und lesen}
  P2 := P1;                           {Schritt 4: Adreßzuweisung}
  WriteLn('2. ',P2^);
  New(P2);                            {Schritt 5: Speicherplatz auf Heap}
  P2^ := 777;                                    {reservieren}
  WriteLn('3. ',P1^,' ',P2^);
  Dispose(P1); Dispose(P2);           {Schritt 6: Speicherplatz auf Heap}
  WriteLn('Programmende Pointer1.')              {freigeben}
END.
```

Ausführung

Bei der Ausführung zu Programm POINTER1.PAS erhalten Sie folgendes Protokoll am Bildschirm:

```
1. 9999
2. 9999
3. 9999 777
Programmende Pointer1.
```

Schritt 1: Zeigervariable als statische Variable vereinbaren

Eine Zeigervariable ist eine "ganz normale" statische Variable. Durch die Vereinbarung

```
VAR P1: ^Integer;
```

wird P1 als eine Zeigervariable eingerichtet, die auf Daten vom Typ Integer zeigt. Man sagt auch: P1 ist ein Zeiger auf eine Integer-Zahl; P1 kann später die Adresse einer Integer-Variablen enthalten. Anders: P1 ist ein Integer-Zeiger.

Typbindung

P1 kann als Integer-Zeiger nur auf Integer-Variablen zeigen, nicht aber zum Beispiel auf Boolean- oder Real-Variablen. Man bezeichnet dies als *Typbindung*.

Die Typbindung erklärt sich daraus, daß eine Integer-Zahl zwei Bytes an Speicherplatz beansprucht, eine Real-Variable zum Beispiel jedoch sechs Bytes. Ohne Typbindung würde der reservierte Speicherbereich nicht mit dem tatsächlichen Speicherplatzbedarf übereinstimmen.

Zeigervariablen P1 und P2 mit impliziter Typvereinbarung

Allgemein gibt man den Typ eines Zeigers mit ^Datentyp für "auf den Datentyp zeigend" an:

```
VAR
   Zeigervariable: ^Datentyp;
```

Die Zeiger P1 und P2 vereinbart man dann z. B. wie folgt:

```
VAR
  P1, P2: ^Integer;
```

Zeigervariablen P1 und P2 mit expliziter Typvereinbarung

Zuerst den Zeigertyp und dann die Zeigervariablen vereinbaren:

```
TYPE
  Zeigertyp = ^Integer;
VAR
  P1, P2: Zeigertyp;
```

Zwei Bedeutungen des Zeichens ^ (Caret, Hochpfeil):

Streng zu trennen ist, ob das Zeichen ^ vorgestellt (wie bei ^Integer) oder nachgestellt (wie bei P1^) geschrieben wird.

```
P1: ^Integer        für "Zeiger P1 auf Integer zeigend" (statische Variable)
P1^                 für "Wert des von Zeiger P1 angezeigten
                    Speicherplatzes" als dynamische Variable
```

Schritt 2: Prozedur *New(Zeigervariable)* reserviert Speicherplatz auf dem Heap

Mit der Vereinbarung der Zeigervariablen P1 ist noch kein Speicherplatz für P1^ bereitgestellt. P1 enthält eine zufällige Adresse. Würde man etwas in P1^ schreiben, so könnten wichtige Informationen im Speicher überschrieben werden. Mit dem Prozeduraufruf

```
New(P1);
```

wird Speicherplatz in einem speziellen Speicherbereich bereitgestellt, den man *Heap (Haufen)* nennt; der Variablen P1 wird dabei die Adresse dieses Speicherplatzes zugewiesen.

Heap als Speicher

- P1^ ist der auf dem Heap reservierte Speicherbereich.

- Die Größe des reservierten Speicherbereichs entspricht dem Datentyp, auf den P1 zeigt (in Programm POINTER1.PAS zwei Bytes für Integer).

Schritt 3: Dynamische Variable P1^ beschreiben und lesen

Nachdem man durch den Prozeduraufruf *New(P1)* zwei Bytes auf dem Heap reserviert hat, kann man die dynamische Variable P1^ beschreiben und lesen; zur Unterscheidung von statischen Variablen muß bei der dynamischen Variablen stets der Hochpfeil ^ folgen:

- *P1^ := 9999;* weist die Zahl 9999 der dynamischen Variablen P1^ zu. Anders ausgedrückt: 9999 wird an der Adresse abgelegt, auf die die Zeigervariable P1 gerade weist.

- *WriteLn(P1^);* gibt den Wert von P1^ am Bildschirm aus.

Dynamische Variable P1^ als namenlose Variable

P1^ als Bezugsvariable

Die Variable P1^ hat keinen Namen und ist nur über den Zeiger P1 ansprechbar, der auf die Adresse zeigt, ab der die dynamische Variable auf dem Heap abgelegt ist. P1^ ist eine namenlose bzw. anonyme Bezugsvariable.

Schritt 4: Adreßzuweisung bei Zeigervariablen

Durch die Wertzuweisung

```
P2 := P1;
```

wird die im Zeiger P1 befindliche Adresse dem Zeiger P2 zugewiesen. P1 und P2 zeigen auf den gleichen Speicherplatz bzw. auf die gleiche Integer-Zahl 9999. Die Anweisungen *WriteLn(P1^)* und *WriteLn(P2^)* sind nun identisch.

Schritt 5: Die Grenze des Heap nach oben verschieben

Mit dem Prozeduraufruf

```
New(P2);
```

werden weitere zwei Byte auf dem Heap reserviert, auf deren Anfangsadresse
P2 zeigt. P2 beinhaltet jetzt eine um zwei Bytes höhere Speicheradresse als P1.
Nach der Zuweisung

```
P2^ := 777;
```

befindet sich die Zahl 777 "über" der Zahl 9999 auf dem Heap.

Schritt 6: Heap-Speicherplatz mit *Dispose(Zeigervariable)* freigeben

Die Prozedur Dispose gibt Heap-Speicherplatz frei. Mit dem Prozeduraufruf

```
Dispose(P1);
```

werden die über P1 adressierten zwei Byte Speicherplatz auf dem Heap freigegeben. Im Gegensatz zu statischen Variablen kann man dynamische Variablen
damit sozusagen „zur Ausführungszeit löschen".

... dynamisch erzeugen und löschen

Eine dynamische Variable kann zur Ausführungszeit durch die New-Prozedur
eingerichtet (erschaffen) und durch die Dispose-Prozedur gelöscht werden.

Zusammenfassung zu dynamischen Variablen und Zeigervariablen

- Statische Variablen existieren bereits vor Beginn des Anweisungsteils, während dynamische Variablen erst im Zuge der Programmausführung erzeugt
  werden.

- Ein Zeiger ist eine spezielle statische Variable, in der eine Adresse (Speicherplatz) abgelegt ist.

- Eine dynamische Variable hat keinen Namen und kann nur über Zeiger beschrieben bzw. gelesen werden. Man erkennt sie am nachfolgenden ^, wie
  z. B. bei P1^.

- Mit New(P1) wird die dynamische Variable P1^ zur Ausführungszeit eingerichtet. Mit Dispose(P1) wird sie gelöscht.

- Eine Zeigervariable beinhaltet eine Adresse auf dem Heap. Das Turbo Pascal-System verwaltet den Heap als speziellen Speicherbereich des RAM zur
  Ablage dynamischer Variablen.

10.3   Array von Zeigern

Array statisch und dynamisch

Den Versuch, einen Integer-Array namens P1 für 120000 Zahlen mit

```
VAR
   P1: ARRAY[1..120,1..1000] OF Integer;
```

zu vereinbaren, weist das Pascal-System mit der Fehlermeldung *"Error 22: Structure too large"* zurück. Grund: Der Array ist zu groß, da er genau 120*1000*2 bzw. 240000 Bytes statisch an Speicherplatz beanspruchen würde (jede ganze Zahl vom Integer-Typ belegt zwei Bytes). Das Programm POIN-TER2.PAS zeigt, wie man das Problem über einen Array von Zeigern löst.

```
PROGRAM Pointer2;
  {Array von Zeigern mit 120000 Elementen}

TYPE
  Zeilentyp = ARRAY[1..1000] OF Integer;

VAR
  P: ARRAY[1..120] OF ^Zeilentyp;
  Z: Integer;

BEGIN                               {Array von Zeigern dynamisch erzeugen}
  FOR Z := 1 TO 120 DO
    New(P[Z]);
  P[116]^[890] := 2222;
  WriteLn('1. ',P[116]^[890]);
  WriteLn('2. ',P[1]^[1]);          {... ergibt einen unbestimmten Wert}
  P[1]^[1] := P[116]^[890];
  WriteLn('3. ',P[1]^[1]);
  FOR Z := 1 TO 120 DO
    Dispose(P[Z]);                  {Speicherplatz auf dem Heap freigeben}
  WriteLn('Programmende Pointer2.');
END.
```

Bei der Ausführung von Programm POINTER2.PAS erhalten Sie das folgende Bildschirmprotokoll:

```
1. 2222
2. 164                             {164 als zufälliger Wert}
3. 2222
Programmende Pointer2.
```

In Programm POINTER2.PAS wird P als Array von 120 Zeigern vereinbart, von denen jeder einzelne Zeiger auf Daten vom Zeilentyp weist, das heißt auf einen Array mit 1000 Integer-Elementen. In der ersten FOR-Schleife wird auf dem Heap Speicherplatz für die 120 Zeilen des Arrays reserviert. Beim schreibenden wie lesenden Zugriff auf den Array ist zu beachten, daß das Spaltenele-

ment dynamisch über Zeiger adressiert wird; aus diesem Grunde muß z. B.
^[890] anstelle von [890] geschrieben werden.

Hinweis: Mit der Anweisung *WriteLn('2. ',P[1]^[1]);* wird ein schlimmer Fehler demonstriert: Auf das 1. Arrayelement wird lesend zugegriffen, ohne diesem Element
zuvor einen Wert zugewiesen zu haben. Aus diesem Grunde erscheint bei der
Programmausführung mit 164 ein "zufälliger Wert" – eben der Wert, der an
dieser Adresse gerade zufälligerweise gespeichert ist.

Nutzung des Heap

Heap dynamisch   Beim Arbeiten mit dem Pascal-System kann der freie Speicher als Heap ge-
belegen   nutzt werden. Bei einem PC mit 640 KB sind dies ungefähr 550 KB (der Platz-
bedarf für Programm, Datenbereich und Stack wird von den 640 KB abge-
zogen). Dynamische Variablen werden auf dem Heap abgelegt bzw. verwaltet;
für sie stehen somit ungefähr 550 KB zur Verfügung.

Sollen umfangreiche Datenstrukturen im RAM abgelegt werden, ist man auf
die Verwendung dynamischer Variablen angewiesen. Nur über sie läßt sich auf
dem Heap Speicherplatz reservieren.

10.4 Zeigerverkettete Liste

Im folgenden Programm POINTER3.PAS wird gezeigt, wie Zeiger Elemente
vom RECORD-Typ zu einer Liste verbinden bzw. verketten können:

```
Programm:        VAR-Vereinbarung von Zeiger:        Zeiger verweist auf : ...

POINTER1.PAS     P1: ^Integer;                       Ein Zeiger auf den vordefi-
                                                     nierten Integer-Typ

POINTER2.PAS     P:  ARRAY[1..120] OF ^Zeilentyp;    120 Zeiger auf einen benut-
                                                     zerdefinierten ARRAY-Typ

POINTER3.PAS     P:  ^SatzTyp;                        Ein Zeiger auf einen benut-
                                                     zerdefinierten RECORD-Typ
```

Nil zeigt auf   Eine verkettete Liste besteht aus Elementen, von denen jedes einen Zeiger auf
nichts   seinen Nachfolger hat. Den Beginn der Liste hält man in einer Zeigervariablen
fest, die man *Anker* nennt. Das Ende der Liste wird häufig dadurch markiert,
daß der Zeiger auf den Nachfolger den Wert *Nil* (nichts) bekommt. Die vordefinierte Konstante *Nil* stellt einen Zeiger dar, der "nirgendwo hinzeigt".

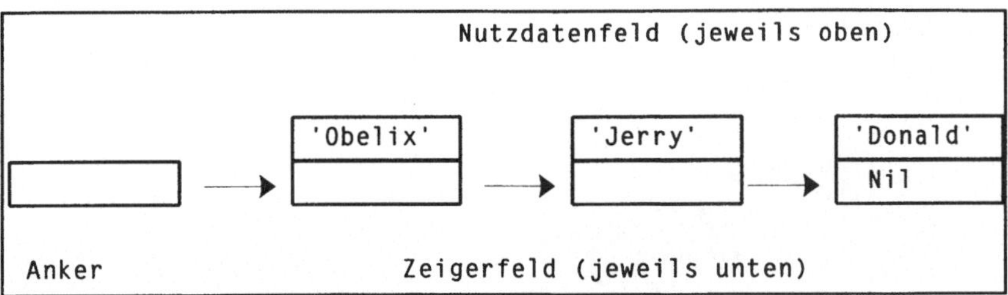

Bild 10.3: Lineare Liste als eine über Zeiger verkettete Liste

Das Programm POINTER3.PAS erzeugt eine lineare Liste von Records. Jeder Record enthält einen Namen und einen Zeiger auf den Nachfolger. Anschließend wird die Liste ausgegeben.

```pascal
PROGRAM Pointer3;
  {Liste von Records über Zeiger verketten}

TYPE
  StringTyp     = STRING[30];
  SatzZeigerTyp = ^SatzTyp;
  SatzTyp       = RECORD
                    Name: StringTyp;
                    Naechster: SatzZeigerTyp;
                  END;

VAR
  Anker, Letzter, P: SatzZeigerTyp;

PROCEDURE Initialisierung;
BEGIN
  New(P);
  Anker := P;
  P^.Naechster := Nil;
  Write('Erster Name? ');
  ReadLn(P^.Name);
  IF P^.Name = ''
    THEN Anker := Nil
    ELSE Letzter := P;
END;

PROCEDURE Eingabe;
BEGIN
  WHILE P^.Name <> 'Ende' DO
    BEGIN
      New(P);
      Write('Name (bzw. Ende)? ');
      ReadLn(P^.Name);
      IF P^.Name <> 'Ende'
        THEN
          BEGIN
            Letzter^.Naechster := P;
            Letzter := P;
            Letzter^.Naechster := Nil;
          END;
```

```
        END:
     Dispose(P);
  END;

  PROCEDURE Ausgabe;
  BEGIN
    P := Anker;
    WHILE P <> Nil DO
      BEGIN
        WriteLn(P^.Name);
        P := P^.Naechster;
      END;
  END;

  BEGIN
    Initialisierung;
    Eingabe;
    Ausgabe;
    IF Anker <> Nil
      THEN Release(Anker);
    WriteLn('Programmende Pointer3.')
  END.
```

Ausführung   Bei der Ausführung von Programm POINTER3.PAS erhalten Sie für die Vier-Elemente-Liste "Obelix", "Jerry", "Donald" und "Lucky" folgendes Bildschirmprotokoll:

```
Erster Name? Obelix
Name (bzw. Ende)? Jerry
Name (bzw. Ende)? Donald
Name (bzw. Ende)? Lucky
Name (bzw. Ende)? Ende
Obelix
Jerry
Donald
Lucky
Programmende Pointer3.
```

Prozedur Ausgabe von Programm POINTER3.PAS

Zur Ausgabe stellt man durch *P := Anker* einen Zeiger P auf den Anfang der Liste; damit läßt sich der Nachfolger mit *WriteLn(P^.Name)* ausgeben.

Mit *P := P^.Naechster* zeigt P auf den nächsten Record. Diese Zuweisung wiederholt sich, bis mit *P = Nil* kein Nachfolger mehr vorhanden ist.

Release(Anker); gibt den Heap ab der Stelle frei, auf die *Anker* zeigt. Der Prozeduraufruf ist hier nicht erforderlich, da das Programm zu Ende ist.

Prozedur Eingabe von Programm POINTER3.PAS

Zur Erzeugung der Liste werden in der Prozedur Eingabe mit *New(P)* dynamische Variablen *P^* erzeugt. Die neue Variable *P^*, die den zuletzt eingegebenen Namen enthält, muß noch an die Liste angehängt werden. Dazu wird ein Zeiger namens Letzter geführt, der auf das jeweilige Ende der Liste zeigt. Das Anhängen erfolgt dann durch die Anweisungsfolge:

```
Letzter^.Naechster := P; Letzter := P.
```

Mit *Letzter^.Naechster := Nil* wird dann das Listenende markiert.

Aufgabe 10/1: Dynamische Variablen:

a) Worin unterscheiden sich dynamische und statische Variablen?

b) Grenzen Sie die beiden Namen voneinander ab: ^Word und W^.

c) "Beim Systemstart ist der gesamte RAM ein Heap (zum Beispiel 512 KB groß). Nach Abzug des Speicherplatzes für den Datenbereich, Stack und das Programm verbleibt ein Heap von ungefähr 400 KB." Erklären Sie diese Aussage. Wie kann man den Heap nutzen?

Aufgabe 10/2: Stellen Sie Gemeinsamkeiten und Unterschiede von *Rekursion-Stack* (Rekursion in Abschnitt 9) und *Heap* (Zeiger bzw. dynamische Variablen in Abschnitt 10) als besondere Speicherbereiche des RAM gegenüber.

Aufgabe 10/3: Entwickeln Sie ein Programm TAUSCHZ.PAS, das das Problem des Dreieckstauschs nicht durch den Austausch der beiden Variableninhalte (Integer) löst, sondern durch den Austausch von Zeigern auf ihre jeweiligen Inhalte.

Aufgabe 10/4: Welchen Ausführungsbildschirm erhalten Sie für das Programm DEMOPOIN.PAS?

```
PROGRAM DemoPoin;

VAR
  P1,P2: ^Integer;
  Z1,Z2: Integer;

BEGIN
  P1 := Addr(Z1); Z1:=7777;
  WriteLn(Z1,'    ',P1^);
  P2 := Addr(Z2); P2^:=66; P1:=P2;
  WriteLn(Z2,'    ',P2^,'    ',Z1,'    ',P1^);
END.
```

Turbo Pascal-Wegweiser für Ausbildung und Studium

11.1   Modularisierung mit Units

Prinzip der Modularisierung Ein Modul ist ein Programmbaustein, der dem rufenden (Haupt-)Programm ausschließlich über das Interface (auch Schnittstelle genannt) bekannt ist. Die Interna der Implementation des Moduls hingegen sind als „Black Box" unbekannt.

Die Trennung von *Interface* (Schnittstelle als Ein-/Ausgang) und *Implementation* (Vereinbarung von Prozeduren und Funktionen) bietet vier Vorteile:

1. **Keine Seiteneffekte:** Da die Einzelheiten der Implementation unbekannt sind, kann man sie nicht - unter Umgehung der Schnittstelle - verändern. Unliebsame Seiteneffekte sind somit ausgeschlossen.

2. **Änderbarkeit des Moduls:** Die Implementation des Moduls kann gezielt geändert werden, ohne daß die Programme, die das Modul rufen, anzupassen sind. Das Innenleben einer Unit ist unabhängig änderbar.

3. **Lokalisierung von Namen:** Es können keine Namenskonflikte entstehen, da die Bezeichner im Modul lokal sind. Durch die Modularisierung wird der Gültigkeitsbereich von Datenstrukturen absichtlich eng gehalten.

4. **Getrennte Übersetzung:** Da die Einsprungstellen über das Interface klar definiert sind, kann jedes Modul getrennt compiliert bzw. übersetzt werden. Der Linker kann die Objektcodes dann zusammenbinden.

11.1.1   USES-Anweisung zur Modularisierung

Die Anweisung *USES Prog2* veranlaßt, daß im aktiven Laufwerk nach einer bereits übersetzen Unit namens PROG2.TPU gesucht wird, um diese dann in den übrigen Code einzubinden.

```
PROGRAM DemoUni2;

USES Prog2;                    {Der Compiler bindet den Objektcode}
                               {von Prog2.TPU an die Stelle von USES ein}

  {Vereinbarungsteil}          {USES, CONST, TYPE, VAR, PROCEDURE, FUNCTION}

BEGIN

  {Anweisungsteil}             {Programm als Folge von Anweisungen}

END.
```

Bild 11.1: Die Unit PROG2.TPU über die USES-Anweisung als Modul einbinden

11.1.2   Standard-Units

USES-
Anweisung

In Turbo Pascal erscheint (ab Version 3.0) nach dem Aufruf von *ClrScr,* *GotoXY, KeyPressed, Delay, Sound* usw. die Meldung "Unknown identifier". Grund: Diese Sprachmittel werden nicht in der Standard-Bibliothek bereitgestellt, sondern in Standard-Units. Die Units müssen zuerst mit der USES-Anweisung aktiviert werden. Beispiel: Vor dem Aufruf von *ClrScr;* muß diese Anweisung mit *USES Crt* aktiviert werden.

Name:	*Zweck bzw. Inhalt:*	*Beispiel:*
Crt	Ein-/Ausgabe auf niedriger Ebene	ClrScr
Dos	Schnittstelle zum Betriebssystem	GetFTime
Graph	Grafikpaket	GetPalette
Graph3	Grafik-Paket von Turbo Pascal 3.0	GetPic
Printer	Druckausgabe	Variable Lst
Overlay	Verwaltung von Overlay-Units (ab 5.0)	OvrInit
Strings	Null-terminierte Strings (ab 7.0)	StrCopy
System	Standardprozeduren und -funktionen	ReadLn
Turbo3	Abwärtskompatibilität nach 3.0	HighVideo
WinDos	Betriebssystem-Routinen (ab 7.0)	FileExpand

Bild 11.2: Standard-Units von Turbo Pascal

Bibliothek
TURBO.TPL

Bis auf *Graph, Graph3, Turbo3, Strings* und *WinDos* sind alle Standard-Units in der Bibliotheksdatei TURBO.TPL (Turbo Pascal Library) abgelegt, die mit der Programmierumgebung automatisch in den RAM geladen wird. Eine USES-Anweisung sucht zunächst in TURBO.TPL nach der entsprechenden Standard-Unit. Erst danach wird im aktiven Laufwerk nach einer benutzervereinbarten TPU-Datei gesucht.

Unit
GRAPH.TPU

Die Standard-Unit *Graph* ist separat von TURBO.TPL als GRAPH.TPU zusammen mit den Grafiktreibern (Dateityp BGI) gespeichert. Sie ermöglicht die Grafikansteuerung und arbeitet weitgehend unabhängig von der jeweiligen Hardware (EGA, VGA, MCGA, Hercules).

Die Unit *System* wird automatisch (ohne USES-Anweisung) aktiviert. *System* enthält die Laufzeit-Bibliothek und den Standard-Sprachumfang.

Die Unit *Crt* kontrolliert die direkten Zugriffe auf die Tastatur, das Verwalten von Videomodi, Farben und Sound.

Die Unit *Dos* ist die Schnittstelle zu den DOS-Routinen wie den Dateifunktionen. Ab Version 7.0 stellt die Unit *WinDos* Betriebssystem- und Dateimanager-Routinen bereit, die von Turbo Pascal für Windows bekannt sind.

Ab Version 7.0 ist die Unit *Strings* verfügbar (Datei STRINGS-TPU), um nullterminierte Strings verarbeiten zu können.

11.1.3   Benutzerdefinierte Units

Drei Unit-Teile Jede Unit beginnt mit dem reservierten Wort UNIT und setzt sich aus den
Teilen INTERFACE, IMPLEMENTATION und Initialisierung zusammen:

Teil 1 **INTERFACE-Teil der Unit für die Schnittstelle**

Die Unit exportiert Vereinbarungen aus ihrem INTERFACE-Teil. Alle Vereinbarungen von Datentypen, Funktionen und Prozeduren sind möglich. Von
Funktionen und Prozeduren werden nur die Kopfzeilen genannt. Mit USES
können weitere Units eingebunden werden. Jede Unit kann das gesamte Code-
Segment von 64 KB belegen.

Teil 2 **IMPLEMENTATION-Teil der Unit**

Dieser Teil ist der eigentliche "Anweisungsteil" der Unit; sein Inhalt geht nur
den Programmierer der Unit etwas an, nicht aber die rufende Umwelt.
IMPLEMENATION könnte man auch als die *Privatspäre der Unit* bezeich-
nen. Neben der Definition von Funktionen und Prozeduren können hier natürlich auch Konstanten und Variablen vereinbart werden; diese bleiben jedoch auf die Unit lokalisiert. Auch Parameterlisten können angegeben werden, vorausgesetzt, sie stimmen mit den Listen in INTERFACE exakt überein. Bei umfangreichem Quelltext braucht man somit nicht lange zurückzu-
blättern.

```
UNIT Name;
INTERFACE

   {- Vereinbarungen von Konstanten, Variablen und Datentypen
    - Kopfzeilen von Prozeduren und Funktionen mit den Listen der formalen
      Parameter
    - USES-Anweisungen zum Einbinden weiterer Units}


IMPLEMENTATION

   {- Vereinbarung aller im INTERFACE-Teil genannten Prozeduren und Funktionen
    - das Hinschreiben der Parameterlisten entfällt}


[BEGIN]  {der optionalen INITIALISIERUNG}

   {- Die hinter BEGIN angegebenen Initialisierungen werden im rufenden Programm
      vor dessen Anweisungsteil ausgeführt
    - BEGIN kann auch entfallen}

END.
```

Bild 11.3: INTERFACE, IMPLEMENTATION und INITIALISIERUNG als drei
Unit-Bestandteile

Initialisierungs-Teil der Unit

Teil 3   Dieser Teil fängt mit BEGIN an und kann auch weggelassen werden. Die hier angegebenen Anweisungen bzw. Wertzuweisungen werden vor den Anweisungen des rufenden Programmes ausgeführt.

– *Beispiel 1:* In einer Unit namens Daten werden alle Konstanten und Variablen eines Programmes vereinbart; im Initialisierungs-Teil erhalten sie ihre Anfangswerte zugewiesen. Diese Zuweisungen erfolgen also vor dem "Start" des Hauptprogramms.

– *Beispiel 2:* In einer Unit namens *Drucker* werden die Anweisungen hineingeschrieben, um den Drucker vor dem "Start" des Hauptprogramms anzupassen.

11.2   Eine Unit entwickeln und einbinden

11.2.1   Unit editieren und übersetzt speichern

Problemstellung   Zur Demonstration soll die Unit VIELFACH.TPU entwickelt werden; diese Unit enthält die beiden Prozeduren Doppelt und Dreifach zum Verdoppeln und Verdreifachen einer Zahl. Da die Prozeduren Doppelt und Dreifach von anderen Programmen aus aufgerufen werden sollen, müssen beide im INTERFACE-Teil vereinbart sein. Dies geschieht, indem man den Prozedurkopf mit den formalen Parametern hinschreibt. Die eigentlichen Prozeduren befinden sich im IMPLEMENTATION-Teil; dort wird nur der Prozedurname ohne die formalen Parameter angegeben.

3-Schritte-Vorgehen   Beim Erstellen der Unit VIELFACH.TPU geht man in drei Schritten vor.

1. *Editieren der Unit:* Die Unit VIELFACH.PAS wird "wie ein normales Programm" editiert und mit "Datei/Speichern" bzw. "File/Save" auf Diskette gespeichert. VIELFACH.PAS ist als Quellcode auf Diskette verfügbar.

2. *Compilieren der Unit:* Der Quelltext der Unit wird mit "Compile/Compiler" auf die Diskette übersetzt. VIELFACH.TPU ist nun als Objektcode auf Diskette verfügbar.

3. *Einbinden der Unit:* Die Unit VIELFACH.TPU wird durch die Anweisung *USES Vielfach* in den Objektcode des jeweiligen rufenden Pascal-Programms eingebunden.

Unit editieren und den Quellcode VIELFACH.PAS ablegen (Schritt 1)

Zunächst wird die Unit editiert und über den Befehl "File/Save" bzw. "Datei-/Speichern" (ab 7.0) unter dem Namen Vielfach.PAS auf Diskette gespeichert. Der Versuch, den Quellcode der Unit mit dem "Run"- bzw. "Start"-Befehl zu übersetzen und auszuführen, würde mit der Fehlermeldung "Cannot run a unit" abgewiesen. Grund: Eine Unit ist eine nicht selbständig ausführbare Einheit; sie muß von einem anderen Programm aufgerufen werden.

Unit allgemein

```
UNIT Unitname;

INTERFACE                                {Schnittstelle für Programm}
   öffentliche Vereinbarungen;

IMPLEMENTATION                           {Privater Bereich der Unit}
   Prozeduren und Funktionen;

BEGIN
   {Initialisierung;}                    {Anfangswerte (optional)}
END.
```

Unit VIELFACH als Beispiel

```
UNIT Vielfach;
   {Unit mit zwei Prozeduren zum Vervielfältigen einer Zahl}

INTERFACE
   PROCEDURE Doppelt(VAR Z: Real);
   PROCEDURE Dreifach(VAR Z: Real);
   VAR
     Drei: Integer;

IMPLEMENTATION
   PROCEDURE Doppelt;
   CONST
     Zwei = 2;
   BEGIN
     Z := Z * Zwei
   END;

   PROCEDURE Dreifach;
   BEGIN
     Drei := 3;
     Z := Z * Drei
   END;

BEGIN
   WriteLn('Unit Vielfach ausführen.')
END.
```

Unit compilieren und als Objektcode Vielfach.TPU ablegen (Schritt 2)

Mit "Compile/Destination" wird der Destination-Schalter von "Memory" auf "Disk" gestellt. Ab Version 7.0: Mit "Compiler/Ausgabeziel" von "Speicher" auf "Festplatte" schalten. Nun kann man durch den Befehl "Compile/Compile" bzw. "Compiler/Compilieren" den Quellcode VIELFACH.PAS übersetzen und dann als Objektcode unter dem Namen VIELFACH.TPU auf Diskette sicherstellen. TPU steht für Turbo-Pascal-Unit. Die Unit VIELFACH-.TPU enthält die Prozeduren Doppelt und Dreifach.

11.2.2   Unit aufrufen

Die compilierte Unit VIELFACH.TPU ist kein direkt ausführbares Programm, sondern es kann nur mit der USES-Anweisung von einem anderen Programm wie zum Beispiel dem Programm UNIT1.PAS aufgerufen werden. Das Programm UNIT1.PAS ruft zwei in der Unit VIELFACH.TPU bereitgestellte Prozeduren auf:

UNIT1.PAS als rufendes Programm

```
PROGRAM Unit1;
   {Prozeduren Doppelt und Dreifach aus Unit VIELFACH.TPU aufrufen}

USES
   Vielfach;                                  {Unit Vielfach.TPU einbinden}

VAR
   X,Y: Real;

BEGIN
   X := 12.5;
   Doppelt(X);                                {Prozedur Doppelt aus der Unit}
   WriteLn('mal 2 = ',X:4:1);
   Write('Zahl? ');
   ReadLn(Y);
   Dreifach(Y);                               {Prozedur Dreifach aus der Unit}
   Write('mal ',Drei);                        {Variable Drei aus der Unit}
   WriteLn(' = ',Y:4:2);
   WriteLn('Programmende Unit1.')
END.
```

Bei der Ausführung des Programms UNIT1.PAS erhält man zum Beispiel das folgende Bildschirmprotokoll:

```
Unit Vielfach ausführen.
mal 2 = 25.0
Zahl? 77777.24
mal 3 = 233331.72
Programmende Unit1.
```

Dazu muß der Compiler wissen, wo die Unit VIELFACH.TPU zu suchen ist:

1. "Options/Directories" bzw. "Option/Verzeichnisse" (ab 7.0) wählen.

2. Im Feld "EXE & TPU directories" bzw. "EXE/TPU-Verzeichnis" A:\ als Suchpfad eintragen, wenn der Compiler Units im Stammverzeichnis von A: suchen soll.

Compiliert man das Programm UNIT1.PAS, dann erwartet der Übersetzer im Laufwerk A: die Existenz einer Datei VIELFACH.TPU. Wird das Programm mit "Make" bzw. [F9] compiliert, so wird ggf. aus einer Datei VIELFACH-.PAS die Datei VIELFACH.TPU erzeugt. Wurde über den Befehl "Compile/Destination" bzw. Compiler/Ausgabeziel" die Voreinstellung durch "Disk" bzw. "Festplatte" ersetzt, dann wird auf die Diskette A: unter dem Namen UNIT1.EXE compiliert.

– Aus dem Ausführungsbeispiel zu Programm UNIT1 ist ersichtlich, daß der Initialisierungsteil der Unit VIELFACH.TPU vor dem Anweisungteil des rufenden Programms UNIT1 ausgeführt wird; die Meldung "Unit Vielfach ausführen." erscheint gleich zu Beginn. Ist der Initialisierungsteil leer, so kann auch das zugehörige BEGIN entfallen.

Suchfolge von
USES
– Bei der Compilierung wird eine mit USES angegebene Unit zuerst in der Datei TURBO.TPL (hier stehen die Standardroutinen von Turbo Pascal) gesucht. Danach sucht der Compiler in dem Pfad, der mit "Options/Directories/Unit directories" bzw. "Option/Verzeichnisse/Unit Verzeichnisse" angegeben worden ist.

11.3   Units in die Bibliothek integrieren

Benutzerdefinierte Units in TURBO.TPL speichern

Mit dem Programm TPUMOVER kann man benutzerdefinierte Units in die Datei TURBO.TPL aufnehmen oder daraus entfernen. Wenn die Datei TURBO.TPL sich nicht im gleichen Directory wie TURBO.EXE bzw. TPC.EXE befindet, muß man dies über das "Options" bzw. "Option"-Menü angeben.

Anwendung des Dienstprogramms TPUMOVER.EXE

Die Turbo-Bibliothek TURBO.TPL wird ständig im RAM gehalten; aus diesem Grunde kann der Compiler auf Units dieser Library sehr schnell zugreifen. Mit dem Programm TPUMOVER.EXE kann man eigene Units in die Bibliothek TURBO.TPL integrieren. Mit dem Aufruf

```
C:\>tpumover turbo ausgabe1
```

kann man das Programm TPUMOVER.EXE von der Betriebssystem-Ebene aufrufen, um etwa die benutzerdefinierte Unit AUSGABE1.TPU in die Bibliothek TURBO.TPL zu kopieren. Dazu müssen alle drei Dateien im aktiven Laufwerk gespeichert sein. Mit dem alternativen Aufruf

```
C:\>tpumover
```

kann man das Speichern der Unit AUSGABE1.TPU wie folgt vornehmen:

1. TPUMOVER.EXE versucht, TURBO.TPL zu laden und fordert dann einen Namen an.

2. Im linken aktiven Bildschirmfenster erscheinen alle Units der Bibliothek, im rechten Fenster wird die Unit AUSGABE1.TPU angezeigt.

3. Mit [F6] wechselt man zum rechten Fenster, um dann die Unit AUSGABE1.TPU mit "+" zu kennzeichnen; nun wird mit der [Ins]-Taste bzw. [Einfg]-Taste die Unit Ausgabe1 in TURBO.TPL kopiert.

4. Mit [F3] können andere Units geladen und dann kopiert werden.

5. Mit [F2] wird die aktualisierte Bibliothek auf Diskette bzw. Festplatte gesichert.

Mit TPUMOVER.EXE lassen sich auch Units aus der Bibliothek entfernen sowie mehrere Units zu einer neuen Unit zusammenfassen.

Qualifizierte Bezeichner bei Units

Punkt "." Bei gleichnamigen Bezeichnern kann man durch Voranstellen des Punktes "." angeben, zu welcher Unit ein bestimmter Name gehören soll. Die Angaben

```
ClrScr;          und           Crt.ClrScr;
```

sind identisch, da die Prozedur *ClrScr* in der Standard-Unit *Crt* bereitgestellt wird. Auch bei der Qualifizierung mittels "." gilt die Ausblenden-Regel "... die letzte Vereinbarung hat Vorrang": Wurde eine Prozedur *ClrScr* vom Benutzer zusätzlich vereinbart, dann hat diese Vereinbarung Vorrang vor der Einbindung der Unit Crt. Beim Prozeduraufruf *ClrScr;* nimmt der Compiler die benutzervereinbarte Prozedur. Beim Prozeduraufruf *Crt.ClrScr;* hingegen wird die über USES eingebundene vordefinierte Prozedur genommen.

11.4   Overlays

11.4.1   Hauptprogramm und Overlay-Unit

Programmteile, die zu verschiedenen Zeitpunkten den gleichen Speicherbereich im RAM belegen, bezeichnet man als Overlays. Wird eine solche Routine (Prozedur bzw. Funktion) im Hauptprogramm benötigt, dann wird sie vom Externspeicher (Diskette oder Festplatte) in den Internspeicher (RAM) geladen und überschreibt dort die bislang abgelegte, nicht mehr gebrauchte Routine.

- *Vorteil:* Programme mit Overlaytechnik sind in ihrer Größe weitgehend unabhängig vom verfügbaren Speicherplatz des RAM.

- *Nachteil:* Ein wiederholtes Einlagern von Overlays ist erforderlich.

Overlay-Unit Ab Turbo Pascal 5.0 werden die Programmteile in einer Unit zusammengefaßt und übersetzt auf Diskette gespeichert; man spricht von der *Overlay-Unit*, die eine oder mehrere *Routinen als Overlays* enthält. Die Unit ist somit die kleinste einzulagernde Programmeinheit, nicht jedoch die einzelne Routine (Prozedur, Funktion). Zur Verwaltung der Overlays stellt Turbo Pascal die *Standard-Unit Overlay* bereit, in der Routinen und Variablen zum Öffnen, Nachladen bzw. Entfernen von Overlays zusammengefaßt sind.

Hinweis: Overlays ab Turbo Pascal 5.0 sind Units, das heißt fertig compilierte Programmteile. Diese Overlays unterscheiden sich damit grundsätzlich von den unter Turbo Pascal 3.0 möglichen Overlays (das sind Quelltextbereiche, die bereits vor dem Compilieren einkopiert werden).

Problemstellung Das Beispielprogramm OVRDEMO1.PAS arbeitet mit der Overlaytechnik. Beim Übersetzen von OVRDEMO1.PAS speichert der Compiler zwei Dateien auf Diskette ab:

1. OVRDEMO1.EXE als ausführbares Hauptprogramm

2. OVRDEMO1.OVR als Verwaltungsdatei, in der die Overlay-Unit abgelegt ist, die vom Hauptprogramm OVRDEMO1.EXE gebraucht wird. Natürlich kann eine OVR-Datei auch mehrere Units umfassen.

```
PROGRAM OvrDemo1;
  {Overlay Mehrfach aus der Overlay-Unit OvrUnit1.TPU aufrufen}

  {$F+}                 {Overlay-Routinen müssen als far codiert sein}

USES
  Overlay,              {Standard Unit mit Overlay-Routinen (wie OvrInit)}
  OvrUnit1,             {Benutzerdefinierte Overlay-Unit mit dem Overlay Mehrfach}
  Crt, Dos;             {Standard-Units mit Bibliotheksroutinen (wie ClrScr)}

  {$O OvrUnit1}         {OvrUnit1 als Overlay-Unit vereinbaren}

VAR
  X,F: Real;

BEGIN
  OvrInit('B:OVRDEMO1.OVR');      {Die Overlay-Verwaltung öffnen}
  ClrScr;
```

```
    Write('Zahl? Faktor?');
    ReadLn(X,F);
    Mehrfach(X,F);                    {Overlay Mehrfach aus Overlay-Unit OvrUnit1}
    WriteLn('... ergibt: ',X:4:2);    {aufrufen}
    WriteLn('Programmende OvrDemo1.');
END.
```

Zum Aufbau des Hauptprogramms OVRDEMO1.PAS

- OVR wird als far codiert: Der Compiler-Befehl {$F+} ist in jedem Fall erforderlich.

- Die Standard-Unit Overlay ist anzugeben: Die Unit Overlay muß mit der Anweisung *USES Overlay;* als erste Unit vereinbart werden, das heißt vor allen anderen Units.

- Benutzerdefinierte Unit OVRUNIT1 einbinden: Der Compiler-Befehl {$O Unitname} bzw. {$O OvrUnit1} teilt dem Compiler mit, daß OVR-UNIT1 als Overlay-Unit OVRUNIT1.OVR einzubinden ist.

- OVRUNIT1 öffnen: Mit der OvrInit-Prozedur wird die Unit mit den Overlays zu Beginn des Anweisungsteils im Programm geöffnet. Der Prozeduraufruf *OvrInit('OvrDemo1.OVR')* erfolgt am besten unmittelbar hinter BEGIN. Die Prozedur OvrInit initialisiert die Overlay-Verwaltung und belegt dazu Speicherplatz zwischen dem Stack und dem Heap; der Beginn des Heap verschiebt sich somit nach oben (zu höheren Adressen).

Zum Aufbau der Overlay-Unit OVRUNIT1.TPU

Die Unit OVRUNIT1.TPU enthält nur eine Routine namens *Mehrfach*. Mit {$O+} wird die Unit als Overlay compiliert. Die Kopfzeile von Mehrfach macht der INTERFACE-Teil von OVRUNIT1.TPU öffentlich bekannt.

```
UNIT OvrUnit1;
  {Overlay-Unit mit einer Prozedur}
  {$F+,O+}

INTERFACE
  PROCEDURE Mehrfach(VAR Zahl,Faktor: Real);

IMPLEMENTATION
  PROCEDURE Mehrfach;
  BEGIN
    WriteLn('Overlay Mehrfach ausgeführt.');
    Zahl := Zahl * Faktor;
  END;

BEGIN
  WriteLn('Unit OvrUnit1 ausführen.');
END.
```

11.4.2   Vorgehen beim Erstellen von Overlays

Die Overlay-Unit OVRUNIT1.TPU erstellen (Schritt 1)

1. OVRUNIT1 editieren und den Quellcode als OVRUNIT1.PAS auf Diskette speichern.

2. OVRUNIT1.PAS übersetzen und den Code unter dem Namen OVRUNIT1.TPU auf Diskette speichern. Dazu müssen folgende Schalter gestellt sein: "Options/Compile/Overlays allowed" auf "On" und "Compiler/Ausgabeziel" bzw. "Compile/Destination" auf "Festplatte" bzw. "Disk" setzen.

Hauptprogramm OVRDEMO1 erstellen (Schritt 2)

1. Den Quellcode an der Tastatur eingeben und als OVRDEMO1.PAS speichern.

2. Mit "Compiler/Compilieren" bzw. "Compile/Compile" übersetzen. Auf Diskette werden die Dateien OVRDEMO1.EXE und OVRDEMO1.OVR erzeugt und gespeichert.

Programm OVRDEMO1.EXE auf der DOS-Ebene aufrufen (Schritt 3)

1. Turbo Pascal mit "File/OS shell" bzw. ab 7.0 mit "Datei/DOS aufrufen" verlassen.

2. OVRDEMO1 eintippen.

Ausführung   Am Bildschirm erscheint folgendes Dialogprotokoll zur Ausführung von Programm OVRDEMO1.EXE:

```
Unit OvrUnit1 ausführen.          = Meldung aus Unit OvrUnit1
Zahl? Faktor? 20 3                = Meldung aus Hauptprogramm OvrDemo1
Overlay Mehrfach ausgeführt.      = Meldung aus Prozedur Mehrfach
... ergibt: 60.00                 = Meldung aus Hauptprogramm mo1
Programmende OvrDemo1.
```

OVRUNIT1.PAS	318 Byte	Vom Benutzer editiert
OVRDEMO1.PAS	752 Byte	
OVRUNIT1.TPU	816 Byte	Vom Compiler erzeugte Overlay-Unit
OVRDEMO1.EXE	6944 Byte	Vom Compiler erzeugtes Hauptprogramm
OVRDEMO1.OVR	193 Byte	mit Overlays

Bild 11.4: Fünf Dateien zum Overlay-Beispiel auf Diskette

Aufgabe 11/1: Welche Bestandteile hat eine Unit und wozu dienen diese?

Aufgabe 11/2: Wie lauten die Units im folgenden Programm T1.PAS und welche Bezeichner liefern sie?

```
PROGRAM T1;

USES XX, Crt;

BEGIN
  Write('Wert? ');
  ReadLn(Wert);
  REPEAT
    YY
  UNTIL KEYPRESSED;
END;
```

Aufgabe 11/3 zur Overlay-Verwaltung in Abschnitt 114.

a) Welche kleinste Dateieinheit wird ab Turbo Pascal 5.0 als Overlay eingelagert: die Prozedur, die Funktion, das Programm oder die Unit?

b) Dürfen Overlay-Units einen Initialisierungsteil beinhalten?

c) Durch welche Anweisung wird die Overlay-Unit in das Hauptprogramm eingebunden?

d) Welcher Aufruf muß den Anweisungsteil des Hauptprogramms einleiten?

Aufgabe 11/4: Das Programm OVRDEMO2.PAS ruft die Prozeduren Ausgabe1 und Ausgabe2 nacheinander als Overlays aus den Units OVRUNITX.-TPU und OVRUNITY.TPU auf. Nachfolgend sind die Quellcodes zu den beiden Units wiedergegeben.

```
UNIT OvrUnitX;
  {$F+,O+}

INTERFACE
  PROCEDURE Ausgabe1;

IMPLEMENTATION
  PROCEDURE Ausgabe1;
  BEGIN
    WriteLn('... Prozedur Ausgabe1 aus OvrUnitX.')
  END;

END.
```

```
UNIT OvrUnitY;
  {$F+,O+}

INTERFACE
  PROCEDURE Ausgabe2;

IMPLEMENTATION
  PROCEDURE Ausgabe2;
  BEGIN
    WriteLn('... Prozedur Ausgabe2 aus OvrUnitY.')
  END;

END.
```

Im Programm OVRDEMO2.PAS soll nach dem Öffnen der Overlay-Verwaltung mittels OvrInit eine Fehlerkontrolle durch die Funktion OvrResult vorgenommen werden.

```
PROGRAM OvrDemo2;
  {Zwei Prozeduren aus zwei Overlay-Units als Units aufrufen}
  {F+}                        {... als far codieren}

USES
  ......
  ......
  {$O OvrUnitX}              {Compiler soll OvrUnitX in OvrDemo2.OVR einbinden}
  {$O OvrUnitY}

BEGIN

  OvrInit('OvrDemo2.OVR');   {Overlay-Verwaltung öffnen}

  IF .... <> 0
    THEN BEGIN
           WriteLn('OvrResult = ',OvrResult);
           Halt;
         END
      ELSE
        WriteLn('... Overlay-Verwaltung geöffnet.');

  Ausgabe1;
  Ausgabe2;
  WriteLn('Programmende OvrDemo2.');
  ReadLn;

END.
```

Ergänzen Sie dazu den Quellcode zu Programm OVRDEMO2.PAS an den mittels .... gekennzeichneten Stellen.

Turbo Pascal-Wegweiser
für Ausbildung und Studium

12.1 Objekt mit Daten und Methoden

Turbo Pascal unterstützt die *Strukturierte Programmierung (STP)* und wurde mit der Version 5.5 um die Möglichkeiten der *Objektorientierten Programmierung (OOP)* erweitert.

Strukturiertes Programmieren (STP)
Ein Problem in Teilprobleme gliedern, um jedes Teilproblem als Modul bzw. Prozedur mit einem Eingang und einem Ausgang zu definieren. Über diese Schnittstellen kann eine Prozedur genutzt werden, ohne dessen innere Struktur zu kennen. Für Prozeduren gelten die grundlegenden Programmstrukturen Folge (Sequenz), Auswahl (Alternative) und Schleife (Iteration). Leitidee der STP:

> *„Die Prozedur MMM soll Daten verarbeiten, die ihr über die Parameterliste*
> *als Schnittstelle übergeben worden sind.“*

Objektorientiertes Programmieren (OOP)
Daten (*Was* wird verarbeitet?) und Methoden (*Wie*, d. h. durch welche Prozeduren und Funktionen ist zu verarbeiten?) zu einem Objekt zusammenfassen. Ein Objekt kann seine Eigenschaften an ein anderes Objekt vererben. Mit der OOP wird der Schwerpunkt von den *Prozeduren* auf die Einkapselung von *Prozeduren und Daten* gelegt. Leitidee der OOP:

> *„Das Objekt OOO soll seine Methoden MMM zur Verarbeitung*
> *seiner Daten DDD ausführen.“*

Objekt als Instanz eines Objekttyps bzw. einer Klasse

Im Alltag sind die Objekte mit bestimmten Tätigkeiten verbunden, die man damit ausführen kann. Mit einem Messer kann man schneiden. Messer wäre das "Objekt" und Schneiden die "Methode", die zum Objekt Messer gehört. Griff und Klinge wären "Daten" des Objekts Messer.

Einkapselung
Wie bringt man nun die Daten und die Methode eines Objekts zusammen, das heißt, wie kapselt man sie zu einem Objekt ein? Die *Einkapselung* erfolgt ähnlich wie die Definition eines Records. Bei konsequenter Einkapselung bringt jedes Objekt seine eigenen Methoden mit, und nur diese Methoden werden auf das Objekt angewendet.

Instanz
Unter *Objekttyp bzw. Klasse* versteht man die mit TYPE vereinbarte Struktur und unter *Objekt* einen Repräsentanten des Objekttyps, also eine Variable des Objekttyps. Wenn man betonen will, daß es sich um eine Variable des Objekttyps handelt und nicht um den Typ, bezeichnet man die Variable als *Instanz (Vorkommen) des Objekttyps* bzw. als *Instanzvariable*.

OOPTEST1.PAS als Beispielprogramm

Zwei Objekte Im Programm OOPTEST1.PAS vereinbart man zuerst Messertyp als Objekttyp und die Prozedur MesserTyp.Schneide (der Punkt ist wichtig) als dessen Methode. Nach diesen TPYE- und PROCEDURE-Vereinbarungen existiert noch kein Objekt. Erst durch die anschließende VAR-Vereinbarung werden zwei Objekte *Rasiermesser* und *Obstmesser* erzeugt.

```
PROGRAM OopTest1;
   {Definition eines Objekts mit Daten und Methoden als Eigenschaften}

TYPE
   MesserTyp = OBJECT                      {Objekttyp namens Messertyp}
      Klinge, Griff: STRING[20];           {Zuerst Vereinbarung der Daten}
      PROCEDURE Schneide;                  {Danach Vereinbarung der Methode(n)}
   END;

PROCEDURE MesserTyp.Schneide;             {Definition der Methode}
BEGIN
   WriteLn('Ritsch!');
END;

VAR
   Rasiermesser,Obstmesser: MesserTyp;    {Erzeugung zweier Objekte}

BEGIN
   Rasiermesser.Schneide;                 {Ausführung der Methode eines Objekts}
   Obstmesser.Schneide;
   Obstmesser.Klinge := 'Stahl';          {Behandlung wie gewöhnlicher Record}
   Obstmesser.Griff := 'Holz';
   WriteLn('Objekt-Datenbelegung: ',Obstmesser.Klinge,'  ',Obstmesser.Griff);
   WriteLn('Programmende OopTest1.');
END.
```

Bei der Ausführung von Programm OOPTEST1.PAS erhält man die folgende Bildschirmausgabe:

```
Ritsch!                                   Prozedur zweimal ausgeführt
Ritsch!
Objekt-Datenbelegung: Stahl  Holz
Programmende OopTest1.
```

Ähnlichkeit von Recordtyp und Objekttyp

Objekt = Daten + Methoden Mit dem reservierten Wort OBJECT wird ein Objekttyp vereinbart - ähnlich wie ein Recordtyp. Der Objekttyp enthält die Vereinbarung der *Daten* und der *Methoden*. Die Funktionen und Prozeduren nennt man Methoden. Zu den Methoden werden nur die Funktions- und/oder Prozedurköpfe angegeben; dabei ist zu beachten: zuerst die Daten vereinbaren und dann erst die Methoden. Die vollständigen Methoden werden außerhalb der Objekttypvereinbarung definiert.

Instanz-
variablen

Mit Variablen vom Objekttyp wird Speicherplatz für die Objekte geschaffen. Dieses Erzeugen von Objekten bezeichnet man auch als Instantiierung.

Methode
aufrufen

Der Aufruf Obstmesser.Schneide erinnert an die Angabe eines Feldes einer Recordvariablen; die Prozedur Schneide des Objekts Obstmesser wird zur Ausführung gebracht. Die Philosophie der OOP verlangt aber, daß Objekte nur mit ihren eigenen Methoden behandelt werden.

Daten
verarbeiten

Das Beispiel WriteLn(Obstmesser.Klinge) zeigt, daß man auf die Daten eines Objektes genauso zugreifen kann wie auf die Komponenten eines Records.

12.2 Vererbung von Daten und Methoden

Die Eigenschaften (Daten und Methoden) eines Objekttyps bzw. einer Klasse lassen sich durch Vererbung an einen untergeordneten Objekttyp weitergeben; sie müssen dort somit nicht mehr definiert werden.

Problemstellung Im folgenden Beispielprogramm OOPTEST2.PAS werden die Datenfelder Menge und Preis des Objekttyps Warentyp an den Objekttyp ZugangsTyp vererbt. ZugangsTyp als Unterklasse besitzt nun alle Eigenschaften von WarenTyp als Oberklasse. Die Angabe, von welchem Objekttyp geerbt werden soll, erfolgt in Klammern hinter OBJECT. Mit der Typvereinbarung

```
TYPE Unterklasse = OBJECT(Oberklasse) ... END;
```

Unterklasse erbt werden alle früher definierten Daten und Methoden der Oberklasse (hier: WarenTyp) an die neu vereinbarte Unterklasse (hier: ZugangsTyp) vererbt. ZugangsTyp verfügt nun über drei Daten (Menge und Preis geerbt, Zugang neu definiert) und zwei Methoden (neu hinzugekommen, d. h. nicht geerbt).

```
PROGRAM OopTest2;
  {Vererbung von Daten und Methoden von Oberklasse an Unterklasse}

TYPE
  WarenTyp = OBJECT                  {Klasse mit zwei Daten}
    Menge,Preis: Real;
  END;

ZugangsTyp = OBJECT(WarenTyp)        {... erbt von WarenTyp}
  Zugang: Real;                      {Klasse mit einem Datum}
  PROCEDURE NeuMenge;                {und zwei Methoden}
  PROCEDURE Ausgabe;
END;
```

```
PROCEDURE ZugangsTyp.NeuMenge;
BEGIN
  Menge := Menge + Zugang;
END;

PROCEDURE ZugangsTyp.Ausgabe;
BEGIN
  WriteLn(Menge:10:2, Zugang:10:2);
END;

VAR Messer: ZugangsTyp;                    {Objekt durch Vereinbarung der}
                                           {Instanzvariablen Messer erzeugt}
BEGIN
  Messer.Menge := 10;
  Messer.Zugang := 5;
  Messer.Ausgabe;                          {Anwendung der Methoden Ausgabe und}
  Messer.NeuMenge;                         {NeuMenge auf das Objekt Messer}
  Messer.Ausgabe;
  WriteLn('Programmende OopTest2.');
END.
```

Bei der Ausführung zu Programm OOPTEST2.PAS erscheint das folgende
Protokoll am Bildschirm:

```
10.00     5.00
15.00     5.00
Programmende OopTest2.
```

Messer.Ausgabe Aufruf der Prozedur *Ausgabe von Methode Messer*

Mit diesem Aufruf wird die Prozedur Ausgabe des Objekts Messer zur Ausführung gebracht. Der Aufruf impliziert, daß Menge und Zugang zum Objekt
Messer gehören: Menge wurde als Datum vom Objekttyp WarenTyp geerbt,
während Zugang im Objekttyp ZugangsTyp selbst vereinbart worden ist. Die
Prozedur Ausgabe ist als Methode des Objekttyps ZugangsTyp vereinbart
worden und Messer als Instanzvariable (kurz als Instanz bezeichnet) von ZugangsTyp.

<table><tr><td>**12.3**</td><td># Neudefinition von Methoden</td></tr></table>

Problemstellung Am Beispiel des folgenden Programms OOPTEST3.PAS werden zwei Sach-
verhalte erklärt:

1. Die Methode *Ausgabe* wird in einer Unterklasse neu definiert.

2. Die Methode *Eingabe* wird "nach oben in der Klassen- bzw. Vererbungshierarchie weitergereicht".

Zwei Objekte

```
PROGRAM OopTest3;
  {Neudefinition von Methoden}

TYPE
  HausTyp = OBJECT                     {HausTyp als Objekttyp bzw. Klasse}
    Flaeche: Real;                     {Ein Datum}
    PROCEDURE Eingabe(VAR X: Real);    {Zwei Methoden}
    PROCEDURE Ausgabe(X: Real);
  END;
  WohnhausTyp = OBJECT(HausTyp)        {Erbt 3 Eigenschaften von HausTyp}
    Wohnungen: Integer;
    PROCEDURE Ausgabe(X: Integer);     {Neudefinition von Proz. Ausgabe}
  END;

PROCEDURE HausTyp.Eingabe(VAR X: Real);
BEGIN
  Write('Welche Fläche hat das Haus? ');
  ReadLn(X);
END;

PROCEDURE HausTyp.Ausgabe(X: Real);
BEGIN
  WriteLn('Das Haus hat eine Fläche von ',X:5:1,' Quadratmetern.');
END;

PROCEDURE WohnhausTyp.Ausgabe(X: Integer);
BEGIN
  HausTyp.Ausgabe(Flaeche);            {Ahnenmethode Ausgabe}
  WriteLn('Das Wohnhaus hat ',X,' Wohnungen');
END;

VAR
  Wohnhaus: WohnhausTyp;               {Wohnhaus als Objekt bzw. Instanz}

BEGIN
  WITH Wohnhaus DO                     {Wohnhaus.Flaeche kurz als Flaeche}
  BEGIN
    Eingabe(Flaeche);
    Wohnungen := 5;
    Ausgabe(Wohnungen);
  END;
WriteLn('Programmende OopTest3.');
END.
```

Bei der Ausführung von Programm OOPTEST3.PAS erhalten Sie zum Beispiel das folgende Dialogprotokoll am Bildschirm:

```
Welche Fläche hat das Haus? 170.5
Das Haus hat eine Fläche von 170.5 Quadratmetern.        HausTyp.Ausgabe
Das Wohnhaus hat 5 Wohnungen.                            WohnhausTyp.Ausgabe
Programmende OopTest3.
```

Neudefinition der Prozedur Ausgabe in Programm OOPTEST3.PAS

Unterklasse erbt von Oberklasse In der Unterklasse können neue Methoden eingeführt oder geerbte Methoden durch Vereinbarung gleichnamiger Methoden ersetzt bzw. überlagert werden.

```
TYPE
   WohnhausTyp = OBJECT(HausTyp) ...
```

vererbt die Eigenschaften (Daten und Methoden) vom Objekttyp HausTyp als Oberklasse an den Objekttyp WohnhausTyp als Unterklasse:

```
TYPE
   WohnhausTyp = OBJECT(HausTyp)          {WohnhausTyp erbt 3 Eigenschaften
                                           von HausTyp}
   Wohnungen: Integer;                    {Datum Wohnungen und Prozedur}
   PROCEDURE Ausgabe(X: Integer);         {Ausgabe werden neu definiert}
END;
```

Ahnenmethode In WohnhausTyp wird darüberhinaus die Prozedur Ausgabe neu definiert, um die vererbte Prozedur Ausgabe zu überlagern - man bezeichnet letzteres als *Ahnenmethode.*

Unterklasse = OBJECT(Oberklasse)	
Oberklasse	**Unterklasse**
Objekttyp namens HausTyp	*Objekttyp namens WohnhausTyp*
– Ein Datum: Fläche	– Ein Datum: Wohnungen
– Zwei Methoden: Eingabe, Ausgabe	– Eine Methode: Ausgabe
WohnhausTyp = OBJECT(HausTyp)	

Bild 12.1: Beispiel zur Vererbung: WohnhausTyp erbt zu Wohnungen und Ausgabe die Eigenschaften Fläche, Eingabe (und Ausgabe) hinzu

Aufruf der Ahnenmethode nur in einer abgeleiteten Methode möglich

HausTyp.Ausgabe ist die Ahnenmethode bzw. ursprüngliche Methode, da sie in der Oberklasse definiert und durch WohnhausTyp.Ausgabe als gleichnamige Methode der Unterklasse überlagert wird. Der Aufruf der Ahnenmethode HausTyp.Ausgabe kann nur in WohnhausTyp.Ausgabe als abgeleiteter Methode erfolgen, und zwar im folgenden Aufrufformat:

```
Ahnenmethode.Methode
```

Im Hauptprogramm OOPTEST3.PAS kann der Aufruf der Ahnenmethode nicht erfolgen. Dazu werden umseitig drei Beispiele angegeben.

```
BEGIN                          {Änderung von Programm OOPTEST3 zur Demonstration}
  WITH Wohnhaus DO
  BEGIN
    Eingabe(Flaeche);
    Wohnungen := 5;
    Ausgabe(Wohnungen);
    {HausTyp.Ausgabe(Wohnungen);      ergibt Error 143        = Position a)}
  END;
  {HausTyp.Ausgabe(Wohnungen);        ergibt Error 3          = Position b)}
  WriteLn('Programmende OopTest3.');
END.
```

– Fügt man in das Hauptprogramm OOPTEST3.PAS an die Position a) den Aufruf von HausTyp.Ausgabe ein, erhält man *"Error 143: Invalid procedure or function reference"*.

– Für den Aufruf an der Position b) erfolgt die Fehlermeldung *"Error 3: Unknown identifier"*.

– Für den Aufruf HausTyp.Ausgabe(3) an der Position b) erhält man ebenfalls den Error 143.

Unbekannte Methode in der Klassenhierarchie nach oben weiterreichen

Im Programm OOPTEST3.PAS wird mit Wohnhaus.Eingabe(Flaeche) die eine Methode namens Eingabe aufgerufen, die im Objekt Wohnhaus selbst *unbekannt* ist. Das System reicht den Aufruf an die Oberklasse HausTyp zurück, die nun diese Methode kennt. Andernfalls wäre der Aufruf in der Klassenhierarchie weiter nach oben gereicht worden.

Ablauf bei Aufruf der Methode

Im folgenden Struktogramm wird die Verarbeitung eines Methodenaufrufs dargestellt.

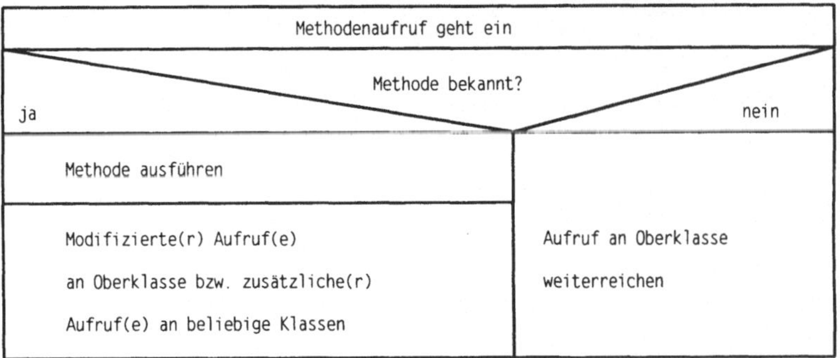

Bild 12.2: Reaktion des Objekts bei Empfang eines Methodenaufrufs als Struktogramm

12.4   Typverträglichkeit

Das folgende Programm OOPTEST4.PAS veranschaulicht, in wieweit abgeleitete Typen bei Zuweisung von Objekten typverträglich sind.

Quellcode

```
PROGRAM OopTest4;
   {Typverträglichkeit abgeleiteter Typen bei Zuweisung von Objekten}

TYPE
   StringTyp = String[20];

   VaterTyp = OBJECT
     Name,Vorname: StringTyp;
     PROCEDURE Init(X,Y: StringTyp);
     PROCEDURE Ausgabe(X: VaterTyp);
   END;

   SohnTyp = OBJECT(VaterTyp)
     PlattFuss: Boolean;
   END;

   EnkelTyp = OBJECT(SohnTyp)                   {EnkelTyp verfügt über}
     Fleissig: Boolean;                         {vier Daten und drei}
     PROCEDURE Init(X,Y: StringTyp; A,B: Boolean);  {Methoden (Vererbung)}
   END;


PROCEDURE VaterTyp.Init(X,Y: StringTyp);
BEGIN
  Name := X; Vorname := Y;
END;



PROCEDURE VaterTyp.Ausgabe(X: VaterTyp);
BEGIN
  WriteLn(Name,' ',Vorname);
END;


PROCEDURE EnkelTyp.Init(X,Y: StringTyp; A,B: Boolean);
BEGIN
  Name := X; Vorname := Y; PlattFuss := A; Fleissig := B;
END;


VAR
  Vater,Mutter: VaterTyp;
  Sohn: SohnTyp;
  Enkel: EnkelTyp;
```

```
BEGIN
  Vater.Init('Meier','Klaus');
  Vater.Ausgabe(Vater);                    {1. siehe Ausführung }
  Mutter := Vater;
  Mutter.Vorname := 'Sabine';
  Mutter.Ausgabe(Mutter);                  {2.}
  Sohn.Init('Klein','Fritz');
  Vater := Sohn;
  Vater.Ausgabe(Vater);                    {3.}
  Sohn.Ausgabe(Sohn);                      {4.}
  Enkel.Init('Moritz','Max',False,True);
  Vater := Enkel;
  Vater.Ausgabe(Vater);                    {5.}
  Enkel.Ausgabe(Enkel);                    {6.}
END.
```

Ausführung

```
Meier Klaus              1. siehe Quellcode oben
Meier Anita              2.
Klein Fritz              3.
Klein Fritz              4.
Moritz Max               5.
Moritz Max               6.
Programmende OopTest4.
```

Instanz zuweisen

Die Instanz eines abgeleiteten Objekttyps (Unterklasse) läßt sich der Instanz eines Ahnentyps (Oberklasse) zuweisen, nicht aber umgekehrt. So ist

```
Vater := Sohn;          {korrekt, da Vater die Oberklasse repräsentiert}
```

als Wertzuweisung im Programm OOPTEST4.PAS korrekt: Vater als Objekt bzw. Instanzvariable vom VaterTyp gehört zur Oberklasse, während Sohn als Instanz von SohnTyp einer Unterklasse angehört, die geerbt hat. Wie die Ausführung zu Programm OOPTEST4.PAS zeigt, werden durch die obige Zuweisung die Daten 'Klein' und 'Fritz' an das Vater-Objekt zugewiesen. Der Versuch, die Zuweisung *Vater := Sohn* zur Zuweisung

```
Sohn := Vater;          {falsch, da Sohn Instanz der Unterklasse ist}
```

umzukehren, wird durch die Meldung "Error 26: Type mismatch" beantwortet. Grund: Sohn ist die Instanz einer Untergruppe zu der Gruppe von Vater.

```
Oberklasse             Unterklasse    Oberklasse           Unterklasse


  VaterTyp      ⇒⇒⇒⇒      SohnTyp        ⇒⇒⇒⇒      EnkelTyp


Daten: Name,Vorname    Daten: Name,Vorname    Daten: Name,Vorname
Methoden: Init,Ausgabe Methoden: Init,Ausgabe Methoden: Init,Ausgabe
                       Daten: PlattFuss       Daten: PlattFuss
                                              Daten: Fleissig
                                              Methode: Init
```

Bild 12.3: Vererbungs- bzw. Klassenhierarchie mit drei Stufen (Programm OopTest4)

12.5   Zur Syntax der OOP-Sprachmittel

Problemstellung   Am Beispiel der Unit OOPUNIT.TPU und des Programms SYNTAX.PAS soll die Syntax demonstriert werden, die bei der OOP ab Turbo Pascal 5.5 verwendet wird. Das Programm SYNTAX.PAS ist ein lauffähiges Programm, welches Objekttypen der Unit OOPUNIT.TPU übernimmt und erbt.

Polymorphie   In den abgeleiteten Objekttypen werden virtuelle Methoden desselben Namens wie in den Vorfahrenstypen vereinbart, die gegebenenfalls spezialisiert sind; man spricht dann von Polymorphismen (vgl. Abschnitt 12.6).

Spätes Binden   Realisiert werden Polymorphismen durch spätes Binden.

Unit OOPUNIT.TPU als gerufenes Programm

Die Unit OOPUNIT.TPU, die vom Programm SYNTAX.PAS aufgerufen wird, hat den folgenden Quellcode:

```
UNIT OopUnit;
  {Demonstration zur Syntax der Sprachmittel für OOP}


INTERFACE
  {Objekttypen und Objekte, die in anderen Programmen verwendet werden}


TYPE
  IrgendeinTyp = Byte;                                {beliebiger Typ}


  ObjektTyp1 = OBJECT
    {Vereinbarung der Daten}
    {Vereinbarung der Methoden}
  END;


ObjektTyp2ZeigerTyp = ^ObjektTyp2;


ObjektTyp2 = OBJECT(ObjektTyp1)                       {erbt von ObjektTyp1}
                                                     {zusätzliche Daten}
    CONSTRUCTOR Con2(Par: IrgendeinTyp);             {bereitet virtuelle}
                                                     {Methoden vor}
    DESTRUCTOR Done(Par: IrgendeinTyp);              {Objekt-Speicherplatz}
                                                     {auf dem Heap freigeben}
    PROCEDURE Proc2(Par: IrgendeinTyp);              {statische Methode}
    FUNCTION Func2(Par: IrgendeinTyp):IrgendeinTyp;  {statische Methode}
    PROCEDURE Proc2V(Par: IrgendeinTyp);             {virtuelle Methode}
    VIRTUAL;
    FUNCTION Func2V(Par: IrgendeinTyp):IrgendeinTyp;
    VIRTUAL;                                          {virtuelle Methode

  END;
```

```
VAR
  Objekt1: ObjektTyp1;                {Objekte, die in anderen Program-}
  Objekt2: ObjektTyp2;                {men verwendet werden können}
  ObjektTyp2Zeiger: ObjektTyp2ZeigerTyp;

IMPLEMENTATION
  {Konstanten, Typen, Variablen, Prozeduren, Funktionen, die nur im
   Implementationsteil der Unit bekannt sind}

  {Methoden von Objekttyp1}

  CONSTRUCTOR ObjektTyp2.Con2( Par: IrgendeinTyp );
    BEGIN
      {irgendwelche Anweisungen}
    END;

  DESTRUCTOR ObjektTyp2.Done( Par: IrgendeinTyp );
    BEGIN
      {irgendwelche Anweisungen}
    END;

  PROCEDURE ObjektTyp2.Proc2( Par: IrgendeinTyp );
    BEGIN
      {irgendwelche Anweisungen}
    END;

  FUNCTION ObjektTyp2.Func2( Par: IrgendeinTyp ): IrgendeinTyp;
    BEGIN
      {irgendwelche Anweisungen}
    END;

  PROCEDURE ObjektTyp2.Proc2V( Par: IrgendeinTyp );
    {virtuelle Methode}
    BEGIN
      {irgendwelche Anweisungen}
    END;

  FUNCTION ObjektTyp2.Func2V( Par: IrgendeinTyp ): IrgendeinTyp;
    {virtuelle Methode}
    BEGIN
      {irgendwelche Anweisungen}
    END;

BEGIN
  {Initialisierungsteil der Unit}
END.
```

Zeiger auf
Objekttyp

Vereinbart man Zeiger auf Objekttypen, so lassen sich mit New dynamische Objekte erzeugen. Für die New-Prozedur ergeben sich drei Möglichkeiten;

```
1.  New(ObjektZeiger);

2.  ObjektZeiger := New(Objektzeigertyp);

3.  New(Objektzeiger,Construktor);
```

Mit dem Prozeduraufruf

```
Dispose(Objektzeiger,Destructor);
```

läßt sich der Speicherplatz auf dem Heap dann wieder freigeben. Für den De-
struktor wird der Name Done empfohlen. Polymorphe Objekte müssen mit
einem Constructor initialisiert werden. Bei allen Methoden kann man natürlich beliebig viele Parameter beliebigen Typs angeben oder mit parameterlosen
Methoden arbeiten.

SYNTAX.PAS als rufendes Programm

Das Demonstrationsprogramm SYNTAX.PAS ruft die Unit OOPUNIT-
.TPU auf und hat den folgenden Quellcode:

```
PROGRAM Syntax;
  {Demonstration zur Syntax für OOP über die Unit OopUnit}

USES OopUnit;

TYPE
  ObjektTyp3ZeigerTyp = ^ObjektTyp3;

  ObjektTyp3 = OBJECT
    {Datenvereinbarung}
    CONSTRUCTOR Con( Par: IrgendeinTyp );
    DESTRUCTOR Done( Par: IrgendeinTyp );
    {statische und virtuelle Methoden}
  END;

  ObjektTyp4ZeigerTyp = ^ObjektTyp4;

  ObjektTyp4 = OBJECT(ObjektTyp2)
    {Datenvereinbarung}
    CONSTRUCTOR Con( Par: IrgendeinTyp );
    DESTRUCTOR Done( Par: IrgendeinTyp );
    {statische und virtuelle Methoden}
  END;

CONSTRUCTOR ObjektTyp3.con( Par: IrgendeinTyp );
  BEGIN
    {irgendwelche Anweisungen}
  END;

DESTRUCTOR ObjektTyp3.Done( Par: IrgendeinTyp );
  BEGIN
    {irgendwelche Anweisungen}
  END;

CONSTRUCTOR ObjektTyp4.Con( Par: IrgendeinTyp );
  BEGIN
    {irgendwelche Anweisungen}
  END;
```

```
    DESTRUCTOR ObjektTyp4.Done( Par: IrgendeinTyp );
      BEGIN
        {irgendwelche Anweisungen}
      END;

  VAR
    Par: IrgendeinTyp;
    Objekt3: ObjektTyp3;
    Objekt4: ObjektTyp4;
    ObjektTyp3Zeiger: ObjektTyp3ZeigerTyp;
    ObjektTyp4Zeiger: ObjektTyp4ZeigerTyp;

  BEGIN
    Objekt2.Con2(Par);
    ObjektTyp2Zeiger := New(ObjektTyp2ZeigerTyp);
    ObjektTyp2Zeiger^.Con2(Par);                      {Constructoraufruf}
    New(ObjektTyp3Zeiger,Con(Par));                   {New mit Constructoraufruf}
    New(ObjektTyp4Zeiger);
    ObjektTyp4Zeiger^.Con(Par);                       {Constructoraufruf}
    Objekt1 := Objekt2;
    Objekt1 := Objekt4;
    Objekt1 := ObjektTyp2Zeiger^;
    Objekt1 := ObjektTyp4Zeiger^;
    Dispose(ObjektTyp2Zeiger,Done(Par));              {Destructoraufruf}
    Dispose(ObjektTyp3Zeiger,Done(Par));              {Destructoraufruf}
    Dispose(ObjektTyp4Zeiger,Done(Par));              {Destructoraufruf}
  END.
```

12.6   Grundlegende Begriffe zur OOP

Abgeleiteter Typ: Ein Typ, der von einem Objekttyp erbt.

Binden: Dabei erhält der Aufrufer einer Prozedur die Adresse der Prozedur. Geschieht dies beim Compilieren und Linken, so spricht man von *frühem Binden* oder statischem Binden. Geschieht dies beim Programmlauf, so spricht man von *spätem Binden* oder dynamischem Binden. Spätes Binden ist eine der wichtigsten Neuerungen des OOP.

Constructor: Eine Methode mit dem reservierten Wort CONSTRUCTOR. Damit wird ein Objekt initialisiert, welches virtuelle Methoden enthält.

Destructor: Eine Methode, die mit dem reservierten Wort DESTRUCTOR definiert wurde. Damit können Objekte auf dem Heap entfernt werden. Beim Aufruf des Destructors wird der Speicherbereich des Objekts festgestellt. Damit können polymorphe Objekte entfernt werden.

Instanz: Variable eines *Objekttyps*, die als Instanzvariable bzw. als Objekt bezeichnet wird. Erst mit der Instantiierung bzw. VAR-Vereinbarung wird ein Objekt erzeugt.

Methode: Eine Prozedur oder eine Funktion, die neben den Daten zu einem Objekttyp bzw. einer Klasse gehört. In der Klasse werden nur die Prozedurbzw. Funktionsköpfe definiert.

Objekt: Instanz, Instanzvariable bzw. Representant eines Objekttyps bzw. einer Klasse. Ein Objekt wird mit einer VAR-Vereinbarung erzeugt.

Objekthierarchie oder Klassenhierarchie: Eine Gruppe von Objekttypen, die durch Vererbung verbunden sind. Mit dem Turbo Debugger lassen sich deren die Abhängigkeiten graphisch darstellen.

Objekttyp oder Klasse: Eine Struktur ähnlich wie ein Recordtyp, die Daten und Methoden als Eigenschaften vereinigt.

Polymorphes Objekt: Instanz bzw. Instanzvariable, der das Objekt eines abgeleiteten Typs zugewiesen wurde.

Polymorphismus (Vielförmigkeit): Durch virtuelle Methoden werden in abgeleiteten Objekttypen Methoden mit demselben Namen wie in den Vorfahrenstypen definiert, die aber etwas anderes tun. Wird eine Methode dieses Namens aufgerufen, so wird die richtige ausgeführt.

Spätes Binden: Damit lassen sich Prozeduren aufrufen, deren Adresse erst beim Aufruf bestimmbar ist.

Statische Methode: Die Adresse der Methode wird während der Compilierung festgelegt. Statische Methoden belegen weniger Speicherplatz und laufen schneller als virtuelle Methoden. Aber: die dynamische Methode ermöglicht weitaus effizientere Algorithmen.

Vererbung: Dadurch kann ein Objekttyp Daten und Methoden eines anderen Objekttyps, der früher als Oberklasse definiert wurde, übernehmen. Die Unterklasse (Nachfolger) erbt von der Oberklasse als Ahnenklasse:

```
TYPE Unterklasse = OBJECT(Oberklasse) ... END.
```

Virtuelle Methode: Virtuelle Methoden haben den Zusatz VIRTUAL; dies bewirkt spätes Binden. Der Constructor sorgt dafür, daß die unterschiedlichen virtuellen Methoden gleichen Namens bei der Programmausführung den erforderlichen Speicherplatz erhalten.

Vorfahrenstyp (ancestor type): Jeder Typ, von dem ein Objekttyp erbt. Man spricht auch vom Ahnentyp. Der in einer Objekttypdefinition angegebene Objekttyp ist der unmittelbare Vorfahre.

Turbo Pascal-Wegweiser für Ausbildung und Studium

13.1   Programmtest in Schritten

Fehlerarten   *Erfolgreich - nun eine Taste drücken* bzw. *Success - press any key*. Diese Meldung des Compilers von Turbo Pascal besagt nicht, daß bei der anschließenden Ausführung des erfolgreich übersetzten Programmes kein logischer Fehler mehr auftreten könnte:

1. Der Compiler entdeckt nur *formale Fehler* (z.B. ";" vergessen).

2. *Laufzeitfehler* werden bei der Programmausführung abgewiesen (z. B. beim Versuch, einen Buchstaben in eine Integer-Variable einzugeben).

3. *Logische Fehler* können mit Hilfe des **Debuggers** durch schrittweises Testen entdeckt und beseitigt werden.

Drei Typen von Debuggern

Maschinensprachlicher Debugger (Maschinensprachen-Ebene): Speicherbereiche ausgeben, Inhalt von Registern ändern bzw. Befehle prozessornah Schritt für Schritt ausführen und kontrollieren. DEBUG.COM von MS-DOS als Beispiel.

Symbolischer Debugger (Maschinensprachen-Ebene): Die Namen von Prozeduren, Funktionen, Variablen usw. werden als Symbole erkannt. Sonst wie maschinensprachliche Debugger.

Quelldatei-Debugger (Programmiersprachen-Ebene): An die Stelle des Inhalts von Registern tritt die Anweisung der Programmiersprache. Der *Turbo Pascal-Debugger* ist hier einzuordnen.

Der in das Turbo Pascal-System integrierte Debugger ist ein Quellcode-Debugger. Seine Einsatz wird nun erklärt.

13.1.1   Schritt 1: Einstellungen vornehmen

Bis Version 6.0   Vor dem Aktivieren des Debuggers sind Schalter zu setzen. Bis Turbo Pascal 6.0 gelten englische Bezeichnungen:

– Schalter "Debug Information" und "Local Symbols" im Menü "Options/Compiler" auf On. Der Debugger wird später durch "Run/Run" bzw. [Ctrl/F9] aktiviert.

– Schalter "Integrated Debugging" im Fenster "Options/Debugger" auf On.

Ab Version 7.0 Ab Turbo Pascal 7.0 gelten deutsche Befehlsbezeichnungen: Schalter "Debug Informationen" und "Lokale Symbole" im Menü "Option/Compiler" anstellen ("X" in Bild 13.1). Der Debugger wird später mit "Start/Ausführen" bzw. [Strg/F9] aktiviert.

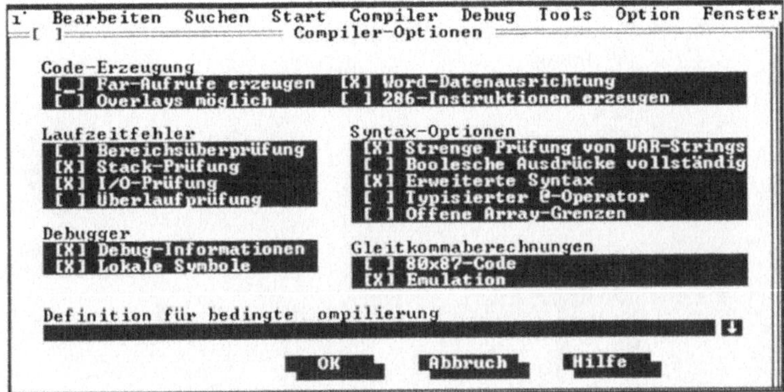

Bild 13.1: Einstellungen über "Option/Compiler" vornehmen

Den Schalter "Integrierter Debugger" im Fenster "Option/Debugger" ebenfalls anstellen (Bild 13.2).

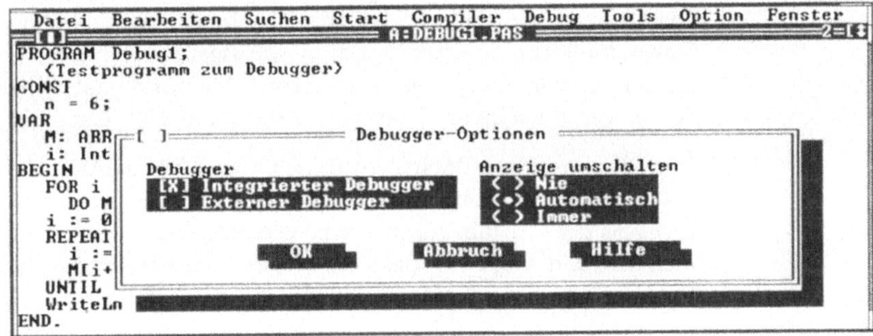

Bild 13.2: Einstellungen über "Option/Debugger" vornehmen

13.1.2   Schritt 2: Programm ausführen

Problemstellung Die Möglichkeiten des Debuggers sollen anhand des in Bild 13.2 sichtbaren Testprogramms DEBUG1.PAS dargestellt werden. In einen 6-Elemente-Array M die Anfangswerte 1,2,3,4,5,6 speichern und dann die Summe 21 im letzten Element speichern. Im jeweiligen Element ist die Summe der "Vorelemente"

abzulegen. Am Ende sollen im Array M die Werte 1,3,6,10,15,21 gespeichert
sein.

Quellcode

```
PROGRAM Debug1;
  {Testprogramm zum Debugger}
CONST
  n = 6;
VAR
  M: ARRAY[1..n] OF Integer;
  i: Integer;

BEGIN
  FOR i := 1 TO 5                {Fehler. Korrekt wäre: FOR i:=1 TO 6}
    DO M[i]:=i;
  i := 0;
  REPEAT
    i := i + 1;
    M[i+1] := M[i+1] + M[i];     {Fehlerhaft, da M[6] nicht initialisiert}
  UNTIL i = n-1;
  WriteLn ('Summe: ',M[n]); ReadLn;
END.
```

Drei-Schritte-Vorgehensweise zum Testen von Programm DEBUG1.PAS:

1. Das Programm editieren und als DEBUG1.PAS abspeichern.

2. Das Programm durch "Compiler/Compilieren" (ab Version 7.0 von Turbo
   Pascal) bzw. "Compile/Make" (bis Version 6.0 einschließlich) compilieren.
   Dabei muß der Schalter "Compiler/Ausgabeziel" bzw. "Compile/Desti-
   nation" zuvor von "Speicher" bzw. "Memory" auf "Festplatte" bzw.
   "Disk" gestellt sein; der Debugger verlangt ein EXE-Datei auf Diskette.

3. Das Programm mit "Start/Ausführen" bzw. "Run/Run" ausführen lassen.
   Nach der Ausführung mit [Alt/F5] den DOS-Bildschirm aktivieren. Als
   Ergebnis der Ausführungen erscheinen zum Beispiel die fehlerhaften Sum-
   men 30870, dann 30885, dann 30900 usw. Der Fehler liegt daran, daß in das
   Element M[6] kein Anfangswert zugewiesen wird (siehe Quellcode).

Ausführungen

Bildschirm nach viermaligem Ausführen von Programm DEBUG1.PAS:

```
Summe: 30870
Summe: 30885          Fehlerkorrektur: FOR i := 1 TO 6
Summe: 30900          anstelle von FOR i := 1 TO 5, damit
Summe: 30915          M[6] einen Anfangswert erhält.
```

13.1.3   Schritt 3: Variablenwerte anzeigen lassen

Die Ausführungen dokumentieren zwar das Ergebnis, nicht aber die Entwick-
lung der Ausführung von Programm DEBUG1.PAS. Dazu kann "Debug/Aus-

werten und Ändern" bzw. "Debug/Evaluate" genutzt werden. Man öffnet ein
Fenster mit drei Feldern:

Auswerten bzw.
Evaluate

– Im Feld "Auswerten und Ändern/Ausdruck" bzw. "Evaluate/modify"
  tippt man den Variablennamen bzw. Ausdruck ein, dessen Wert vom Debugger anzuzeigen ist. Das System übernimmt dazu den vom Cursor gerade markierten Namen (mit der Taste -> lassen sich die anschließenden
  Zeichen übernehmen).

– Im Feld "Ergebnis " bzw. "Result" zeigt der Debugger den aktuellen Wert
  an.

– Über das Feld "Neuer Wert" bzw. "New Value" kann man der im Feld
  "Evaluate" gezeigten Variablen einen neuen Wert zuweisen.

Tippt man (nach dem Beenden der Programmausführung) den Arraynamen M
in das Feld "Ausdruck" bzw. "Expression" ein, dann erscheinen zum Beispiel
die Werte 1, 3, 6, 10, 15, 15 (siehe Bild 13.3). Das Programm arbeitet somit zunächst korrekt; erst beim Aufruf von M[i+1] für i=5 wird aus M[6] ein fehler-
hafter, da nicht initialisierter Wert eingelesen.

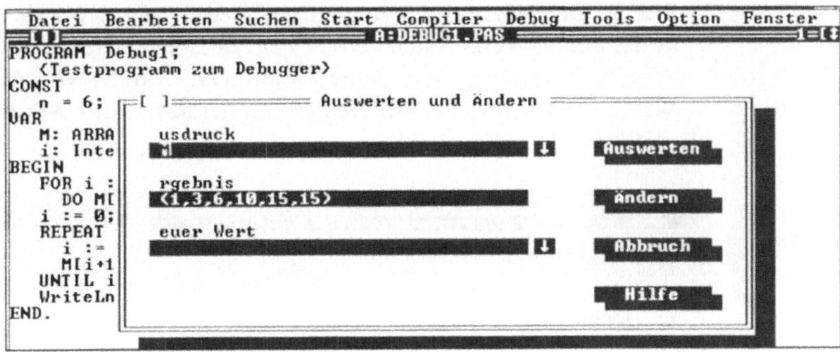

Bild 13.3: Im "Debug/Auswerten und Ändern"-Fenster M eingeben

13.1.4 Schritt 4: Variablenwerte im Watch-Fenster

Überwachen
bzw. Watch

Mit "Debug/Auswerten und Ändern" bzw. "Debug/Evaluate" kann man sich
den Inhalt einer Variablen nur zu einem bestimmten Zeitpunkt anzeigen lassen. Über das "Ausdruck überwachen"-Fenster bzw. "Watch"-Fenster hingegen lassen sich Variablenwerte fortwährend verfolgen. Als Beispielprogramm
verwenden wir das Programm DEBUG1A.PAS, das mit dem korrigierten Programm DEBUG1.PAS übereinstimmt (also FÜR i:=1 TO 6) aber eine un-
schöne Endlosschleife aufweist (Änderung der Schleife von *UNTIL i=n-1* zu
UNTIL i=n).

Zum Testen des Programms DEBUG1A.PAS geht man wie folgt vor:

Einzelschritt
bzw. Trace

1. Mit "Start/Einzelne Anweisung" bzw. "Run/Trace into" wird ein Trace-Lauf begonnen. Mit jedem Tippen der [F7]-Taste wird die nächste Zeile ausgeführt. Sie tippen solange [F7], bis der Cursor die Anweisung i:=i+1; markiert.

```
 Datei  Bearbeiten  Suchen  Start  Compiler  Debug  Tools  Option  Fenster
                                A:DEBUG1A.PAS
PROGRAM  Debug1a;
   (Testprogramm zum Debugger)
CONST
   n = 6;
VAR
   M: ARRAY[1..n] OF Integer;
   i: Integer;
BEGIN
   FOR i := 1 TO 6
     DO M[i]:=i;
   i := 0;
   REPEAT
 _   i := i + 1;
     M[i+1] := M[i+1] + M[i];
   UNTIL i = n;
   WriteLn ('Summe: ',M[n]); ReadLn;
END.
```

Bild 13.4: Testprogramm DEBUG1A.PAS (Anweisung i:=i+1 ist markiert)

2. Durch "Debug/Ausdruck hinzufügen" bzw. "Debug/Watches/Add watch" in das bislang leere Watch-Fenster den Variablennamen i eintragen und als Wert 0 anzeigen lassen. Durch Eintippen von M vergrößert sich das Watch-Fenster um eine weitere Zeile, in der M mit den Werten (1,2,3,4,5,6) erscheint.

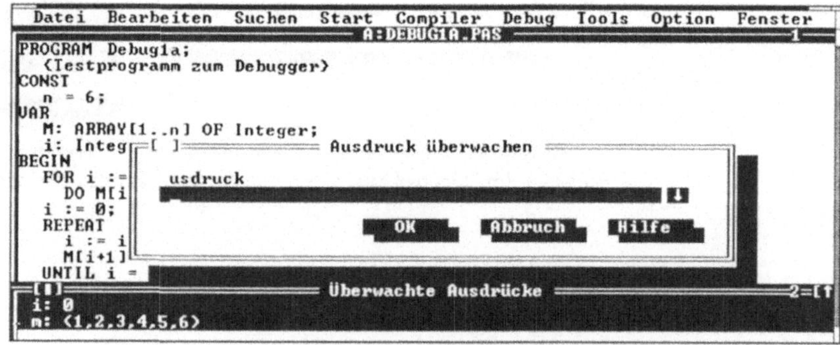

Bild 13.5: Ausgangspunkt zum Testen von DEBUG1A.PAS für i=0

3. Durch wiederholtes Eintippen von [F7] werden die Anweisungen

```
REPEAT
    i := i + 1;
    M[i+1] := M[i+1] + M[i]
UNTIL i = n;
```

endlos wiederholt. Die Ursache für diese Endlosschleife zeigt sich beim Verfolgen des "Überwachte Ausdrücke"-Fenster bzw. "Watch"-Fensters; i erhöht sich von 1 auf 2, 3, 4, 5 und 6, um dann von 6 auf 27, 28, 29, ... hochgezählt zu werden.

4. Mit [F10] können Sie die Endlosschleife abbrechen, den Debugger verlassen und zum Hauptmenü zurückkehren.

```
 Datei  Bearbeiten  Suchen  Start  Compiler  Debug  Tools  Option  Fenster
========================= A:DEBUG1A.PAS ===============================1===
PROGRAM Debug1a;
   (Testprogramm zum Debugger)
CONST
   n = 6;
VAR
   M: ARRAY[1..n] OF Integer;
   i: Integer;
BEGIN
   FOR i := 1 TO 6
     DO M[i]:=i;
   i := 0;
   REPEAT
     i := i + 1;
     M[i+1] := M[i+1] + M[i];
   UNTIL i = n;
=[ ]==================== Überwachte Ausdrücke ====================2=[↑]
  i: 28
  m: (1,3,6,10,15,21)
```

Bild 13.6: Testen von DEBUG1A.PAS für i=28

Ursache für die Endlosschleife in Programm DEBUG1A.PAS

Für i=6 wird mit der Wertzuweisung

```
M[i+1] := M[i+1] + M[i];      bzw.      M[7] := M[7] + M[6];
```

ein nicht definierter Wert von M[7] gelesen (M wurde ja nur als 6-Elemente-Array vereinbart). Da im Vereinbarungsteil i **nach** M deklariert worden ist, liest das System für M[7] den derzeitigen Wert von i (nämlich i=6) und addiert ihn zu M[6]=21 hinzu. Das Ergebnis von 27 wird nach M[7] zugewiesen, das heißt an die Adresse von i. Der Zähler i erhöht sich somit von i=6 auf i=27 und die Abbruchbedingung i=n der Schleife kann niemals wahr werden. Dieser unangenehme Fehler kann über das "Überwachen"-Fenster bzw. "Watch"-Fensters lokalisiert werden.

```
Cursor auf UNTIL i=n:                        Cursor auf UNTIL i=n:
  M: (1,3,6,10,15,21)                          M: (1,3,6,10,15,21)
  i: 5                                         i: 27


Cursor auf i:=i+1:           bei i=27          Cursor auf i:=i+1:
  M: (1,3,6,10,15,21)        zeigt               M: (1,3,6,10,15,21)
  i: 5                       sich der            i: 28
                            Fehler


Cursor auf M[i+1]:=...:                       Cursor auf M[i+1]:
  M: (1,3,6,10,15,21)                           M: (1,3,6,10,15,21)
  i: 6                                          i: 29
```

Bild 13.7: Trace-Lauf für DEBUG1A.PAS mit [F7] Anweisung für Anweisung ausführen und dabei Array M und Variable i im Watch-Fenster verfolgen

Überwachte Ausdrücke bzw. Watch-Ausdrücke bearbeiten

Fensterwechsel mit [F6]

Mit der [F6]-Taste kann man vom Edit-Fenster ins "Überwachte Ausdrücke"-Fenster bzw. "Watch"-Fenster wechseln. Nun kann der durch den Balken markierte Ausdruck bearbeitet werden; das Einfügen mit [Ins] bzw. [Einfg] entspricht somit dem Befehl "Debug/Ausdruck hinzufügen" bzw. "Debug/Watches/Add watch". Mit [F5] läßt sich das Fenster vergrößern. Trägt man als dritten Watch-Ausdruck z. B. M[i] ein, dann wird "Konstante außerhalb des zulässigen Wertebereichs" bzw. "Constant out of range" gemeldet:

```
  Datei  Bearbeiten  Suchen  Start  Compiler  Debug  Tools  Option  Fenster
═══════════════════════════════ A:DEBUG1A.PAS ══════════════════════════════1
PROGRAM  Debug1a;
   (Testprogramm zum Debugger)
CONST
   n = 6;
VAR
   M: ARRAY[1..n] OF Integer;
   i: Integer;
BEGIN
   FOR i := 1 TO 6
     DO M[i]:=i;
   i := 0;
   REPEAT
     i := i + 1;
     M[i+1] := M[i+1] + M[i];
   UNTIL i = n;
═[■]══════════════════════ Überwachte Ausdrücke ═══════════════════════2═[↑
   i: 28
   m: (1,3,6,10,15,21)
   m[i]: Konstante außerhalb des zulässigen Wertebereichs
```

Bild 13.8: Fehlermeldung für M[i] im Watch-Fenster

Zum schrittweisen Verfolgen der Programmausführung (Trace-Lauf)

Einzelschritt mit [F7]

"Start/Einzelne Anweisung" bzw. "Run/Trace into" hält bei jeder Anweisung des Programms wie auch der aufgerufenen Funktion an, um erst mit [F7] die nächste Anweisung auszuführen.

"Ausführen/Gesamte Routine" bzw. "Run/Step over" arbeitet wie "Run/Trace into", führt aber gerufene Funktionen in einem Schritt aus.

Nach jedem Schritt kann man die Ausführungsergebnisse wie folgt bearbeiten:
- Mit [Alt/F5] vom Pascal-Bildschirm zum DOS-Bildschirm wechseln.
- Mit "Debug/Auswerten und Ändern" bzw. "Debug/Evaluate" ins "Evaluate and Modify"-Fenster gehen und kontrollieren.
- Mit [F6] das "Überwachte Ausdrücke"-Fenster bzw. "Watches"-Fenster aktivieren.

Mit "Fenster/Schließen" bzw. "Window/Close" das Watches-Fenster löschen.

13.1.5   Schritt 5: Breakpoints als Abbruchpunkte

Ein Breakpoint ist ein Punkt, bei dem die Programmausführung unterbrochen werden soll. Dazu folgendes Beispiel zu Programm DEBUG1A.PAS:

1. Mit "Start/Programm zurücksetzen" bzw. "Run/Program reset" den bisherigen Trace-Lauf abbrechen.

2. Dem Cursor auf *UNTIL i=n* in Programm Debug1a setzen.

3. "Debug/Neuer Haltepunkt" bzw. "Debug/Toggle breakpoint" oder die Tasten [Strg/F8] wählen: Der Debugger stellt die markierte Zeile *UNTIL i=n* fett dar (meldet Zeilennummer 15), da als Abbruchpunkt eingestellt.

4. "Start/Ausführen" bzw. "Run/Run" eingeben: Das Programm wird ab BEGIN (Position des Startbalkens) bis zum Abbruchpunkt ausgeführt. Der Debugger aktiviert das Edit-Fenster und zeigt den Quellcode an.

13.2 Unterprogramme suchen

Direktes Suchen über das "Suchen"-Menü

Über den Befehl "Suchen/Prozedur suchen" bzw. "Search/Find procedure" läßt sich eine Prozedur bzw. Funktion wie folgt suchen:

- "Suchen" bzw. "Search" aufrufen und den Namen im "Prozedur suchen"- bzw. "Find procedure"-Fenster eintragen.

- Der Editor sucht und zeigt die erste ausführbare Anweisung der Routine.

- "Find procedure" wird in umfangreicheren Programmen verwendet, um eine Routine zu verändern, von der man nicht genau weiß, wo sie definiert ist.

Suchen über den Return-Stack

Suchen allgemein

Durch den Befehl "Debug/Aufruf-Stack" bzw. "Window/Call stack" wird der Return-Stack in einem Fenster wie folgt angezeigt.

- Das Hauptprogramm erscheint als unterster Name, und die Routinen, über die die aktuelle Cursorposition bei der Programmausführung erreicht wurde, werden darüber angegeben. Neben dem Namen werden auch die übergebenen Parameter in Klammern genannt (siehe Bild 13.9).

- Mit den Richtungstasten kann ein Name markiert werden, um mit Return die Anfangsposition des Quelltextets der Routine anzuzeigen. Der Befehl wird insbesondere bei tief geschachtelten Programmen verwendet.

Im Gegensatz zu "Suchen/Prozedur suchen" bzw. "Search/Find procedure" setzt "Window/Call stack" voraus, das der Debugger aktiv ist.

Suchen am Beispiel

1. Das Programm VERSUCH1.PAS von Aufgabe 8/3 laden

2. Den Cursor in eine Zeile der Prozedur LESEN positionieren

3. "Start/Gehe zur Cursorposition" bzw. "Run/Go to cursor" eingeben.

```
 Datei  Bearbeiten  Suchen  Start  Compiler  Debug  Tools  Option  Fenster
═══════════════════════════ A:VERSUCH1.PAS ════════════════════════════1═
  Auswahl:          Char;

PROCEDURE Lesen(VAR Arr:Arraytyp);
VAR
    z, Anzahl:    Integer;
    n:            Real;
    Dateiname:    STRING[20];
    DiskFil:      FILE OF Real;
    IOFehlerNr:   Integer;

BEGIN
  REPEAT                            (Schleife, bis Datei gefunden)
    Write('Name der Eingabedatei (z.B. Versuch1.DAT)? ');
    ReadLn(Dateiname);
    Assign(DiskFil,Dateiname);
═[■]══════════════════════ Aufruf-Stack ═══════════════════════2═[↑]
  Lesen((...))
  Versuch1
```

Bild 13.9: Return-Stapel von "Debug/Aufruf-Stack" mit Prozedur LESEN von
Programm VERSUCH1.PAS

Nach der Eingabe von "Debug/Aufruf-Stack" bzw. "Window/Call stack" wird im Fenster ein Stapel mit zwei Prozedurnamen angezeigt: VERSUCH1-.PAS als rufendes und LESEN als gerufenes Programm.

Aufgabe 13/1: Als Source-Level-Debugger stellt der integrierte Debugger des Turbo Pascal-Systems den Pascal-Quellcode dar. Welche drei grundlegenden "Fehlertypen" lassen sich mit dem Debugger von Turbo Pascal korrigieren?

Aufgabe 13/2: Welche Fehler liegen bei den Testprogrammen DEBUG1.PAS und DEBUG1A.PAS vor? Durch welche Hilfsmittel von Debug lassen sich diese Fehler entdecken?

Turbo Pascal-Wegweiser
für Ausbildung und Studium

Graph-Unit
einbinden

Die Grafikbefehle von Turbo Pascal sind in der Unit GRAPH.TPU zusammengefaßt. Um diese Befehle aufrufen zu können, müssen sie mit der Anweisung

```
USES Graph;
```

in das jeweilige Grafikprogramm eingebunden werden. Da im Zuge der Grafikprogrammierung zumeist auch die bildschirmorientierten Befehle benötigt werden, schreibt man häufig die folgende Anweisung:

```
USES Crt, Graph;
```

Neben dem Programmcode der Unit Graph wird damit auch der Code der Unit Crt in das aktuelle Programm eingebunden.

14.1   Grafik-Einstellungen anzeigen

Mit dem Programm GRAFPARA.PAS können Sie sich die Grafik-Parameter anzeigen lassen, die vom Turbo Pascal-System auf Ihrem PC erkannt werden.

```
PROGRAM GrafPara;
   {Die derzeit eingestellten Grafik-Parameter anzeigen}

USES
   Crt, Graph;                          {Befehle für Bildschirm und Grafik aktiv}

VAR
   Treiber, Modus, i: Integer;
   Pfad, ModusName: STRING;
   ModusNr, MaxMode, MaxX, MaxY, ZeichenFarb, HinterFarb: Word;
   Palette: PaletteType;                {Farbdarstellung (Typ gemäß Unit Graph)}
   Linie: LineSettingsType;             {Darstellung von Linien}
   Fuellung: FillSettingsType;          {Füllung von Flächen}

BEGIN                                   {SCHRITT 1: Grafik starten}
   Write('Pfad für Turbo Pascal-System? ');
   ReadLn(Pfad);
   Modus := 0;                          {0 als Dummy-Wert für den Grafikmodus}
   Treiber := Detect;                   {System erkennt Grafikkarte und lädt den}
                                        {dazu passenden BGI-Treiber}
   InitGraph(Treiber,Modus,Pfad);       {BGI-Treiber laden und den Bildschirm-
                                        {modus initialisieren}


                                        {SCHRITT 2: Einstellungen auslesen}
   ModusNr := GetGraphMode;             {Nummer des Grafikmodus}
   ModusName := GetModeName(ModusNr);   {Name des Grafikmodus lesen}
   GetPalette(Palette);                 {Farbdarstellung lesen}
   GetLineSettings(Linie);              {Darstellung von Linien lesen}
   GetFillSettings(Fuellung);           {Füllung von Flächen lesen}
```

Detect erkennt

```
      MaxMode := GetMaxMode;
      MaxX  := GetMaxX;
      MaxY  := GetMaxY;
      ZeichenFarb := GetColor;
      HinterFarb  := GetBkColor;
      RestoreCRTMode;                       {Vom Grafikmodus zum Textmodus zurück}

                                            {SCHRITT 3: Einstellungen Textbildschirm}
      WriteLn('Grafikmodus:              ',ModusName);
      WriteLn('Nummer des Grafikmodus:   ',ModusNr);
      WriteLn('Maximal möglicher Modus:  ',MaxMode);
      WriteLn('Größter x-Wert waagrecht: ',MaxX+1);
      WriteLn('Größter y-Wert senkrecht: ',MaxY+1);
      WriteLn('Zeichenfarbe:             ',ZeichenFarb);
      WriteLn('Hintergrundfarbe:         ', HinterFarb);
      WriteLn('Farbanzahl der Palette:   ',Palette.Size);
      WriteLn('Verfügbare Farben: ');
      FOR i := 0 TO Palette.Size
        DO Write(Palette.Colors[i],' ');
      WriteLn;
      Write('Ausgabe der Linien:           ');
      CASE Linie.LineStyle OF
        SolidLn: WriteLn('durchgehend');
        DashedLn: WriteLn('gestrichelt');
        DottedLn: WriteLn('gepünktelt');
        CenterLn: WriteLn('Strich/Punkt/Strich');
      END;
      Write('Breite der Linien:            ');
      CASE Linie.Thickness OF
        NormWidth: WriteLn('normal');
        ThickWidth: WriteLn('doppelt breit');
      END;

      WriteLn('Muster zum Füllen der Flächen: ',Fuellung.Pattern);
      WriteLn('Farbe zum Füllen der Flächen:  ',Fuellung.Color);
      WriteLn('Programmende GrafPara.'); ReadLn;
    END.
```

Grafikkarte:	Code:	Name:	Datei:
Feststellung automatisch	0	Detect	
CGA	1	CGA	CGA.BGI
MCGA	2	MCGA	EGAVGA.BGI
EGA	3	EGA	EGAVGA.BGI
EGA 64 KB Speicher	4	EGA64	EGAVGA.BGI
EGA einfarbig	5	EGA-Mono	EGAVGA.BGI
Hercules	7	Herc-Mono	HERC.BGI
ATT400	8	ATT400	ATT.BGI
VGA	9	VGA	EGAVGA.BGI
PC3270	10	PC3270	PC3270.BGI

Bild 14.1: BGI-Treiberdateien der Turbo Pascal-Grafik

Die Grafik initialisieren (Schritt 1)

InitGraph

BGI-Treiberdateien (Borland Graphics Interface) dienen als Schnittstelle zwischen der Turbo Pascal-Grafik einerseits und den verschiedenen Grafikkarten bzw. Grafikstandards (wie VGA und EGA) andererseits. Mit dem folgenden Aufruf des InitGraph-Befehls kann man das Aktivieren der passenden Grafikkarte vom Turbo Pascal-System selbst vornehmen lassen:

```
Modus := 0;                          {0 als Dummy-Wert für den Grafikmodus}
Treiber := Detect;                   {Detect-Funktion erkennt Grafikkarte}
InitGraph(Treiber,Modus,'c:\tp\');   {BGI-Treiber laden und Bildschirmmodus
                                      initialisieren}
```

Detect als vordefinierte Konstante erkennt die in Ihrem PC eingebaute Grafikkarte. InitGraph als erster Grafikbefehl lädt nun den passenden BGI-Grafiktreiber in den Speicher und initialisiert über diesen Treiber den Bildschirmmodus. Die BGI-Dateien werden hier im Pfad C:\TP\ gesucht. In den Variablen *Treiber* und *Modus* werden die für den Grafiktreiber und den Bildschirmmodus eingestellten Werte bereitgestellt; diese Werte kann der Programmierer ab jetzt bei Bedarf auslesen.

Die Grafik-Parameter auslesen (Schritt 2)

Zwischen den Befehlen bzw. Prozeduraufrufen InitGraph (den Grafikmodus setzen) und RestoreCRTMode (zum Textmodus zurückkehren) werden die Grafik-Einstellungen (wie z.B. den größtmöglichen x-Wert des Grafikbildschirms) über Prozeduren (wie GetMaxX) in Hilfsvariablen (wie MaxX) eingelesen.

Die Werte der Grafik-Parameter am Bildschirm anzeigen (Schritt 3)

Ausführung

Bildschirm bei Ausführung von Programm GRAFPARA.PAS bei PC mit monochrome Hercules-Grafik (links) und VGA-Grafik (rechts):

```
Grafikmodus:                         720 x 348 HERCULES      640 * 480 VGA
Nummer des Grafikmodus:              0                       2
Maximal möglicher Modus:             0                       2
Größter x-Wert waagrecht:            720                     640
Größter y-Wert senkrecht:            348                     480
Zeichenfarbe:                        1                       15
Hintergrundfarbe:                    0                       0
Farbanzahl der Palette:              16                      16
Verfügbare Farben:
0 1 2 3 4 5 6 7 8 9 10 11 12 13 14 15 99      0 1 2 3 4 5 20 7 56-63
Ausgabe der Linien:                  durchgehend             durchgehend
Breite der Linien:                   normal                  normal
Muster zum Füllen der Flächen: 1                             1
Farbe zum Füllen der Flächen: 1                              15
Programmende GrafPara.
```

Die wohl wichtigsten Parameterwerte sind der größte waagerechte x-Wert (720 bzw. 640 Punkte mit Funktion GetMaxX festgestellt) und der größte senkrechte y-Wert (348 bzw. 480 Punkte mit GetMaxY). Der Koordinatenursprung liegt bei Turbo Pascal in der linken oberen Bildschirmecke: x wächst nach rechts und y wächst nach unten.

14.2 Zeichnen und Cursor bewegen

Problemstellung Das Programm LINIE1.PAS zeichnet ein Dreieck auf den Grafikbildschirm wie folgt:

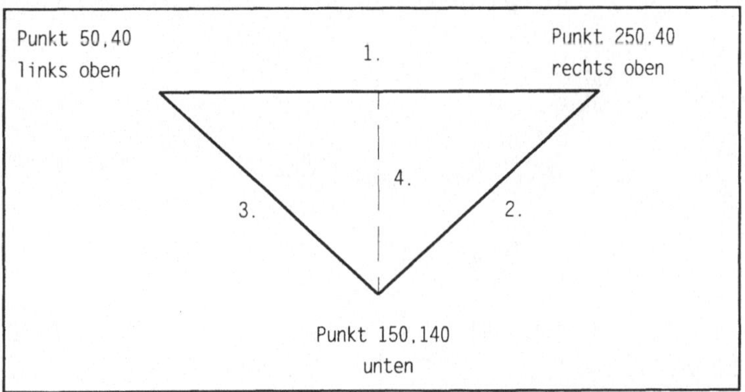

Bild 14.2: Programm LINIE1.PAS zeichnet ein Dreieck mit gestrichelter Höhe

Befehle Line und LineTo zum absoluten Zeichnen

Turbo Pascal ermöglicht absolutes und relatives Zeichnen. Mit dem Grafikbefehl Line(50,40,250,40) wird eine Linie vom Punkt (x=50,y=40) zum Punkt (250,40) absolut gezeichnet. Mit dem Befehl MoveTo(250,40) wird der Grafikcursor unsichtbar auf den Punkt (250,40) gesetzt. Nun hat LineTo(150,140) die rechte Dreieckseite bis zum Endpunkt (150,140) gezogen. Die beiden Befehle MoveTo und LineTo lassen sich auch durch Line(250, 40, 150, 140) ersetzen.

Befehl LineRel zum relativen Zeichnen

Mit dem Befehl LineRel(-100,-100) wird ab der aktuellen Cursorposition (also ab Punkt (150,140) eine Linie bis zum Endpunkt gezeichnet, der *um 100 Punkte links* (-100 für x) und *um 100 Punkte oberhalb* (-100 für y) liegt. Die Koordinaten des Endpunktes werden also *relativ* zur Cursorposition angegeben.

Befehle MoveTo und MoveRel zum Bewegen des Cursors

Cursor unsichtbar bewegen

Im Gegensatz zu den Befehlen Line, LineTo und LineRel bewegen die Move-Befehle den Grafikcursor unsichtbar, ohne dabei zu zeichnen. MoveTo(x,y) bewegt den Cursor absolut zum Endpunkt, während MoveRel(+-x,+-y) den Cursor relativ zur aktuellen Cursorposition bewegt. Die Funktionen GetX und GetY liefern als Integer-Werte die aktuellen Koordinaten (x,y) des Cursors.

```
PROGRAM Linie1;
  {Linien absolut und relativ zeichnen}
USES
  Crt, Graph;                              {Graph.TPU mit Grafik-Befehlssatz}

VAR
  Treiber, Modus, i: Integer;
  Linie: LineSettingsType;                 {Datensatz für Darstellung von Linien}
  Zeichen: Char;

BEGIN
  Modus := 0;                              {0 als Dummy-Wert für den Grafikmodus}
  Treiber := Detect;                       {Detect-Konstante erkennt Grafikkarte}
                                           {und lädt passenden BGI-Treiber}
  InitGraph(Treiber,Modus,'c:\sprache\bp\bgi');     {BGI-Treiber laden und}
                                           {Bildschirmmodus initialisieren}

  Line(50,40,250,40);                      {1. waagrechte Linie zeichnen}
  MoveTo(250,40);                          {Cursor zum Eckpunkt rechts oben}
  LineTo(150,140);                         {2. rechte Seite zeichnen}
  LineRel(-100,-100);                      {3. linke Seite zeichnen}
  GetLineSettings(Linie);                  {Die Linien-Einstellungen einlesen}
  Linie.LineStyle := DashedLn;             {Von normaler zu gestrichelter Linie}
  SetLineStyle(Linie.LineStyle,0,Linie.Thickness);
  Line(150,140,150,40);                    {4. Dreieckshöhe gestrichelt zeichnen}
  REPEAT UNTIL KeyPressed;

  RestoreCRTMode;                          {Vom Grafikmodus zum Textmodus zurück}
  WriteLn('Programmende Linie1.');
  REPEAT                                   {Vom DOS- zum Edit-Bildschirm}
    Zeichen := ReadKey;                    {nach Eingabe der Return-Taste}
  UNTIL Zeichen = #13;
END.
```

Linienart und Linienbreite über den LineSettingsType festlegen

Linie stricheln

Im Programm LINIE1.PAS wird die senkrechte Höhenlinie nicht normal (SolidLn), sondern gestrichelt (DashedLn) gezeichnet. Das erforderliche Vier-Schritte-Vorgehen ist für alle Parameter-Änderungen typisch:

1. **Hilfsvariable vereinbaren:** Mit *VAR Linie:LineSettingsType* vereinbaren Sie für die Variable Linie den LineSettingsType, der in der Unit Graph als RECORD mit den beiden Komponenten LineStyle:Word und Thickness:Word vordefiniert ist.

2. **Parameter einlesen:** GetLineSettings(Linie) liest die Werte für Linienart (LineStyle) und Linienbreite (Thickness) in die Variable Linie ein.

3. **Parameterwerte ändern:** Diese Werte können nun beliebig verändert werden. Mit der Zuweisung Linie.LineStyle:=DashedLn wird SolidLn durch DashedLn ersetzt, d.h. von durchgehend auf gestrichelt umgeschaltet.

4. **Parameter neu setzen:** Diese neue Einstellung wird erst wirksam, nachdem mit SetLineStyle(Linie.LineStyle,Linie.Thickness) die Werte neu gesetzt worden sind.

```
Linie.LineType:    Bedeutung:    Code:   Linie.Thickness:   Bedeutung:        Code:

SolidLn            durchgehend   0       NormalWidth        normale Breite     1
DottedLn           gepünktelt    1       ThickWidth         doppelte Breite    3
CenterLn           Strich-Punkt  2
DashedLn           gestrichelt   3
UserBitLn          benutzerdef.  4
```

Bild 14.3: Komponenten Linie.LineType und Linie.Thickness der Hilfsvariablen Linie,
für die der vordefinierte LineSettingsType vereinbart ist

Die Linienart und die Linienbreite werden von Turbo Pascal nicht nur beim Zeichnen von Linien berücksichtigt (Line, LineTo, LineRel), sondern auch beim Zeichnen von Kreisen (Circle, Arc), Ellipsen (Ellipse) und anderen Objekten (Rectangle, PointType).

Problemstellung Das folgende Programm KREIS1.PAS zeichnet zuerst einen möglichst großen äußeren Kreis, um darin dann - je nach Benutzereingabe - n weitere Kreise einzuzeichnen.

```pascal
PROGRAM Kreis1;
  {Kreise zeichnen und füllen}

USES
  Crt, Graph;                          {Graph.TPU mit Grafik-Befehlssatz}

VAR
  Treiber, Modus, i, n: Integer;
  Linie: LineSettingsType;             {Datensatz für Darstellung von Linien}
  MaxX, MaxY, MittelX, MittelY, Radius, Schritt: Word;

BEGIN
  Write('Anzahl der Kreise? '); ReadLn(n);
  Modus := 0;                          {0 als Dummy-Wert für den Grafikmodus}
  Treiber := Detect;                   {Detect-Konstante erkennt Grafikkarte}

  InitGraph(Treiber,Modus,'c:\sprache\bp\bgi');   {BGI-Treiber laden}
                                                  {und initialisieren}

  MaxX := GetMaxX;
  MaxY := GetMaxY;
  MittelX := MaxX DIV 2;               {Maximal mögliche Koordinaten}
```

```
        MittelY := MaxY DIV 2;
        Radius := MittelY;                    {Maximal möglicher Kreisradius}
        Schritt := Radius DIV (n+1);

        FOR i := 1 TO n DO
        BEGIN
          Circle(MittelX,MittelY,Radius);     {n kleinere konzentrische Kreise}
          Radius := Radius - Schritt;
        END;

        REPEAT UNTIL KeyPressed;
        RestoreCRTMode;                       {Vom Grafikmodus zum Textmodus zurück}

        WriteLn('Programmende Kreis1.');
        ReadLn;                               {Vom DOS- zum Edit-Bildschirm}
      END.
```

Über die Funktionen GetMaxX und GetMaxY werden die größten Zeilen-
und Spaltenkoordinaten nach MaxX und MaxY eingelesen. Der Radius des
äußeren Kreises kann nun über MittelY:=MaxY DIV 2 ermittelt werden.
Zum Zeichnen der Kreise dient der Befehl Circle(MittelX,MittelY,Radius), der
in der FOR-Schleife mit immer kleineren Werten für Radius aufgerufen wird.

14.3 Textausgabe je nach Zeichensatz

...Font

Mit den Befehlen OutText bzw. OutTextXY läßt sich Text auf dem Grafik-
bildschirm an der aktuellen bzw. der angegebenen Cursorposition ausgeben.
Wie das Programm ZEISATZ1.PAS zeigt, können dabei fünf verschiedene
Zeichensätze 0 - 4 gewählt werden.

Name:	Zeichensatz:	Code	Ausrichtung:	Code:	Zeichengröße:	Code:
DefaultFont	normal	0	waagrecht	0	Sehr klein	1
TriplexFont	Triplex	1	senkrecht	1	...	
SmallFont	kleine Buchstaben	2				
SansSerifFont	Sans-Serif-Art	3			...	
GothicFont	Gothic-Schriftart	4			Sehr groß	10

Bild 14.4: Prozedur SetTextStyle(Zeichensatz,Ausrichtung,Zeichengröße) setzt einen
von fünf Zeichensätzen

Über das Programm ZEISATZ1.PAS wird der Text "... = Größe" in den Zei-
chengrößen 2, 4, 6, 8 und 10 in fünf Zeilen untereinander ausgegeben. Die Zeilen sind jeweils 50 Bildpunkte hoch (y := y + 50). Am Anfang wählt der Benutzer einen der Zeichensätze 0 - 4 über die Variable ZSatz aus. Zu beachten
ist, daß die Zeichen "ö" und "ß" bei Wahl von ZSatz=0 nicht ausgegeben werden (Problem der Anpassung von US-Zeichensätzen).

```
PROGRAM ZeiSatz1;
  {Text mit den verschiedenen Zeichensätzen am Grafikbildschirm}

USES
  Crt, Graph;                            {Graph.TPU mit Grafik-Befehlssatz}

VAR
  Treiber, Modus, i, ZSatz, MaxX, y, Groesse: Integer;
  sGroesse: STRING;

BEGIN
  Write('Zeichensatz 0 - 4? ');
  ReadLn(ZSatz);
  Modus := 0;                            {0 als Dummy-Wert für den Grafikmodus}
  Treiber := Detect;                     {Detect-Konstante erkennt Grafikkarte}
  InitGraph(Treiber,Modus,'c:\sprache\bp\bgi');   {BGI-Treiber laden und}
                                         {initialisieren}

  MaxX := GetMaxX;
  SetTextJustify(1,2);                   {Textausgabe: zentriert, unter Cursor}
  y := 10;

  FOR Groesse := 1 TO 5 DO
  BEGIN
    SetTextStyle(ZSatz,0,Groesse*2);     {Zeichengröße festlegen}
    Str(Groesse*2,sGroesse);
    OutTextXY(MaxX DIV 2,y,sGroesse + ' = Größe');
    y := y + 50;
  END;

  REPEAT UNTIL KeyPressed;
  RestoreCRTMode;                        {Vom Grafikmodus zum Textmodus zurück}
  WriteLn('Programmende ZeiSatz1.');
  ReadLn;                                {Zurück zum Edit-Bildschirm}
END.
```

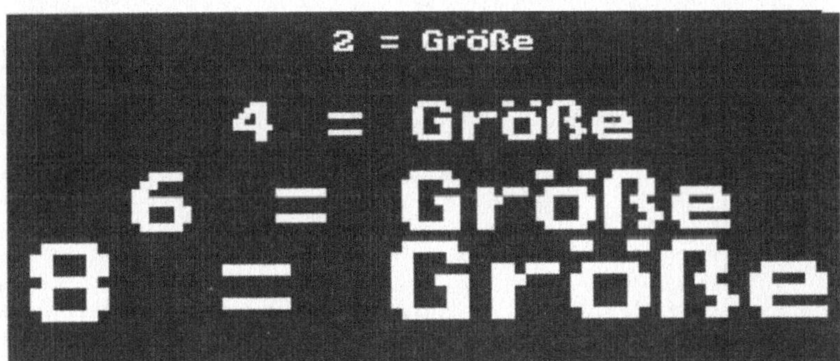

Bild 14.5: Ausführung zu Programm ZEISATZ1.PAS (Zeichensatz = 0 als Eingabe)

In der FOR-Schleife von Programm ZEISATZ1.PAS werden die Grafik-Befehle SetTextStyle und OutTextXY wie umseitig angegeben aufgerufen.

- *SetTextStyle(ZSatz,0,Groesse*2)* stellt den Zeichensatz 0-4 ein, der zuvor in ZSatz eingegeben wurde. Mit 0 als zweitem Parameter wird die waagerechte Ausrichtung eingestellt: mit 1 würde Text Zeichen für Zeichen senkrecht untereinander am Grafikbildschirm ausgegeben. Groesse*2 legt 2, 4, 6, 8 bzw. 10 als Zeichengröße für die Textausgabe fest.

- *OutTextXY(MaxX DIV 2, y, sGroesse + ' = Größe')* ruft die Prozedur OutTextXY mit drei Parametern auf: Für die x-Position wird mit (MaxX DIV 2) die Zeilenmitte gewählt, da vor Eintritt in die FOR-Schleife mit dem Prozeduraufruf *SetTextJustify(1,2)* die zentrierte Textausgabe festgelegt worden ist.

- Für die y-Position wird der jeweils um 50 Punkte erhöhte y-Wert gewählt. Als Textausgabe wird die 8-Zeichen-Stringkonstante ' = Größe' mit der Größenbezeichnung sGroesse verknüpft.

```
Horizontale Justierung:        Code:   Vertikale Justierung:           Code:

LeftText    Text ab dem Cursor   0     BottomText  Text über dem Cursor   0
CenterText  Zentierung           1     CenterText  Text in der Mitte      1
RightText   Text bis zum Cursor  2     TopText     Text unter dem Cursor  2
```

Bild 14.6: Prozedur SetTextJustify(Horizontal,Vertikal) zur Positionierung von Text

14.4 Flächen füllen

```
Name:          Füllmuster:                 Code:   Name:         Farbe:       Code:

EmptyFill      Hintergrundfarbe              0     Black         Schwarz        0
SolidFill      Gewählte Farbe                1     Blue          Blau           1
LineFill       Linien waagrecht              2     Green         Grün           2
LtSlashFill    dünne, schräge Linien rechts  3     Cyan          Türkis         3
SlashFill      schräge Linien nach rechts    4     Red           Rot            4
BkSlashFill    schräge Linien nach links     5     Magenta       Weinrot        5
LtBkSlashFill  dünne, schräge Linien links   6     Brown         Braun          6
HatchFill      schraffiertes Feld            7     LightGray     Hellgrau       7
XHatchFill     gekreuzt schraffiert          8     DarkGray      Dunkelgrau     8
InterLeaveFill Verändern der Linien          9     LightBlue     Hellblau       9
WideDotFill    Punkte weit auseinander      10     LightGreen    Hellgrün      10
CloseDotFill   Punkte eng beieinander1      11     LightCyan     Helltürkis    11
UserFill       frei für Benutzerdefinition  12     LightRed      Hellrot       12
                                                   LightMagenta  Hellweinrot   13
                                                   Yellow        Gelb          14
                                                   White         Weiß          15
```

Bild 14.7: Muster und Farben für die Prozedur SetFillStyle

Das Programm MUSTER1.PAS zeichnet mit dem Rectangle-Befehl untereinander 12 Rechtecke, die immer breiter werden und eine Treppe bilden. Diese

Rechtecke werden mit dem FloodFill-Befehl mit den 12 möglichen Mustern der Turbo Pascal-Grafik gefüllt:

- *FloodFill(x,y,Randfarbe)* füllt die Fläche, die den Punkt (x,y) umgibt, mit dem Füllmuster und der Füllfarbe, die zuvor mit dem SetFillStyle-Befehl festgelegt wurden.

- *SetFillStyle(Muster,Farbe)* setzt eines der Füllmuster 0 - 12 und eine der Farben 0 - 15.

- *GetFillSettings(Muster)* liest zur Kontrolle die Werte in die Record-Hilfsvariable Muster ein, um dann mit *Str(Muster.Pattern,sMusterNr)* die Musternummer in einen String umzuwandeln und mit *OutTextXY* auszugeben.

```
PROGRAM Muster1;
  {Rechtecke mit verschiedenen Mustern füllen}

USES
  Crt, Graph;                            {Graph.TPU mit Grafik-Befehlssatz}

VAR
  Treiber, Modus, x, y, MusterNr, Breite, Hoehe: Integer;
  Muster: FillSettingsType;
  sMusterNr: STRING;

BEGIN
  Modus := 0;                            {0 als Dummy-Wert für den Grafikmodus}
  Treiber := Detect;                     {Detect-Konstante erkennt Grafikkarte}

  InitGraph(Treiber,Modus,'c:\sprache\tp\');
                                         {BGI-Treiber laden und initialisieren}

  x := 0; y := 0;
  Breite := 100; Hoehe := 20;

  FOR MusterNr := 0 TO 11 DO
  BEGIN
    Rectangle(x,y,x+Breite+y,y+Hoehe);   {Rechteck zunehmend breit zeichnen}
    SetFillStyle(MusterNr,1);            {Nächstes Muster nehmen}
    FloodFill(x+100 DIV 2,y+20 DIV 2,1); {Rechteck mit dem Muster füllen}
    GetFillSettings(Muster);             {Kontrolle: Werte in Muster-Record}
    Str(Muster.Pattern,sMusterNr);       {einlesen und Musternummer anzeigen}
    OutTextXY(x+Breite+y+10,y+Hoehe-10,sMusterNr);
    y := y + Hoehe+5;
  END;

  REPEAT UNTIL KeyPressed;
  RestoreCRTMode;                        {Vom Grafikmodus zum Textmodus zurück}

  WriteLn('Programmende Muster1.');
  ReadLn;                                {Vom DOS- zum Edit-Bildschirm}
END.
```

Bei der Ausführung von Programm MUSTER1.PAS erscheint die folgende Ausgabe am Grafikbildschirm.

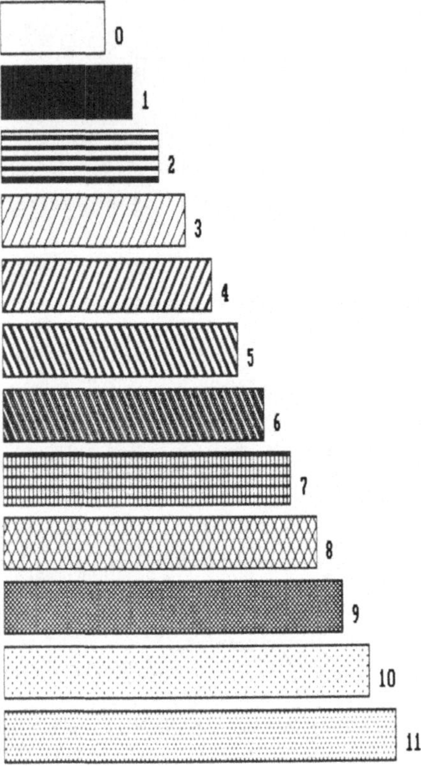

Turbo Pascal-Wegweiser für Ausbildung und Studium

15.1   Unter Delphi ereignisorientiert programmieren

Nach dem Starten und der Eingabe von "Datei/Neue Anwendung" zeigt sich die IDE (Integrated Development Environment = Integrierte Entwicklungsumgebung) von Delphi mit fünf Elementen:

1. *Menüzeile oben* mit Menübefehlen "Datei", "Bearbeiten", ..., "Hilfe".

2. *Komponentenpalette darunter* mit Registern: Im Standard-Register werden die Komponenten "A" für Label (Bezeichnungsfeld), "ab" für Editfeld (Ein- bzw. Ausgabefeld) und "OK" für Button (Befehlsschaltfläche) benötigt.

3. *Formularfenster rechts* mit "Form1"-Titelzeile zur Aufnahme der Komponenten (Steuerelemente). In das Formular wurden bereits die Komponenten Label1, Edit1 und Button1 aufgezogen. Button1 ist markiert (acht Anfasser sind sichtbar) und kann ausgerichtet werden.

4. *Objektinspektor links* mit den Registern "Eigenschaften" und "Ereignisse", die sich stets auf das im Formular markierte Objekt (Form bzw. Komponente) beziehen: In Bild 15.1 ist es die Caption-Eigenschaft für Button1.

5. *Codefenster unten* mit dem Pascal-Code. Delphi hat hierin automatisch das Gerüst für die neue Unit mit dem Vorgabenamen UNIT1 eingetragen.

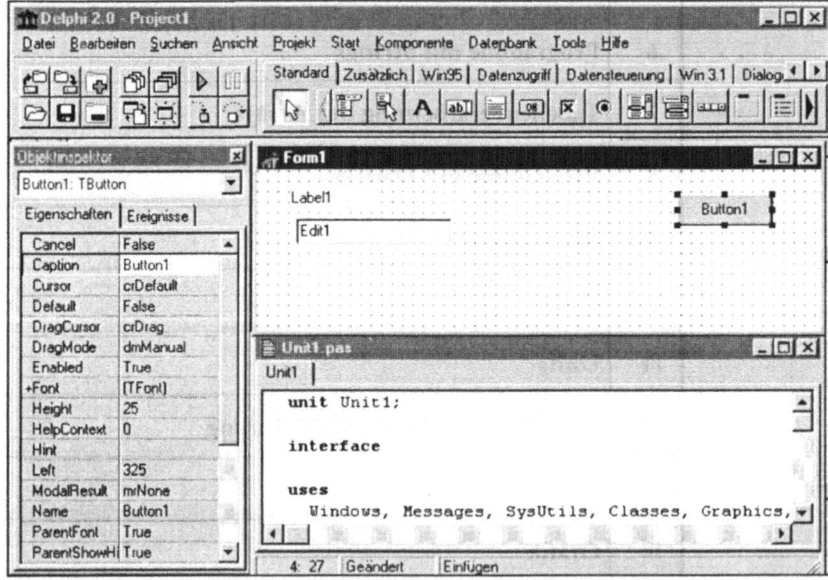

Bild 15.1: Die IDE von Delphi nach dem Starten (drei Komponenten sind aufgezogen)

Die IDE einrichten

Die Fenster lassen sich beliebig verschieben. Die obige Einteilung erscheint zweckmäßig: Formular (rechts) gestalten mittels Objektinspektor (links), und im Codefenster (unten) für die Ereignisprozeduren den Pascal-Code eingeben.

Problemstellung und Objektetabelle zu Unit BENZIN1.PAS

Arbeitsschritt 1 zum Erstellen eines Formulars

In einem Editfeld namens EditKilometer 210,5 als Kilometer und in EditLiter 16 Liter eingeben. Dann die Befehlsschaltfläche mit der 'Berechnen'-Aufschrift (Caption) anklicken, um den Verbrauch in EditVerbrauch anzeigen zu lassen.

Bild 15-2: Ausführung zu Unit BENZIN1.PAS

BENZIN1.PAS umfaßt also zehn Objekte: Ein Formular, das als Container-Objekt neun Komponenten als Steuerelement-Objekte aufnimmt.

Name:	Geänderte Eigenschaftswerte:	Ereignisse:
1 Form1	Name = 'FormBenzin1', Caption: = 'Benzin-Durch...'	
2 Label1	Caption: = 'Gefahrene Kilometer?'	
3 Label2	Caption: = 'Benzinverbrauch?'	
4 Label3	Caption: = 'Durchschnittsverbrauch:'	
5 Edit1	Name: = EditKilometer	
6 Edit2	Name: = EditLiter, Color: = clGrey	
7 Edit3	Name: = EditVerbrauch	
8 Button1	Name: = ButtonBerechnen, Caption: = 'Berechnen'	OnClick
9 Button2	Name: = ButtonLoeschen, Caption: = 'Löschen'	OnClick
10 Button3	Name: = ButtonBeenden, Caption: = 'Beenden'	OnClick

Bild 15.3: Objektetabelle zu Unit BENZIN1.PAS von Projekt BENZIN.DPR

Komponenten zum Formular hinzufügen (aufziehen)

Arbeitsschritt 2

In der Komponentenpalette "ab" doppelklicken, um Edit1 als Instanz eines Editfeldes im Formular erscheinen zu lassen. Dann Edit1 durch Ziehen der acht Anfasser positionieren. Entsprechend Bild 15.1 die Editfelder Edit2 und Edit3 aufziehen. Dann die drei Bezeichnungsfelder Label1, Label2 und Label3 sowie die drei Befehlsschaltflächen Button1, Button2 und Button3 aufziehen.

Die Eigenschaftswerte von Komponenten ändern bzw. anpassen

Arbeitsschritt 3: Jedes Objekt hat Eigenschaften

Den Button1 markieren und im Objektinspektor die Caption-Eigenschaft (Überschrift) von 'Button1' (Bild 15.1) in 'Berechnen' (Bild 15.4) ändern. Dann die Name-Eigenschaft in ButtonBerechnen ändern. Entsprechend der Objektetabelle in Bild 15.3 die voreingestellten Eigenschaftswerte der anderen anderen Komponenten ändern. Nur die Name-Eigenschaften der Label bleiben unverändert, da sie im Code nicht angesprochen werden.

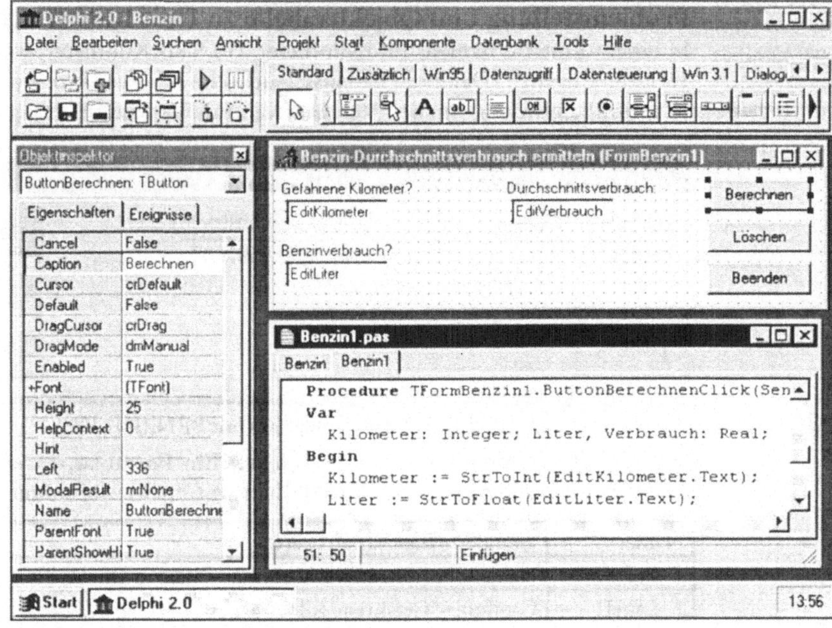

Bild 15.4: IDE von Delphi mit Unit BENZIN1.PAS zur Entwurfszeit (nach Schritt 4)

Ereignisprozeduren programmieren

Arbeitsschritt 4:
Bestimmten
Ereignissen
Pascal-Code
hinterlegen

Im Formularfenster auf den ButtonBerechnen doppelklicken (alternativ den Button markieren und im Ereignisse-Register des Objektinspektors das Click-Ereignis doppelklicken): Im Codefenster wird der Rumpf einer Ereignisprozedur (Event Handler) namens ButtonBerechnenClick erzeugt (siehe Bild 15.4). Darin den folgenden Pascal-Code mit sieben Zeilen eingeben:

```
Procedure TFormBenzin1.ButtonBerechnenClick(Sender: TObject);  {(1) }
Var
   Kilometer, Verbrauch: Real; Liter: Integer;
Begin
   Kilometer := StrToFloat(EditKilometer.Text);            {(2) Eingabe}
   Liter := StrToInt(EditLiter.Text);                      {(3) Eingabe}
   Verbrauch := Liter/Kilometer*100;                       {(4) Verarbeitung}
   EditVerbrauch.Text := FloatToStr(Verbrauch)             {(5) Ausgabe}
End;
```

(1) Delphi setzt den Namen einer Ereignisprozedur aus dem Komponentennamen (ButtonBerechnen), dem "." und dem Ereignis (Click) zusammen.

(2) Die Eingabe in eine Real-Variable übernehmen: Die Text-Eigenschaft von Editfeld EditKilometer (das ist der gemäß Bild 15.2 eingegebene String '210,5') durch die StrToFloat-Funktion in eine Real-Zahl umwandeln und der Variablen Kilometer zuweisen.

(3) Entsprechend (2) nun die eingegebenen 16 Liter in Variable Liter zuweisen.

(4) Den Benzinverbrauch "Liter/100 km" der Variablen Verbrauch zuweisen.

(5) Das Ergebnis in ein Editfeld ausgeben: Verbrauch mittels FloatToStr-Funktion in einen String umwandeln und der Text-Eigenschaft des Editfeldes EditVerbrauch zuweisen. '7,6009501187' wird angezeigt (siehe Bild 15.2).

Nun die beiden anderen Ereignisprozeduren ButtonLoeschen und ButtonBeenden programmieren, also im Codefenster eingeben (Code siehe unten).

Das Projekt ausführen

Arbeitsschritt 5 Über das Menü "Start/Start" die Ausführung beginnen. Die Delphi IDE wechselt vom Entwurfsbildschirm (Bild 15.1, 15.4) zum Ausführungsbildschirm (Bild 15.2). Zahlen eingeben, über ButtonBerechnen den Verbrauch anzeigen, über ButtonLoeschen die Editfeld-Inhalte löschen und über ButtonBeenden die Ausführung beenden.

Das Projekt mit allen Dateien speichern

Arbeitsschritt 6 Über den Menübefehl "Datei/Projekt speichern" den vorgegebenen Dateinamen UNIT1 (Bild 15.1) in BENZIN1 (Bild 15.4) und den vorgegebenen Projektnamen PROJECT1 in BENZIN ändern. Delphi speichert eine Unit BENZIN1.PAS und eine gleichnamige Form BENZIN1.DFM in der Projektdatei BENZIN.DPR ab (ein Projekt kann zahlreiche Units umfassen):

Datei:	Dateiinhalt:	Dateiformat:
BENZIN.DPR	Projektdatei. Liste der beteiligten Dateinamen.	Textdatei
BENZIN1.PAS	Pascal-Quellcode (Inhalt des Codefensters)	Textdatei
BENZIN1.DFM	Formulardesign (Inhalt des Formfensters)	Binärdatei
BENZIN.OPT	Projektoptionsdatei. Einstellungen zum Projekt	Textdatei
BENZIN.RES	Compiler-Ressourcendatei. Anwendungssymbol	Binärdatei
BENZIN.EXE	Vertriebsfähige Ausführungsdatei des Projekts	Binärdatei
BENZIN1.DCU	Unit-Objekt-Code. Für jede PAS eine DCU	Binärdatei

Bild 15.5: Dateien des Delphi-Projektes BENZIN.DPR

Später mit dem Menübefehl "Compiler/Compilieren" alle Quellcodedateien zu einer einzigen EXE-Datei als ausführbarer Projektdatei übersetzen.

BENZIN1.PAS unter Turbo/Borland Pascal versus Object Pascal

Das Programm BENZIN1.PAS in Kapitel 2.1.1 zeigt eine elementare, konventionelle *Dialogsteuerung*: Strenge Benutzerführung mit Eingabezwang. Der Benutzer hat keinerlei Freiheiten, das Programm diktiert bzw. grenzt ein.

Programmieraufwand groß Der Unit BENZIN1.PAS im vorliegenden Kapitel liegt die Philosophie der *Ereignissteuerung* zugrunde. Das Programm ist passiv und wartet, um auf Ereignisse, die der Benutzer auslöst, reagieren zu können. Der Benutzer hat alle Freiheiten – auch die, Falscheingaben vorzunehmen. Aus diesem Grunde ist der Programmieraufwand hier viel größer: Alle denkbaren Ereignisse müssen durch entsprechendem Code "beantwortet" werden – es sei denn, der Programmierer übernimmt die vom Delphi-System vorgegebenen Reaktionen.

15.2   Unter Delphi dialogorientiert programmieren

Vordefinierte Dialogfenster zur Eingabe bzw. Ausgabe nutzen

Delphi stellt mehrere Routinen zum Erzeugen von Dialogfenstern bereit. In
der Unit BENZIN2.PAS wird die Funktion InputBox verwendet, um eine Benutzereingabe über vordefinierte Dialogfenster (Dialogboxen, Formulare) zu
erzwingen. Die Funktion InputBox zeigt zwei Buttons und erwartet drei Parameter.

```
Function InputBox(Caption, Prompt, Default: String): String;
```

Das Ergebnis wird über ein Dialogfenster der Prozedur ShowMessage gezeigt:

```
Procedure ShowMessage(Meldung: String);
```

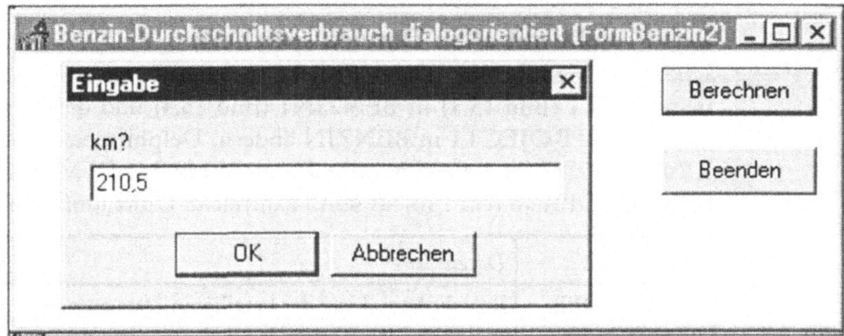

Bild 15.6: Ausführung zu BENZIN2.PAS (erstes InputBox-Dialogfenster angezeigt)

```
Procedure TFormBenzin2.ButtonBerechnenClick(Sender: TObject);
Const
  CrLf = Chr(13) + Chr(10);                        {Konstante für ShowMessage}
Var
  Kilometer, Verbrauch: Real; Liter: Integer;
Begin
  Kilometer := StrToFloat(InputBox('Eingabe','km?','')); {erste Eingabe}
  Liter := StrToInt(InputBox('','Liter?','70'));          {zweite Eingabe}
  Verbrauch := Liter/Kilometer*100;
  ShowMessage('Durchschnittsverbrauch:' + CrLf + FloatToStr(Verbrauch)
          +' Liter/100 km')                              {Ausgabe}
End;
```

Mit dem Menübefehl "Datei/Neues Formular" BENZIN2.PAS als Unit zum
Projekt BENZIN.DPR hinzufügen. Das Projekt (siehe Bild 15.5) umfaßt nun
die beiden Units BENZIN1.PAS und BENZIN2.PAS.

Einen Dialog über die Anweisungen ReadLn und WriteLn führen

Die unter Turbo Pascal bzw. Borland Pascal übliche textorientierte Dialogpro-
grammierung läßt sich auch unter Delphi realisieren: Dazu mit dem Menübefehl "Datei/Neu" eine Textfenster-Anwendung öffnen und in einem Textfenster zeilen- bzw. zeichenorientiert mit ReadLn und WriteLn codieren.

15.3 Unter Delphi objektorientiert programmieren

Der Code zur Unit BENZIN1.PAS zeigt verdeutlicht die strenge Objektorientierung des Object Pascal von Delphi. Nur die drei Ereignisprozeduren hat der Benutzer eingegeben; die übrigen Deklarationen hat Delphi erzeugt.

```
Unit Benzin1:                             {BENZIN1.PAS von BENZIN.DPR}
Interface                                 {Schnittstellen-Abschnitt der Unit}

Uses                                      {Deklarationen in Bibliotheken}
   Windows. SysUtils. Classes. Graphics. Controls. Forms. Dialogs. StdCtrls:

Type                                      {Beginn Typdeklaration der Form}
   TFormBenzin1 = class(TForm)            {(1)  }
      Label1: TLabel:
      EditKilometer: TEdit:
      ButtonBerechnen: TButton:
      Label2: TLabel:
      EditLiter: TEdit:
      Label3: TLabel:
      EditVerbrauch: TEdit:               {(2) Komponenten-Instanzvariablen }
      ButtonLoeschen: TButton:
      ButtonBeenden: TButton:
      Procedure ButtonBerechnenClick(Sender: TObject):  {(3) Ereignisprozedur}
      Procedure ButtonBeendenClick(Sender: TObject):
      Procedure ButtonLoeschenClick(Sender: TObject):
   Private
      { Private-Deklarationen }
   Public
      { Public-Deklarationen }
   End:                                   {Ende der Typdeklaration der Form}

Var
   FormBenzin1: TFormBenzin1:             {(4) Formvariable}

Implementation                            {Benutzer-Deklarationen}
{$R *.DFM}

Procedure TFormBenzin1.ButtonBerechnenClick(Sender: TObject):
   {Pascal-Code siehe Kapitel 15.1 oben}
End:

Procedure TFormBenzin1.ButtonBeendenClick(Sender: TObject):
Begin
   Close:
End:

Procedure TFormBenzin1.ButtonLoeschenClick(Sender: TObject):
Begin
   EditKilometer.Text := '':
   EditLiter.Text := '': EditVerbrauch.Text := '':
End:

Initialization                            {(5) Anfangswerte-Abschnitt optional}

End.
```

EditVerbrauch als Instanz des TEdit-Objekts

(1) Mit "Datei/Neue Anwendung" erzeugt Delphi ein neues Formular, genauer einen neuen Objekttyp TForm1 für das Formular:

```
Type TForm1 = Class(TForm) ...:
```

TForm ist seinerseits ein Objekt, das von anderen Objekten abgeleitet ist – bis hin zur Klasse TObject als dem grundlegenden Objekt von Delphi. Ändert der Programmierer die Name-Eigenschaft der Form von Form1 zu FormBenzin1 ab, dann paßt Delphi den Objekttyp (auch als Klasse bezeichnet) des Formulars zu TFormBenzin1 an. Wie die Typdeklaration zeigt, umfaßt der Formulartyp alle Komponenten (hier drei Label, drei Editfelder und drei Buttons), alle Ereignisprozeduren (hier drei) sowie die formlokalen (privaten) und globalen Deklarationen (hier leer).

(2) Sobald eine Komponente (z.B. Editfeld Edit3) auf dem Formular aufgezogen wird, deklariert Delphi eine Instanz des zugrundeliegenden Objekts (mit *Edit3:TEdit* wird für Edit3 der Objekttyp TEdit deklariert). Ändert der Benutzer die Name-Eigenschaft Edit3 in EditVerbrauch, dann paßt Delphi die Typvereinbarung automatisch zu *EditVerbrauch:TEdit* an. Für die Objektvariable bzw. Instanzvariable EditVerbrauch sind nun alle Eigenschaften (wie Color) und Methoden (wie SetFocus) des Objekttyps TEdit verfügbar.

(3) Diesen Prozedurkopf hat Delphi in die Typdeklaration eingetragen, sobald der Programmierer mit dem Codieren der Ereignisprozedur begonnen hat (beim Löschen der Prozedur entfernt Delphi den Kopf auch wieder). Über den Sender-Parameter (wiederum vom Delphi-Urtyp TObject) teilt Delphi der Prozedur mit, welche Komponente das Ereignis ausgelöst hat. Dies ist interessant, wenn verschiedene Komponenten auf die gleiche Ereignisprozedur (Event Handler) reagieren sollen.

(4) Der mit der Type-Anweisung deklarierte Objekttyp TFormBenzin1 ist zunächst eine reine Beschreibung; erst durch die Variablendeklaration wird daraus eine Instanz (auch als Objekt bezeichnet) namens FormBenzin1 gebildet. Diese Formvariable FormBenzin1 hat die komplette Funktionalität des Objekttyps übernommen bzw. geerbt. So auch die Ereignisprozeduren, die als Methoden des Formularobjekts ausgewiesen werden. ButtonBerechnenClick ist also eine Methode von TFormBenzin1:

```
TFormBenzin1.ButtonBerechnenClick          {Methode ButtonBerechnenClick}
```

(5) Object Pascal hat das Unit-Konzept von Turbo/Borland Pascal um den optionalen Initialization-Abschnitt erweitert: Der hier abgelegte Code wird unmittelbar nach dem Starten der Ausführung ausgeführt.

Aufgabe 15/1: Erstellen Sie das Projekt BENZIN.DPR mit den beiden Units BENZIN1.PAS und BENZIN2.PAS unter Delphi.

Aufgabe 15/2: "BENZIN1.PAS (Bild 15.2) entspricht nicht dem Programm BENZIN1.PAS von Kapitel 2.1.1, sondern dem um eine Schleife *Weitere Berechnung (j/n)?* erweiterten Programm". Beurteilen Sie diese Behauptung.

Turbo Pascal-Wegweiser
für Ausbildung und Studium

16.1   Bedienung des Turbo Pascal-Systems

16.1.1   Integrierte Entwicklungsumgebung

Die integrierte Entwicklungsumgebung IDE (Integrated Development Environment) von Turbo Pascal bzw. Borland Pascal auf zwei Arten aufrufen:

- Eingabe von TURBO startet mit TURBO.EXE die IDE im Real Mode (ab Version 4.0). TURBO.COM unter Turbo Pascal 3.0.
- Eingabe von TPX startet mit TPX.EXE die IDE im Protected Mode (zusätzlich verfügbar ab Version 7.0).

Bestandteile des IDE-Fensters

Menüleiste mit den Menüs "Datei", "Bearbeiten", ..., "Fenster" und ? (Hilfe) am oberen Fensterrand. Bis Version 6.0 englische Menünamen:

```
bis 6.0:File  Edit      Search Run  Compile Debug  Options  Window   Help
ab 7.0: Datei Bearbeiten Suchen Start Compiler Debug  Tools Option Fenster ?
```

Durch Anklicken oder mit den Tasten [Alt/Befehlsbuchstabe] ein Menü öffnen. Im "Compiler"-Menü wurde gerade der "Informationen"-Befehl aufgerufen. In der Fenstermitte erscheint das zugehörige Dialogfeld.

- Schließfeld (kleines Quadrat) in der oberen linken Ecke: Durch Anklicken, mit "Fenster/Schließen" oder [Alt/F3] das Fenster schließen.
- NONAME00.PAS als Fenstertitel in der Mitte oben.
- Fensternummer 1 und Zoomfeld [ ] zum Vergrößern/Verkleinern des Fensters oben rechts.

Beispiel-Fenster:
Informationen

- Das "*" unten links zeigt, daß die aktive Datei im Fenster verändert worden ist.
- 3:12 als Cursorposition (Zeile 3, Spalte 12). 1:1 für oben links.
- Bildlaufleisten am unteren und rechten Fensterrand, um den Fensterinhalt mit der Maus zu verschieben.
- "F1 Hilfe" in der Statuszeile unten am Fenster.

Dialogfenster in der IDE

Menüoptionen mit Fortsetzungspunkten "..." öffnen ein Dialogfenster. Oben erscheint das Dialogfenster von "Compiler/Informationen...:"

- Steuerungselemente: Schaltflächen, Markierungsfelder (mit Leertaste setzen), Aktionsschalter, Eingabefelder und Listen.

- Mit den Tasten [Tab] bzw. [Umschalt/Tab] zwischen Elementegruppen und mit den Pfeiltasten zwischen den einzelnen Elementen wechseln.

- Durch Anklicken der OK-Schaltfläche oder mittels [Return]-Taste das Dialogfenster schließen.

Datei TURBO.EXE mit der Entwicklungsumgebung

Integrierte Entwicklungsumgebung von Turbo Pascal ab Version 4.0. Folgende Minimalkonfiguration ist angezeigt:

10 Standard-
Units

- Systemdiskette mit TURBO.EXE, TURBO.TPL (Unit-Bibliothek mit den Standard-Units System, Dos, Crt, Printer, Graph, Graph3, Overlay (ab 5.0), Strings (ab 7), Turbo3 und WinDos (ab 7), INSTALL.EXE (ab 5.0) bzw. TINST.EXE (4.0).

- Arbeitsdiskette mit den Dateien TURBO.HLP (Hilfe-Texte), GRAPH-.TPU (Unit Graph) und Benutzerprogrammen.

Datei TURBO.TPL mit den Standard-Units

Diese Datei wird bei jedem Start der integrierten Entwicklungsumgebung bzw. IDE (TURBO.EXE, TPX.EXE) wie auch der Kommandozeilen-Version (TPC.EXE) automatisch geladen, um die Standard-Units bereitzustellen. Mit Ausnahme der Unit System müssen diese durch eine USES-Anweisung aktiviert werden (z. B. USES Crt). TURBO.TPL (Turbo Pascal Library) sollte im gleichen Verzeichnis wie TURBO.EXE gespeichert sein.

16.1.2   Optionen beim Starten von Turbo Pascal

TURBO [Parameter] Dateiname
Die integrierte Entwicklungsumgebung (IDE) von Turbo Pascal im Real Mode aufrufen. Dabei können beim Starten von Turbo Pascal die umseitig angegebenen *Kommandozeilen-Parameter* durch Leerzeichen getrennt angeben (Pluszeichen " + " oder Leerzeichen " " zum Einschalten der Option, Minuszeichen "-" nach der Option zum Abschalten).

<table>
<tr><td rowspan="17">Kommando-
zeilen-
Parameter</td></tr>
</table>

Parameter:	*Standard:*	*Zweck:*
/C	????	Die Konfigurationsdatei (Config) laden
/D	????	Mit zwei Monitoren (Display) arbeiten
/E	/E28	Die Größe des Heap für den Editor ändern
/F	/F0	Swap-Datei für den Laufzeitmanager RTM.EXE angeben (/F2048 für 2 MB-Swap)
/G	????	Option "Grafikspeicher sichern" an
/L	/L-	Auf das LCD-Display umschalten
/N	/N+	CGA-Bildschirmspeicher-Prüfroutine an
/O	/O112	Den Overlayspeicher einstellen
/P	????	Die Farbpalette zwischenspeichern
/R	????	Das letzte Verzeichnis aktivieren
/S	????	Einen Zwischenspeicher angeben
/T	/T+	Die Datei TURBO.TPL beim Starten laden
/W	/W32	Die Größe des Heap für Fensterspeicher
/X	/X+	Den EMS-Speicher aktivieren
/Y	/Y+	Compiler merkt sich zwischen den Compilierungen Informationen über Symbole (nur bei TPX.EXE)

In einer Konfigurationsdatei TURBO.TP bzw. TPX.TP (ab 7.0) lassen sich alle im "Option"-Menü eingestellten Optionen, alle Einstellungen von "Suchen/Suchen" nach, alle Hilfedateien und der Name der Hauptdatei speichern, um beim Aufrufen von TURBO.EXE bzw. TPX.EXE übernommen zu werden. Vorgehen:

1. Den Befehl "Option/Speichern" wählen.
2. Den Namen der Konfigurationsdatei eingeben und mit OK beenden.

TPX [/Startparameter][Dateinamen]
Die Integrierte Entwicklungsumgebung IDE durch Aufruf von TPX.EXE starten, wobei die Dateien DPMI16BI.OVL und RTM.EXE im gleichen Pfad verfügbar sein müssen. Startparameter siehe TURBO. Siehe IDE.
– TPX.TP als zugehörige Konfigurationsdatei.
– Kommandozeilen-Parameter siehe oben unter TURBO.

16.1.3 Compiler-Befehle

Compiler-Befehle weisen den Compiler zur Übersetzungszeit an, bestimmte Operationen auszuführen.

– Compiler-Befehle lassen sich 1. als Kommentar {$.....} im Quellcode, 2. über einen Menübefehl oder 3. als Kommandozeilen-Parameter eingeben.
– Compiler-Befehle umfassen *Schalter*, *Parameter* bzw. *Bedingungen*.

{$A+} oder {A-}
Variablen im Speicher ausrichten (Globaler Schalter)
Für {$A+} werden Variablen (außer Char und Byte) von Linker und Compiler so im Speicher angeordnet, daß der durch sie belegte Bereich an einer geradzahligen Adresse beginnt (Datenausrichtung an Word-Grenzen). {$A+} als Voreinstellung.

{$B+} oder {$B-}
Boolesche Ausdrücke auswerten (lokaler Schalter)
Die Code-Erzeugung bei der Auswertung zusammengesetzter Ausdrücke mit den Operatoren AND und OR kontrollieren. {$B+} zur Komplettauswertung logischer Ausdrücke. {$B-} zum Kurzschlußverfahren (short circuit). Beispiel: sobald ein Teil einer AND-Operation den Wert False ergibt, wird der Ausdruck nicht weiter ausgewertet. {$B-} als Voreinstellung.
{$B+} nur für Version 3.0: Auswahl des I/0-Modus.

{$D+} oder {$D-}
Information zur Fehlersuche erzeugen (globaler Schalter)
Beim Compilieren einer Unit wird die Information in der TPU-Datei abgelegt. Beim Compilieren eines Programms wird die Information im RAM (Compile to Memory) bzw. in einer TPM-Datei (Compile to EXE-File bei gesetztem Schalter {$T+}) abgelegt. {$D+} als Voreinstellung.
{$D+}-Befehl nur für Version 3.0: Grafik-Überprüfung.

{$E+} oder {$E-}
Emulator für den Coprozessor 8087 (globaler Schalter)
Die Routinen festlegen, die im Modus {N+} zur Steuerung des Coprozessors in ein Programm einzubinden sind. Mit {$E+} als Voreinstellung wird der komplette Emulator aufgenommen. Für {$N-} wird der Emulator {$E+} ignoriert.

{$F+} oder {$F-}
FAR-Aufrufe erzwingen (lokaler Schalter)
Mit {$F-} werden Prozeduren und Funktionen nur dann als FAR aufgerufen, wenn sie im Interface-Teil einer Unit stehen. {$F+} arbeitet immer mit FAR-Aufrufen.
Ab Version 5.0: Jedem mit Overlays arbeitenden Programm bzw. Unit ist {$F+} voranzustellen. {$F-} als Voreinstellung.
{$F...} nur für Version 3.0: Anzahl der offenen Dateien.

{$G+} oder {G-}
Code für den Prozessor 80286 erzeugen (lokaler Schalter)
Mit {$G+} werden (nur im Real-Mode) 80286-Opcodes bei der Codeerzeugung benutzt. {$G-} als Voreinstellung.

{$I Dateiname}

Include

Include-Datei einfügen (lokaler Parameter)
Eine Datei in die Compilierung einschließen. Mit {$I Zins1.Pas} fügt der
Compiler die Datei Zins1.PAS genau an die Stelle des Quelltextes ein, an der
der Befehl {$I Zins1.PAS} steht.

{$I+} oder {$I-}

I/O-Fehler automatisch abprüfen (lokaler Schalter)
Mit {$I+} liefert der Compiler nach jedem Ein-/Ausgabebefehl einen Prüf-
code, um das Programm ggf. mit einer Fehlermeldung abzubrechen. Mit {$I-}
wird die Fehlerbehandlung vom Programmierer übernommen (siehe Funktion
IOResult). {$I+} als Voreinstellung. {$I+} nur für Version 3.0: Eingabe-
Datei-Pufferung.

{$IF Bedingung}

Quelltext bedingt compilieren (Parameter)
Mit zwei Konstrukten können Teile des Quelltextes von der Compilierung
ausgeschlossen bzw. in die Compilierung einbezogen werden (bedingte Compilierung). Den Quelltext Text1 nur dann compilieren, wenn die Bedingung
Bed wahr ist:

```
{$IF Bed} Text1 {$ENDIF}
```

Entweder den Pascaltext Text1 oder Text2 compilieren:

```
{$IF Bed} Text1 {$ELSE} Text2 {$ENDIF}
```

Übersicht der Compiler-Befehle zum bedingten Compilieren:

```
{$DEFINE Symbolname}        definiert das Symbol
{$ELSE}           ·          beginnt einen ELSE-Teil
{$ENDIF}                     beendet das letzte {$IF....}
{$IFDEF Symbolname}         erfaßt definierten Text(für IF symbol DEFined)
{$IFNDEF Symbolname}        erfaßt undefinierten Text (IF symbol Not
DEFined)
{$IFOPT x+}                 Befehl x eingestellt: folgenden Text compilieren
{$UNDEF Symbolname}         löscht das DEFINE-Symbol
```

{$L Dateiname}

Die genannte Objekt-Datei einbinden (lokaler Parameter)
Mit {$L Zins6} nimmt der Linker die im Intel-Object-Format mit einem As-
sembler erzeugte Objekt-Datei Zins6.OBJ in das Programm auf. Bezeichner
müssen als PUBLIC (in der Objekt-Datei) bzw. als EXTERNAL (im Pascal-
Quelltext) vereinbart sein.

{$L+} oder {$L-}

Lokale Symbole aufnehmen (globaler Schalter)
In der Voreinstellung {$L+} berücksichtigt der Compiler neben den lokalen
Variablen, Konstanten und Datentypen des jeweiligen Modus auch die im
Unit-Implementationsteil deklarierten Namen. {$L-} schließt lokale Namen
aus. Bei {$D-} wird {$L+} ignoriert.

{$L+} oder {$L-}
Link-Puffer bereitstellen (globaler Schalter)
Mit {$L+} werden die beim Linken erzeugten temporären Dateien im RAM
zwischengespeichert. Mit {$L-} wird auf Diskette zwischengespeichert. {$L+}
als Voreinstellung.

{$M S,Hmin,Hmax}
Größe von Stack und Heap einstellen (globaler Parameter)
Mit S (Stack size) Platz für den Stack reservieren (zwischen 1024 und 65520).
Mit Hmin (Low Heap Limit) und Hmax (High Heap Limit) einstellen, wieviel
Platz minimal bzw. maximal für den Heap belegt werden soll. {$M 16384, 0,
655360} als Voreinstellung.

{$N+} oder {$N-}
Numerische Datentypen bereitstellen (globaler Schalter)
Mit {$N+} werden durch Ansteuerung eines Coprozessors die zusätzlichen
Real-Typen Single, Double, Extended und Comp bereitgestellt. Mit {$N-}
steht nur der Datentyp Real zur Verfügung. Ab Version 5.0: der Befehl ist
auch ohne Coprozessor möglich (Voraussetzung: {$E+}). {$N-} als Voreinstellung.

{$O+} oder {$O-}
Overlay-Prüfung vornehmen (globaler Schalter)
Mit der Einstellung {$O+} macht der Compiler Units Overlay-fähig, d. h. er
prüft (und speichert) die Übergabe von String- und Set-Konstanten. Voreinstellung ist {$O-}.

{$O Unitname}
Overlay-Deklarationen durchführen (lokaler Parameter)
Mit der Vereinbarung eines Overlays wird der Linker angewiesen, den Code
nicht in das Programm, sondern in eine OVR-Datei zu speichern. Der Unitna-
me muß zuvor mit USES benannt und mit {$O+} compiliert worden sein.
Kein zugehöriger Menübefehl.

{$P+} oder {$P-}
Offene Parameter ermöglichen (lokaler Schalter)
Mit {$P+} werden offene String-Parameter und Array-Parameter in Prozedur-
bzw. Funktionsvereinbarungen ermöglicht. Mit {$P-} als Voreinstellung sind
diese Parameter nicht zugelassen.
Siehe OpenString und Parameter.

{$Q+} oder {$Q-}
Bereichsüberlaufprüfung (lokaler Schalter)
Mit {$R+} wird die Erzeugung von Prüfcode für Bereichsüberläufe eingeschal-
tet. Mit {$Q-} als Voreinstellung wird kein Prüfcode erzeugt.

{$R+} oder {$R-}
Indexbereichs-Grenzen überprüfen (lokaler Schalter)
Mit {$R+} wird bei jeder Zuweisung an Array-, Set-, Aufzähl- und Unterbereichstypen die Gültigkeit geprüft und ggf. mit Laufzeitfehlerangabe unterbrochen (Verlangsamung, deshalb nur in der Testphase). Mit {$R-} als Voreinstellung wird kein Prüfcode erzeugt.

{$S+} oder {$S-}
Stack-Speicherplatz überprüfen (lokaler Schalter)
Mit {$S+} wird vor jedem Unterprogrammaufruf geprüft, ob genügend Platz für lokale Variablen, Rückkehradressen usw. auf dem Stack vorhanden ist. Mit {$S-} wird ohne Prüfung auf den Stack zugegriffen. {$S+} als Voreinstellung.

{$T+} oder {$T-}
TPM-Datei erzeugen (globaler Schalter)
Mit {$T+} wird beim Compilieren eine TPM-Datei erzeugt, die später über das Programm TPMAP.EXE gelesen werden kann, um eine MAP-Datei bereitzustellen. Dabei muß {$D+} eingestellt worden sein. {$T-} als Voreinstellung.

{$T+} oder {$T-}
Bei Zeigern den Typ überprüfen (globaler Schalter, ab 7.0).
Mit {$T+} werden Zeiger bei Verwendung des @-Operators auf ihren Typ überprüft. {$T-} als Voreinstellung nimmt keine Prüfung vor.

{$U Dateiname}
Unit-Dateiname angeben (lokaler Parameter)
Dieser Befehl nennt dem Compiler die Dateien, in denen benutzerdefinierte Units zu suchen sind, die nicht in TURBO.TPL stehen.

```
    USES {$U b:\V} Vers;       {Unit Vers in Datei V.TPU suchen}
    USES {$U a:\V.BIB} Vers;   {Unit Vers in Datei V.BIB suchen}
```

{$V+} oder {$V-}
Stringlänge überprüfen (lokaler Schalter)
Mit {$V+} wird beim Prozeduraufruf die Stringlänge der aktuellen Parameter mit der Länge der formalen Parameter verglichen und ggf. ein Fehler gemeldet (strict). Mit {$V-} muß die Länge der als VAR-Parameter übergebenen Strings nicht gleich sein (relaxed). {$V+} als Voreinstellung.

{$X+} oder {$X-}
Die erweiterte Syntax verwenden (globaler Schalter)
Funktion ist als Anweisung aufrufbar (also kein Funktionsergebnis). ptr^.Feld ist als ptr.Feld abkürzbar (also anderes Zeigersymbol). {$X-} als Voreinstellung.

{$Y+} oder {$Y-}
Symbolreferenz-Information (globaler Schalter)
Information über Symbolreferenzen (Tabellen mit Zeilennummern aller Vereinbarungen sowie Referenzen auf die Symbole in einem Modul) erzeugen: Funktion als Anweisung aufrufbar (also kein Funktionsergebnis). ptr^.Feld als ptr.Feld abkürzbar (also anderes Zeigersymbol). {$X-} als Voreinstellung.

16.1.4 Reservierte Wörter

Die reservierten Wörter dürfen vom Benutzer nicht als neue bzw. eigene Bezeichner verwendet werden:

AND	ARRAY	ASM	BEGIN
CASE	CONST	CONSTRUCTOR	DESTRUCTOR
DIV	DO	DOWNTO	ELSE
END	FILE	FOR	FUNCTION
GOTO	IF	IMPLEMENTATION	IN
INLINE	INTERFACE	LABEL	MOD
NIL	NOT	OBJECT	OF
OR	PACKED	PROCEDURE	PROGRAM
RECORD	REPEAT	SET	SHL
SHR	STRING	THEN	TO
TYPE	UNIT	UNTIL	USES
VAR	WHILE	WITH	XOR

Verzeichnis der reservierten Wörter des integrierten Assemblers

Als Operanden der Befehle des integrierten Assemblers haben folgende Wörter eine besondere Bedeutung; sie haben Vorrang vor benutzerdefinierten Bezeichnern. Die Variable CH spricht man durch Voranstellen von & (Et-Zeichen) an. Siehe Anweisung ASM.

AH	BL	CL	DL	FAR	NOT	SEG	SS
AL	BP	CS	DS	HIGH	OFFSET	SHL	ST
AND	BX	CX	DWORD	LOW	OR	SHR	TBYTE
AX	BYTE	DH	DX	MOD	PTR	SI	TYPF
BH	CH	DI	ES	NEAR	QWORD	SP	WORD
							XOR

16.1.5 Fehlermeldungen zur Laufzeit

1	Invalid function number	157	Unknown media type
2	File not found	158	Sector Not Found
3	Path not found	159	Printer out of paper

```
  4   Too many open files              160   Device write fault
  5   File access denied               161   Device read fault
  6   Invalid file handle              162   Hardware failure
 12   Invalid file access code         200   Division by zero
 15   Invalid drive number             201   Range check error
 16   Cannot remove current directory  202   Stack overflow error
 17   Cannot rename across drives       203   Heap overflow error
100   Disk read error                  204   Invalid pointer operation
101   Disk write error                 205   Floating point overflow
102   File not assigned                206   Floating point underflow
103   File not open                    207   Invalid floating point operat.
104   File not open for input          208   Overlay manager not installed
105   File not open for output         209   Overlay file read error
106   Invalid numeric format           210   Object not initialized
150   Disk is write-protected          211   Call to abstract method
151   Bad drive request struct length  212   Stream registration error
152   Drive not ready                  213   Collection index out of range
154   CRC error in data                214   Collection overflow error
156   Disk seek error
```

16.1.6   Fehlermeldungen des Compilers

```
  1   Out of memory
  2   Identifier expected
  3   Unknown identifier
  4   Duplicate identifier
  5   Syntax error
  6   Error in real constant
  7   Error in integer constant
  8   String constant exceeds line
  9   Too many nested files
 10   Unexpected end of file

 11   Line too long
 12   Type identifier expected
 13   Too many open files
 14   Invalid file name
 15   File not found
 16   Disk full
 17   Invalid compiler directive
 18   Too many files
 19   Undefined type in pointer def
 20   Variable identifier expected

 21   Error in type
 22   Structure too large
 23   Set base type out of range
 24   File components may not be files or objects
 25   Invalid string length
 26   Type mismatch
 27   Invalid subrange base type
 28   Lower bound > than upper bound
```

```
29   Ordinal type expected
30   Integer constant expected

31   Constant expected
32   Integer or real constant expected
33   Pointer Type identifier expected
34   Invalid function result type
35   Label identifier expected
36   BEGIN expected
37   END expected
38   Integer expression expected
39   Ordinal expression expected
40   Boolean expression expected

41   Operand types do not match
42   Error in expression
43   Illegal assignment
44   Field identifier expected
45   Object file too large
46   Undefined EXTERN
47   Invalid object file record
48   Code segment too large
49   Data segment too large
50   DO expected

51   Invalid PUBLIC definition
52   Invalid EXTRN definition
53   Too many EXTRN definitions
54   OF expected
55   INTERFACE expected
56   Invalid relocatable reference
57   THEN expected
58   TO or DOWNTO expected
59   Undefined forward
60   Too many procedures

61   Invalid typecast
62   Division by zero
63   Invalid file type
64   Cannot read or write vars of this type
65   Pointer variable expected
66   String variable expected
67   String expression expected
68   Circular unit reference
69   Unit name mismatch
70   Unit version mismatch

71   Duplicate unit name
72   Unit file format error
73   Implementation expected
74   Constant and case types don't match
75   Record variable expected
76   Constant out of range
77   File variable expected
78   Pointer expression expected
79   Integer or real expression expected
```

```
 80   Label not within current block
 81   Label already defined
 82   Undefined label in preceding stmt part
 83   Invalid @@ argument
 84   UNIT expected
 85   ":" expected
 86   ":" expected
 87   "." expected
 88   "(" expected
 89   ")" expected
 90   "=" expected

 91   ":=" expected
 92   "[" or "(." expected
 93   "]" or ".)" expected
 94   "." expected
 95   ".." expected
 96   Too many variables
 97   Invalid FOR control variable
 98   Integer variable expected
 99   Files and procedure types are not allowed here
100   String length mismatch

101   Invalid ordering of fields
102   String constant expected
103   Integer or real variable expected
104   Ordinal variable expected
105   INLINE error
106   Character expression expected
107   Too many relocation items
112   CASE constant out of range
113   Error in statement
114   Cannot call an interrupt procedure
116   Must be in 8087 mode to compile
117   Target address not found
118   Include files are not allowed here
120   NIL expected

121   Invalid qualifier
122   Invalid variable reference
123   Too many symbols
124   Statement part too large
126   Files must be var parameters
127   Too many conditional symbols
128   Misplaced conditional directive
129   ENDIF directive missing
130   Error in initial conditional defines

131   Header does not match previous definition
132   Critical disk error
133   Cannot evaluate this expression
134   Expression incorrectly terminated
135   Invalid format specifier
136   Invalid indirect reference
137   Structured variables are not allowed here
138   Cannot evaluate without System unit
```

```
139   Cannot access this symbol
140   Invalid floating-point operation
141   Cannot compile overlays to memory
142   Procedure or function variable expected
143   Invalid procedure or function reference
144   Cannot overlay this unit
145   Too many nested scopes
146   File access denied
147   object type expected
148   Local object types are not allowed
149   Virtual expected
150   Method identifier expected

151   Virtual constructors are not allowed
152   Constructor identifier expected
153   Destructor identifier expected
154   Fail only allowed within constructors
155   Invalid combination of opcode and operands
156   Memory reference expected
157   Cannot add or subtract relocatable symbols
158   Invalid register combination
159   286/287 instructions are not allowed
160   Invalid symbol reference
161   Code generation error
162   asm expected
```

16.1.7   Tastenkombinationen

Hot Keys für die Menüzeile bzw. Menüleiste (bis 6.0)

```
Alt-Space    _ (System)        Alt-O    Options
Alt-C        Compile           Alt-R    Run
Alt-D        Debug             Alt-S    Search
Alt-E        Edit              Alt-W    Window
Alt-F        File              Alt-X    Von Turbo Pascal zu DOS
Alt-H        Help              F10      Menüleiste aktivieren
```

Hot Keys für den Editor

```
Tasten:      Zweck:                                                    Menübefehl:

Strg/Entf    Markierten Text löschen (ohne Kopie ins Clipb.      Edit/Clear
Strg/L       Letzten Suche/Ersetzen-Befehl wiederholen           Search/S. Again
Alt/S R      Suche/Ersetze-Dialog öffnen                         Search/Replace
Alt/S F      Suche-Dialog öffnen                                 Search/Find
   F2        Die Datei im aktiven Editorfenster sichern          File/Save
   F3        Das Dialogfenster öffnen, um eine Datei zu laden    File/Open
Shift/Entf   Markierten Text ins Clipboard kopieren              Edit/Cut
Shift/Einfg  Text aus Clipboard ins aktive Fenster kopieren      Edit/Paste
```

Hot Keys für den Debugger

```
Tasten:    Zweck:
F1         Hilfe, die sich auf die Cursorposition bezieht, aufrufen
F4         Das Programm ausführen und an Cursorzeile anhalten
F5         Das aktives Fenster zoomen bzw. "unzoomen"
F6         Das aktives Fenster wechseln
F7         Trace-Lauf durch die aufgerufenen Funktionen/Prozeduren durchführen
F8         Den Funktions- oder Prozeduraufruf nicht verfolgen
F10        Die Menüzeile am oberen Bildschirmrand aktivieren
Strg/F2    Das Programm zurücksetzen
Strg/F3    Die Aufruf-Reihenfolge anzeigen
Strg/F4    Den Ausdruck berechnen und evtl. ändern
Strg/F7    Den Ausdruck ins Watch-Fenster zusätzlich aufnehmen
Strg/F8    Breakpoints löschen bzw. setzen
Strg/F9    Programm bis zum Breakpoint ausführen (ggf.ein Make durchführen)
Alt/F5     Zum Ausgabebildschirm umschalten (Ausführungsdialog betrachten)
Alt/F6     Zwischen den offenen Fenstern umschalten
Alt/C      Das Compile-Menü aktivieren
Alt/D      Das Debug-Menü aktivieren
Alt/R      Das Run-Menü aktivieren
```

Hot Keys für das Fenster-Management

```
Tasten:    Zweck:                                             Menübefehl:
Alt/0      Liste mit allen offenen Fenstern anzeigen          Window/List
Alt/F3     Das aktive Fenster schließen                       Window/Close
Alt/F5     Von Ausgabebildschirm zum Editor wechseln          Window/User Screen
F5         Das aktive Fenster zoomen (größer/kleiner)         Window/Zoom
F6         Zum nächsten Fenster umschalten                    Window/Next
Alt/F6     Zum vorher aktiven Fenster umschalten              Window/Previous
Strg/F5    Größe, Position des aktiven Fensters ändern        Window/Size Move
```

Hot Keys für Hilfen

```
Tasten:    Zweck:                                             Menübefehl:
F1         Hilfebildschirm zum aktiven Fenster anzeigen
Shift/F1   Den Hilfeindex (Inhaltsverzeichnis) anfordern      Help/Index
Strg/F1    Im Editor den Pascal-Hilfebildschirm anzeigen      Help/Topic Search
Alt/F1     Den letzten Hilfebildschirm nochmal anzeigen       Help/Previous Top
```

Hot Keys für das Programm-Management

```
Tasten:    Zweck:                                             Menübefehl:
Strg/F2    Das laufende Programm zurücksetzen                 Run/Program Reset
Strg/F3    Die Reihenfolge der Aufrufe anzeigen               Window/Call Stack
Strg/F4    Den Ausdruck berechnen bzw. ändern                 Debug/Evaluate Modi
Strg/F7    Den Ausdruck ins Watch-Fenster aufnehmen           Debug/Add Watch
Strg/F8    Einen Breakpoint setzen bzw. löschen               Debug/Toggle Breakp
Strg/F9    Das aktive Programm ausführen                      Run/Run
Alt/F9     Das aktive Programm übersetzen                     Compile/Compile
F4         Programm bis Cursorposition ausführen              Run/Go To Cursor
F7         Trace-Lauf durch aufgerufene Routinen              Run/Trace Into
F8         Aufrufe von Routinen übergehen                     Run/Step Over
F9         Ein Make durchführen                               Compile/Make
```

Tasten zur Cursorbewegung für den Editor

Zeichen links	Strg/S
Zeichen rechts	Strg/D
Wort links	Strg/A
Wort rechts	Strg/F
Zeile hoch	Strg/E
Zeile runter	Strg/X
Vorherige Seite	Strg/R
Nächste Seite	Strg/C
Zeilenanfang	Pos1
Zeilenende	Ende
Fensterobergrenze	Strg/Pos1
Fensteruntergrenze	Strg/Ende
Dateianfang	Strg/Bild hoch
Dateiende	Strg/Bild ab

Tasten zum Einfügen und Löschen für den Editor

Zeichen löschen	Entf
Zeichen links löschen	Rück
Zeile löschen	Strg/Y
Bis Zeilenende löschen	Strg/QY
Wort löschen	Strg/T
Zeile einfügen	Strg/N
Einfügemodus ein/aus	Einfg

Tasten zur Blockverarbeitung im Editor

Blockanfang	Strg/KB
Blockende	Strg/KK
Block hell/dunkel	Strg/KH
Zeile markieren	Strg/KL
Wort markieren	Strg/KT
Block drucken	Strg/KP
Block löschen	Strg/KY
Block kopieren	Strg/KC
Block verschieben	Strg/KV
Block löschen	Strg/Entf
Block von Diskette lesen	Strg/KR
Block auf Diskette schreiben	Strg/KW
Block ausrücken	Strg/KU
Block einrücken	Strg/KI
Kopieren in Zwischenablage	Strg/Einfg
Ausschneiden in Zwischenablage	Umschalt/Entf
Einfügen in die Zwischenablage	Umschalt/Einfg

Besondere Tasten für den Editor

Automatischer Zeileneinzug ein/aus	Strg/OI
Cursormodus durch Tabs ein/aus	Strg/OR
Turbo Pascal beenden	Alt/X
Marke n suchen	Strg/Qn
Hilfe	F1
Hilfe-Index	Umschalt/F1
Hilfe kontextbezogen	Strg/F1
Steuerzeichen einfügen	Strg/P
Maximale Fenstergröße	F5
Datei öffnen	F3
Mit Tabs füllen ein/aus	Strg/OF
Begrenzerpaare suchen	Strg/Q[, Strg/Q]
Datei sichern	F2
Suchen	Strg/QF
Suche wiederholen	Strg/L
Suchen und Ersetzen	Strg/QA
Marke n=0-9 setzen	Strg/Kn
Tabulatormodus ein/aus	Strg/OT
Befehl rückgängig	Alt/Rück
Ausrückmodus ein/aus	Strg/OU
Compilerbefehle einfügen	Strg/OO

16.2 Datentypen und Datenstrukturen

ARRAY
ARRAY[Indextyp] OF Elementtyp;
Datenstruktur Array als Folge von Elementen gleicher Datentypen. Der Indextyp muß abzählbar sein (Integer, Byte, Char, Boolean, Aufzähl-/Unterbereichstyp). Der Elementtyp ist einfach oder strukturiert. [ ] ggf. als (. .) schreiben. 10-Elemente-Integer-Array mit impliziter Typvereinbarung:
```
VAR Umsatz: ARRAY[0..9] OF Integer;
```
Explizite Typvereinbarung als Voraussetzung zur Übergabe einer Arrayvariablen als Prozedurparameter:
```
TYPE
   Indextyp = 0..9; Elementtyp = 500..2000;
   Umsatztyp = ARRAY[Indextyp] OF Elementtyp;
VAR Umsatz: Umsatztyp;
```

Boolean
VAR Variablenname: Boolean;
Vordefinierter Datentyp für Wahrheitswerte True (wahr) und False (unwahr).

Eine Variable namens Ende belegt ein Byte Speicherplatz:
```
VAR Ende: Boolean;
```
Ende wird jeweils True gesetzt, wenn man 'ja' eintippt:
```
Ende := Tastatureingabe = 'ja';
```
Der Datentyp ist wie folgt vordefiniert:

TYPE Boolean = (True,False);

Byte

VAR Variablenname: Byte;

Vordefinierter Datentyp für ganze Zahlen zwischen 0 und 255. Der Byte-Typ ist zu den anderen Integer-Typen (Integer, LongInt, ShortInt und Word) kompatibel. Eine Byte-Variable belegt nur ein Byte Speicherplatz:
```
VAR Nummer: Byte;
```
Byte-Variablen verwendet man für Zähler sowie zum Direktzugriff auf Speicherstellen. Der Datentyp ist wie folgt vordefiniert:

TYPE Byte - 0..255;

Char

VAR Variablenname: Char;

Vordefinierter Datentyp für 256 Zeichen gemäß ASCII-Code (Char für Character bzw. Zeichen). Die Variable Zeichen belegt ein Byte:
```
VAR Zeichen: Char;
```
Char-Konstanten werden durch ' ' dargestellt (siehe nächste Seite).
```
WriteLn('d','?','$',' ');
```
Kontrollcode mit Caret (^7 = Bell, ^J = LF, ^M = CR):
```
Write(^7,^7,^J,^M,^7);
```
Gleichen Kontrollcode mit # und ASCII-Nr ausgeben:
```
WriteLn(#7, #7, #10, #13, #7);
```
Gleichen Kontrollcode mit $ und Hex-Werten ausgeben:
```
WriteLn(#$07, #$07, #$0A, #$0D, #$07);
```


Comp

VAR Variablenname: Comp:

Vordefinierter Real-Datentyp mit einem Wertebereich von (-2 hoch 63) bis (2 hoch 63 - 1) bzw. (-9.2E18) bis (9.2*E18), der einen Coprozessor voraussetzt.

CONST

Das reservierte Wort CONST dient zur Vereinbarung von Konstanten.

CONST Konstantenname = konstanter Wert;
Auf eine mit CONST vereinbarte Konstante wird später nur lesend zugegriffen. Anstelle der Zahlen 14 und 3.5 werden Namen verwendet:
```
CONST Mehrwertsteuersatz = 14; TreueRabatt = 3.5;
```

Konstante Ausdrücke (ab Version 5.0): An jeder Stelle, an der eine Konstante stehen darf, kann ein Ausdruck angegeben werden. Beispiele:

```
CONST Proz = 14/100; Preiserhoehung = 10+2.5;
```

CONST Typkonstantenname: Typ = Anfangswert;
Eine Typkonstante (typed constant) wird als initialisierte Variable verwendet. In der CONST-Vereinbarung ordnet man jedem Namen einen Datentyp und Anfangswert zu, um später lesend wie schreibend zuzugreifen. Bezeichnung als eine Variable, die später änderbar ist:

```
CONST Bezeichnung: STRING[30] = 'Clematis';
```

Double
VAR Variablenname: Double;
Vordefinierter Real-Datentyp mit einem Wertebereich von 5.0*E-324 bis 1.7*10E+308 und einer Genauigkeit von 15-16 Stellen. Es wird ein numerischer Coprozessor vorausgesetzt.

Extended
Var Dateiname: Extended;
Vordefinierter Real-Datentyp mit einem Wertebereich von 1.9*E-4951 bis 1.1*E+4932 und einer Genauigkeit von 19-20 Stellen. Es wird ein numerischer Coprozessor vorausgesetzt.

Integer-Datentypen
Neben Integer sind Byte, Word, ShortInt und LongInt zur Speicherung ohne Nachkommastellen vordefiniert.

Fünf Integers

```
Integer-Datentyp:     Wertebereich:                Speicherplatz:

Byte              0 bis 255                    1 Byte
Word              0 bis 65535                  2 Bytes bzw. 1 Wort
ShortInt          -128 bis 127                 1 Byte
Integer           -32768 bis 32767             2 Bytes bzw. 1 Wort
LongInt           -2147483648 bis 2147483647   4 Bytes bzw. 1 Doppelwort
```

Integer
VAR Variablenname: Integer;
Vordefinierter Datentyp für die ganzen Zahlen zwischen -32768 und +32767. In der Standard-Variablen MaxInt wird 32767 als größte Integer-Zahl bereitgestellt. Neben Integer sind ab Pascal 4.0 die ganzzahligen Typen Byte, LongInt, ShortInt und Word verfügbar. Integer belegt intern zwei Bytes bzw. ein Wort.

```
VAR Anzahl: Integer;              Anzahl belegt intern zwei Bytes
```

Der Integer-Datentyp ist wie folgt vordefiniert:
TYPE Integer = -32768..32767;

FILE

VAR Dateiname: FILE;

Durch die Datenstruktur FILE wird eine nichttypisierte Datei vereinbart, die unstrukturiert ist, d.h. weder in Textzeilen (Dateityp TEXT) noch in gleichlange Datensätze (Dateityp FILE OF) unterteilt ist. Eine FILE-Datei benötigt auch keinen Pufferspeicher. Prozeduren Assign, Reset, Rewrite und Close zum Öffnen bzw. Schließen. Prozeduren BlockRead und BlockWrite zum blockweisen Zugriff. Dateivariable SehrGrosseDatei unstrukturiert:

```
VAR SehrGrosseDatei: FILE;
```

FILE OF

VAR Dateiname: FILE OF Komponententyp;

Eine durch die Datenstruktur FILE OF vereinbarte typisierte Datei besteht aus Komponenten bzw. Datensätzen, die alle den gleichen Typ und damit die gleiche Länge aufweisen. In der kaufmännischen DV überwiegen Datensätze aus Record-Typen.

Prozeduren zur Dateibearbeitung: Assign, Reset, Rewrite, Read, Flush, Seek, Write und Close.

Funktionen zur Dateibearbeitung: EoF, FilePos, FileSize und IOResult.

Artikeldatei mit Sätzen vom Record-Typ Artikelsatz:

```
VAR Artikeldatei: FILE OF Artikelsatz
```

OBJECT

Abstrakter Datentyp OBJECT als Verbund von Daten und Methoden zu einem Objekttyp bzw. zu einer Klasse. Ab Version 5.5. Siehe auch unter OOP.

OBJECT
 Datenfeld1; Datenfeld2; ...; Methode1; Methode2; ...;
END;

*Objekt =
Daten +
Methode*

Objekt als Datenstruktur, die (ähnlich einem Record) aus mehreren Komponenten besteht. Zwei Komponententypen:

1. Feld mit Daten eines bestimmten Typs.
2. Methode, die eine Operation mit dem Objekt durchführt.

```
TYPE
  Klasse = OBJECT
        Daten1: Typ1; ...;              {1. Daten }
        DatenN: TypN;
        PROCEDURE Name1[(...)]; ...;    {2. Methoden nur}
        FUNCTION Name1[[...]]; ...;      {mit Köpfen}
      END;
```

OBJECT()

OBJECT(Oberklasse) ... END;

Datenstruktur ab Version 5.5 zur Vererbungshierarchie über die Oberklasse: Die Unterklasse erbt die Daten und Methoden der Oberklasse.

```
TYPE
  Unterklasse = OBJECT(Oberklasse)
                  {Daten der Unterklasse vereinbaren};
                  {Methoden (nur Köpfe) der Unterklasse};
                END;
```

OpenString

Datentyp ab Version 7. Einen offenen Stringparameter entweder über Open-String oder aber über STRING mit der Einstellung {$P+} vereinbaren. Im Gegensatz zu variablen Stringparametern können offene Stringparameter nicht als normale Variablen übergeben werden. Werteparameter können keine offenen Stringparameter sein.

S1 als offener Parameter der Prozedur StringNeu:

```
PROGRAM OffenPa;
PROCEDURE StringNeu(VAR S1:OpenString);
BEGIN
  S1 := 'Heidelberg';
END;

VAR S1:STRING[5]; S2:STRING[14];

BEGIN
  StringNeu(S1);          {S1 mit 'Heide' und Länge 5}
  StringNeu(S2);          {S2 mit 'Heidelberg' und neuer Länge 10}
END.
```

PACKED ARRAY

Aus Gründen der Kompatibilität ist das reservierte Wort PACKED zur Kennzeichnung gepackter Arrays in Turbo Pascal verwendbar; es wird aber vom Compiler ignoriert.

PChar

Null-terminierte *VAR p: PChar;*
Strings
Datentyp ab Version 7.0. PChar stellt einen Zeiger auf einen null-terminierten String dar (siehe Unit Strings). In der Unit System wird der Datentyp PChar vereinbart, um ein String-Literal einer Variablen des PChar-Typs zuweisen zu können:

```
p := "griffbereit";
```

String-Literale sind mit dem Datentyp PChar aber nur dann zuweisungskompatibel, wenn der Compilerbefehl {$X+} gesetzt ist.
TYPE pChar = ^Char;

LongInt

VAR Variablenname: LongInt;
Der Datentyp LongInt umfaßt -2147483648 bis 2147483647 als Wertebereich und belegt 32 Bits bzw. 4 Bytes. Arithmetische Operationen mit Variablen

vom LongInt-Typ erzeugen demnach Ergebnisse, die 32 Bits belegen. Bei der
Verknüpfung zweier unterschiedlicher Datentypen gilt stets das "größere"
Format: das gemeinsame Ergebnisformat von Byte und LongInt ist somit
LongInt.

Pointer

Zur Aufnahme eines Zeigers definiert man eine Variable vom Pointer-
Datentyp. Der Zeiger kann dann die Adresse einer Variablen, Datenstruktur
oder Routine (Prozedur bzw. Funktion) aufnehmen. Siehe Abschnitt 10.

```
VAR P:^Integer;                 Zeiger P statisch vereinbaren
New(P);                         Dynamische Variable P^ erzeugen
```

Real-Datentypen

Neben Real zählen Single, Double, Extended und Comp zu den Real-Datenty-
pen, um Zahlen mit Vor- und Nachkommateil zu speichern. Im Gegensatz zu
Integer-Typen umfassen Real-Typen stets negative und positive Zahlen und
werden in Exponentialschreibweise ausgegeben (E-39 steht für 10^{-39}).

Fünf Reals

```
Real-Datentyp:      Wertebereich:               Genauigkeit:
Real                2.9xE-39 bis 1.7xE38        11 bis 12 Stellen
Single              1.5xE-45 bis 3.4xE38         7 bis  8 Stellen
Double              5xE-324 bis 1.7xE308        15 bis 16 Stellen
Extended            1.9xE-4951 bis 1.1xE4932    19 bis 20 Stellen
Comp                -9.2xE18 bis 9.2xE18        18 bis 19 Stellen
```

Real

VAR Variablenname: Real;

Datentyp Real für reelle Zahlen zwischen -2.9*1E-39 und 1.7*1E+38 mit einer
Genauigkeit von 11-12 Stellen. Die Variable Betrag belegt 6 Bytes an Speicherplatz:

```
VAR Betrag: Real;
```

Gleitkomma-Zuweisung erlaubt (lies: 6 mal 10 hoch 13):

```
Betrag := 6E+13
```

Formatierte Bildschirmausgabe (8 Stellen gesamt, 2 Dezimalstellen, eine Stelle
für ".", maximal 99999.99):

```
WriteLn('Endbetrag: ',Betrag:8:2,' DM.')
```

RECORD

RECORD Feld1:Typ1; Feld2:Typ2; ...; Feldn:Typn END;

Verschiedene
Typen

Die Datenstruktur Record dient als Verbund von Komponenten (Datenfeldern), die verschiedene Typen haben können. Record-Variable ArtRec mit impliziter Typvereinbarung:

```
VAR ArtRec: RECORD
              Bezeichnung: STRING[35];
              Lagerwert: Real
            END;
```

Variable ArtRec mit expliziter Typvereinbarung (Vorteil: der Record kann als
Prozedur- bzw. Funktionsparameter übergeben werden):

```
TYPE
   Artikelsatz = RECORD
                    Bezeichnung: STRING[35];
                    Lagerwert: Real
                 END;
VAR
   ArtRec: Artikelsatz;
```

SET OF

SET OF Grundmengentyp;

Das reservierte Wort SET bezeichnet eine Untermenge. Als Grundmengentyp
sind Integer, ShortInt, LongInt, Word, Byte, Boolean, Char, Aufzähl- und
Teilbereichstypen zugelassen. Maximal 256 Elemente für den Grundmengentyp (SET OF Integer falsch, SET OF Byte gut). Mengenvariable m mit
impliziter Typvereinbarung:

```
VAR m: SET OF 1..3;
```

Mengenvariable m mit expliziter Typvereinbarung:

```
TYPE
   Mengentyp = SET OF 1..3;
VAR
   m: Mengentyp;
```

ShortInt

VAR Variablenname: ShortInt

Ab Pascal 4.0 sind ShortInt, Integer, LongInt, Byte und Word als Integer-Da-
tentypen vordefiniert. ShortInt umfaßt den Wertebereich -128..127 (8-Bit-Zah-
len mit Vorzeichen). ShortInt-Variablen werden wie Byte-Variablen intern in
einem Byte gespeichert.

Single

Ab Pascal 4.0 sind Real, Single, Double, Extended und Comp als Real-Daten-
typen vordefiniert. Single umfaßt den Bereich von 1.5*E-45 bis 3.4*E38 (Genauigkeit 7-8 Stellen) und setzt einen numerischen Coprozessor voraus.

STRING

*String als
Zeichenkette*

STRING[Maximallänge]; bzw. STRING:

Die Datenstruktur String als Zeichenkette (Ziffern, Buchstaben, Sonderzeichen
vom Char-Typ) ist mit einer Maximallänge von bis zu 255 Zeichen vereinbar.
Bei Fehlen der Längenangabe wird 255 als Standardlänge eingestellt.

```
VAR s: STRING[50];                    Stringvariable s für maximal 50
Zeichen
```

Datentyp Stri50 zuerst explizit vereinbaren:

```
TYPE Stri50 = STRING[50];
VAR s: Stri50;;
```

Direktzugriff auf 6. Zeichen über Indexvariable i:

```
i := 6; WriteLn(s[i]);
```

Text
VAR Dateiname: Text;
Die Datenstruktur Text kennzeichnet eine Datei mit zeilenweise angeordneten Strings (siehe auch Dateitypen FILE und FILE OF). Die Textzeile als Dateikomponente wird durch Return, ASCII-Code 13, ASCII-Code 10 bzw. eine CRLF-Sequenz abgeschlossen. Standard-Prozeduren sind Append, Assign, Flush, Read, ReadLn, Reset, Rewrite, SetTextBuf, Write und WriteLn. Standard-Funktionen sind EoF, EoLn, SeekEoF und SeekEoLn.

TYPE
TYPE Datentypname = Datentyp;

Sechs Klassen von Typen

Mit TYPE werden der Wertebereich und die Operationen für Variablen und Objekte festgelegt. Sechs Klassen von Datentypnamen:

1. Einfache Datentypen
Ordinale Datentypen (mit abzählbar vielen Elementen): Boolean (ByteBool, WordBool und LongBool ab 7.0 zwecks Kompatibilität zu Windows bzw. anderen Sprachen), Char, Integertypen (Byte, Integer, LongInt, ShortInt, Word), Aufzähltypen und Teilbereichstypen. Funktionen Ord, Pred, Succ, Low und High anwendbar (siehe Integer).

Realtypen als Untermenge der reellen Zahlen (Real, Comp, Single, Double und Extended). Siehe Real.

2. String-Typ
Zeichenkette mit dynamischer Länge, dem ein Speicherbereich konstanter Größe (1 und 255 Zeichen) zugewiesen ist.
  - Normaler Pascal-String und null-terminierter String siehe Unit Strings.
  - Offener String-Parameter siehe OpenString.

3. Strukturierte Datentypen
Array-Typen (ARRAY) mit festgelegter Anzahl von Komponenten des gleichen Typs: ARRAY[0..x] OF Char als null-basierender Zeichenarray zur Speicherung null-terminiertes Strings (siehe Strings-Unit ab 7). ARRAY OF T als offener Array, um unabhängig von der Komponentenanzahl an die gleiche Prozedur übergeben zu werden.
  – Mengen-Typen (SET OF).
  – Datei-Typen (FILE, FILE OF, TEXT).
  – Record-Typen (RECORD) mit festlelegter Anzahl von Komponenten, die verschiedene Typen haben können.

4. Zeiger-Typen

Ein Zeigertyp definiert eine Menge von Werten, die auf dynamische Variablen
(^, NIL) des festgelegten Grundtyps zeigen. Siehe New, Ptr und @-Operator.
Pointer als Standardtyp: Untypisierter Zeiger, der auf keinen bestimmten Va-
riablentyp zeigt und wie NIL zu allen Zeigern kompatibel ist.
PChar als Zeiger auf einen null-terminierten String (siehe Strings-Unit, ab 7).

5. Prozedur-Typen

Prozeduren und Funktionen als Objekte des Programms, nicht aber als fester
Teil des Programms. Prozedurvariablen (PROCEDURE, FUNCTION) spei-
chern nicht nur die Adresse einer Routine, sondern auch die Parameter und
Ergebnistypen. Siehe TYPE weiter unten.

6. Objekt-Typen

Struktur mit einer bestimmten Anzahl von Komponenten, die Daten und
/oder Methoden sein können (OBJECT).

Benutzerdefinierte Datentypen

Ergänzend zu den vordefinierten Standard-Datentypen wie Byte, Boolean,
Char, Integer (mit ShortInt, LongInt, Word) und Real (mit Single, Double,
Extended, Comp) kann man über TYPE eigene Datentypen vereinbaren (be-
nutzerdefinierte Typen). Vier Möglichkeiten:

1. Umbenennen (den vordefinierten Typ Integer umbenennen):
```
TYPE GanzeZahl = Integer;
```
2. Abkürzen (Umsatztyp und Variablen dieses Typ vereinbaren):
```
TYPE Umsatztyp = ARRAY[1..31] OF Real;
VAR USued, UNord, UWest: Umsatztyp;
```
3. Einen zusätzlichen Datentyp durch Aufzählung definieren:
```
TYPE Tag = (Mo,Di,Mi,Don,Fr,Sa,So);  {7 Elemente aufzählen}
```
4. Einen zusätzlichen Datentyp durch Teilbereichsangabe definieren:
```
TYPE Artikelnummer = 1000..1700;   {Teilbereich von Integer}
```

VAR

VAR Variablenname: Datentypname;
Das reservierte Wort VAR leitet den Vereinbarungsteil für Variablen ein. Wie
jede Vereinbarung kann auch VAR mehrmals im Quellcode vorkommen. Die
Reihenfolge der Vereinbarungen VAR, LABEL, CONST, TYPE, PROCE-
DURE und FUNCTION ist beliebig.
```
VAR
   Endbetrag: Real;                  {":" trennt Variablenname und Datentyp}
```

Word

Neben ShortInt, Integer, LongInt und Byte zählt Word zu den Integer-Da-
tentypen (Wertebereich 0..65535, 16-Bit-Format ohne Vorzeichen). Verwendung für Schleifenzähler und zur Adressierung von Speicherstellen.
```
VAR Z,i: Word;                       {Zwei Variablen vom Word-Typ}
```

16.3 Kontrollanweisungen und Operatoren

Vier Kontroll-
strukturen
Die strukturierte Programmierung sieht die Kontrollstrukturen *Folge* (linearer Ablauf: BEGIN-END), *Auswahl* (verzweigender Ablauf: CASE, IF), *Wiederholung* (Schleife: FOR, REPEAT, WHILE) und *Unterablauf* (FUNCTION, PROCEDURE, ASM) vor. Die nachfolgenden Anweisungen dienen zur Kontrolle dieser Abläufe:

:=

x := Ausdruck
Die Zuweisungsanweisung durch den ":="-Operator wird stets in zwei Schritten ausgeführt: 1. Den Wert des rechts von ":=" angegebenen Ausdruck ermitteln. 2. Diesen Wert der links von ":=" angegebenen Variablen zuweisen, wobei ihr bisheriger Inhalt überschrieben wird. Summenvariable initialisieren:
```
Summe := 0
```
Wert der Summenvariablen um einen Betrag erhöhen:
```
Summe := Summe + MessWert
```
Zwei Strings verketten:
```
CAD := 'Computer Aided ' + 'Design.'
```


{ }
{ Kommentar }
Kommentar als Zeichenkette, die mit "{" beginnt und mit "}" endet, ist eine "Anweisung", die vom Compiler übergangen wird. (* *) als Ersatzdarstellung für { } verwenden:
```
{Kommentierung so ...}          (*oder aber so... *)
```
Kommentarbegrenzer in Strings werden übergangen:
```
WriteLn('Mein Name {... so Hase} ist Hase.')
```
Auskommentieren nicht benötigter Anweisungen:
```
{WriteLn('Diese Ausgabeanweisung wird niemals ausgeführt.');}
```


ASM

ASM AsmBefehl [Trennzeichen AsmBefehl] END;
Eine Befehlsfolge in Maschinensprache zwischen ASM und END direkt in den Turbo Pascal-Quelltext schreiben (Built-In-Assembler). AsmBefehl steht für einen Assembler-Befehl und Trennzeichen für einen Strichpunkt, einen Zeilenvorschub oder einen Pascal-Kommentar. Mehrere Assemblerbefehle in einer Zeile trennt man durch ";" (für Assemblerbefehle in verschiedenen Zeilen ist kein ";" erforderlich). Kommentar ist in { } anzugeben. Ab Turbo Pascal 6.0.

BEGIN-END

Block

BEGIN Anweisung(en) END;
Klammerung zusammengehörender Anweisungen zu einem Block als Anweisungseinheit. Ein Block bzw. Verbund wird wie eine Anweisung behandelt.
- *Drei einfache Anweisungen:* Zuweisung ":=", Prozeduranweisung (für Aufruf) und Sprunganweisung (GOTO).
- *Zwei strukturierte Anweisungstypen:* Blockanweisung BEGIN-END (Verbund) und Kontrollanweisungen (IF, CASE, WHILE, REPEAT, FOR).

```
IF NOT Verheimlichen THEN
   BEGIN                                   {Blockanfang}
     WriteLn('Zwei Anweisungen');          {Verbundanweisung, da hinter THEN}
     WriteLn('bilden einen Block.');       {zwei Anweisungen auszuführen sind}
   END                                     {Blockende}
```

CASE-OF-ELSE-END

CASE SelektorAusdruck OF
  Wert1: Anweisung1;
  Wert2: Anweisung2;

  ...

  [ELSE Anweisung];
END;
Die CASE-Anweisung kontrolliert eine mehrseitige Auswahlstruktur: Die Anweisung ausführen, deren Wert mit dem Inhalt des Ausdruckes übereinstimmt. Der SelektorAusdruck muß skalar bzw. abzählbar sein (Datentyp Real nicht erlaubt) und im Wertebereich zwischen -32768 und 32767 liegen.

```
VAR
   TastaturEingabe: Char; ...;   {Ja/Nein-Entscheidung mit CASE kontrollieren}
CASE TastaturEingabe OF
   'j','J': WriteLn('Ja wurde gewählt.';
   'n','N': BEGIN
               Write('nein');
               Proz1;
            END
   ELSE WriteLn('Bitte entscheiden Sie sich eindeutig.');
END; {von CASE}
```

DO

DO Anweisung
Die auf das reservierte Wort DO folgende Anweisung (einfache Anweisung oder BEGIN-END-Verbund) ausführen (siehe FOR, WHILE und WITH).

DOWNTO

FOR ... DOWNTO ...
Reserviertes Wort, um den Zähler in der FOR-Schleife um 1 zu vermindern.

END

Reserviertes Wort END beendet die mit ASM, BEGIN, CASE, FUNCTION, OBJECT, PROGRAM, PROCEDURE, RECORD bzw. UNTIL eingeleitete Struktur.

Exit

Exit;
Mit der Anweisung Exit verläßt man den aktuellen Anweisungsblock. Verwendung zur Ausnahmefallbehandlung. REPEAT als "Endlosschleife" über Exit verlassen:

```
REPEAT
   . . .
   IF SchleifeBeenden THEN Exit;            {Schleifenende vom Typ Boolean}
   . . .
UNTIL False;
```


EXTERNAL

PROCEDURE Name(Parameterliste); EXTERNAL;
Ein in Maschinensprache geschriebener Unterablauf (FUNCTION, PROCE-DURE) kann getrennt compiliert und dann über EXTERNAL in das Programm eingebunden (gelinkt) werden. EXTERNAL zum Einbinden von umfangreichem Maschinencode, INLINE für kleinere Routinen.

FOR-DO

FOR Zähler := Anf TO/DOWNTO Ende
  DO Anweisung;
Die Anweisung FOR-DO kontrolliert eine Zählerschleife: Anweisung(sblock) hinter DO wiederholen, bis der Endwert der Zählervariablen erreicht ist.

Die Zählervariable wird jeweils um 1 erhöht (TO) oder vermindert (DOWN-TO). Die Zählervariable und die Ausdrücke für Anfangs- und Endwert müssen vom gleichen ordinalen Datentyp sein (Real-Typen nicht erlaubt). Dem Zähler darf im Anweisungsblock kein Wert zugewiesen werden.

Neun Elemente von Array MessDaten ausgeben:

```
FOR Index := 1 TO 9 DO WriteLn(MessDaten[Index]);
```

Diese Schleife wird kein einziges Mal durchlaufen:

```
FOR i := 77 TO 0 DO BEGIN s:=s+2; a:=a-3; END;
```

Variable Tag vom Aufzähltyp (Mo,Di,Mi,Don,Fr,Sa):

```
FOR Tag := Fr DOWNTO Mo DO BEGIN ... END;
```

FORWARD

PROCEDURE Prozedurkopf; FORWARD;
Das reservierte Wort FORWARD schreibt man anstelle des Prozedurblocks,
um eine Prozedur aufzurufen, bevor ihr Anweisungsblock vereinbart worden
ist. Für Demo wird zuerst nur der Prozedurkopf vereinbart:
```
PROCEDURE Demo(VAR r:Real); FORWARD;
```
Später folgt der Anweisungsblock (die Parameterliste wird weggelassen):
```
PROCEDURE Demo; BEGIN ... END;
```

FUNCTION

FUNCTION Funktionsname [(Parameterliste)]: Typname;
[Vereinbarungen]
BEGIN
 ...(Anweisungen) ...;
END;
Mit dem reservierten Wort FUNCTION wird die Vereinbarung einer Funk-
tion eingeleitet, die (wie die Prozedur) durch ihren Namen aufgerufen wird
und (anders als die Prozedur) einen Wert als Funktionsergebnis zurückgibt.
Aus diesem Grunde kann eine Funktion nur in einem Ausdruck aufgerufen
werden. Dem Funktionsnamen muß in der Funktion ein Wert zugewiesen
werden. Vereinbarung einer Boolean-Funktion namens GrosseZahl:
```
FUNCTION GrosseZahl(Wert:Real): Boolean;
  CONST ObereGrenze = 20000.0;
  BEGIN
    GrosseZahl := Wert>ObereGrenze
  END
```
Beispiel für einen Aufruf der Funktion GrosseZahl:
```
IF GrosseZahl(Betrag) THEN Write('... bitte zahlen.')
```

Externe Funktion über EXTERNAL:
```
FUNCTION AusgStart:Boolean; EXTERNAL 'IO'
```

FORWARD-Vereinbarung wie bei PROCEDURE:
```
FUNCTION Fe(VAR r:Real): Boolean; FORWARD
```

GOTO

GOTO Marke;
Die Anweisung GOTO dient dazu, um die Programmausführung ab der angegebenen Marke (Sprungmarke) fortzusetzen. Marke und GOTO müssen im
gleichen Block sein. Die Kontrollstrukturen und die Exit-Prozedur machen
GOTO überflüssig. Siehe LABEL-Vereinbarung.

```
GOTO Fehler;                 {Zur Fehlerbehandlungsroutine ab Fehler springen}
...;
Fehler: Anweisung;
```

Halt

Halt [(Fehlercode)];
Mit der "Anweisung" Halt läßt sich die Programmausführung beenden und
zur MS-DOS-Ebene zurückkehren. Wahlweise wird ein Fehlercode übergeben,
der mit DosExitCode im rufenden Programm bzw. mit ErrorLevel in der
Batch-Datei ermittelt werden kann.
PROCEDURE Halt[(VAR Fehler: Word)];

IF-THEN-ELSE

IF BooleanAusdruck THEN Anweisung
*   [ELSE Anweisung];*
Mit der IF-Anweisung wird eine einseitige Auswahlstruktur (ohne ELSE-Teil)
bzw. eine zweiseitige Auswahlstruktur (mit ELSE-Teil) kontrolliert: Ergibt
der Boolesche Ausdruck den Wert True, wird der THEN-Anweisungsblock
ausgeführt. Einseitige Auswahl in Abhängigkeit der Boolean-Variablen Gefunden:
```
    IF Gefunden THEN WriteLn('Satz gefunden.')
```
Einseitige Auswahl mit Blockanweisung BEGIN-END:
```
    IF Antwort = 'j' THEN
      BEGIN
        WerteEingeben; MessDatenAnalysieren
      END (*von THEN*)
```

Zweiseitige Auswahl (vor ELSE steht nie ein ";"):
```
    IF IOResult<>0
      THEN BEGIN Fehlerroutine; Fortsetzung END
      ELSE WriteLn('... Eingabe ok.')
```


INLINE

INLINE(Maschinencode);
Mit der Inline-Anweisung lassen sich kurze Befehlsfolgen in Maschinencode
unmittelbar in den Quelltext einfügen. Die einzelnen Befehlsbytes bzw. Ma-
schinencodebefehle werden durch "/" getrennt angegeben. Beispiel:
```
    INLINE($06/$FB/$5F);
```


LABEL

LABEL Sprungmarke [,Sprungmarke];
In dem reservierten Wort LABEL wird eine Sprungmarkenvereinbarung eingeleitet: Hinter dem Wort LABEL die verwendeten Markennamen angegeben,
zu denen mit der GOTO-Anweisung verzweigt wird. GOTO und Marken-
name müssen im gleichen Block liegen. Drei Marken vereinbaren (GOTO
Fehler verzweigt):
```
    LABEL Fehler, 7777, Ende;
```

Im Anweisungsteil werden Marke und Anweisung durch das Zeichen ":" getrennt:

```
Fehler: WriteLn('Beginn Fehlerbehandlung;'); ...;
```

Operatoren

Sieben Gruppen von Operatoren: Arithmetische, Logische, String-, PChar-,
Mengen- und Vergleichsoperatoren und Adreß-Operator @.

Arithmetische Operatoren (binär)

Operator	Operation	Op-Typ	Ergebnistyp
+	Addition	Integer	Integer
		Real	Real/Extended
-	Subtraktion	Integer	Integer
		Real	Real/Extended
*	Multiplikation	Integer	Integer
		Real	Real/Extended
/	Division	Integer	Integer
		Real	Real/Extended
DIV	Integerdivision	Integer	Integer
MOD	Modulo	Integer	Integer

Arithmetische Operatoren (unär)

Operator	Operation	Op-Typ	Ergebnistyp
+	Indentität	Integer	Integer
		Real	real/Extended
-	Negation	Integer	Integer
		Real	Real/Extended

Logische Operatoren (siehe UND)

Operator	Operation	Op-Typ	Ergebnistyp
NOT	Bitweise Negation	Integer	Boolean
AND	Bitweises UND	Integer	Boolean
OR	Bitweises ODER	Integer	Boolean
XOR	Bitweise Antivalenz	Integer	Boolean
SHL	Linksschieben	Integer	Boolean
SHR	Rechtsschieben	Integer	Boolean

Boolesche Operatoren

Operator	Operation	Op-Typ	Ergebnistyp
NOT	Logische Negation	Boolean	Boolean
AND	logisches UND	Boolean	Boolean
OR	logisches ODER	Boolean	Boolean
XOR	logische Antivalenz	Boolean	Boolean

String-Operator

Operator	Operation	Op-Typ	Ergebnistyp
+	Stringverkettung bzw. Stringaddition	String oder Char	String

PChar-Operatoren (ab Version 7)

Operator	Operation	Ergebnis
	P + I oder I + P	I zum Offset von P addieren
	P - I	I vom Offset von P subtrahieren
	P - Q	Offset von P minus Offset von Q

Ist mit {$X+} die erweiterte Syntax eingestellt, werden die Operatoren + und - für Werte des Typs PChar unterstützt. Oben sind P und Q Werte vom Typ PChar und I ein Wert des Typs Word.

Mengen-Operatoren

Operator	Operation	Op-Typ	Ergebnistyp
+	Vereinigung	Mengen	Menge
-	Differenz	Mengen	Menge
(Space)	Durchschnitt	Mengen	Menge

Vergleichsoperatoren

Operator	Operation	Op-Typ	Ergebnistyp
=	gleich	kompatible einfache, Zeiger-, Mengen- oder String-Typen	Boolean
<>	ungleich	wie oben	Boolean
<	kleiner als	wie oben	Boolean
>	größer als	wie oben	Boolean
<=	kleiner oder gleich	wie oben	Boolean
>=	größer oder gleich	wie oben	Boolean
<=	Untermenge von	Mengen-Typen	Boolean
>=	Obermenge von	Mengen-Typen	Boolean
IN	Element von	links Ordinaltyp, rechts SET OF T	Boolean

Adreßoperator

Operator	Operation	Operand	Ergebnis
@	Adresse von	Variable	Adresse

Parameter

Parameter als Platzhalter bei Vereinbarung von Prozedur bzw. Funktion angeben (formale Parameter). Fünf Typen von Parametern:

1. Variablenparameter: VAR geht voraus und eine Typenbezeichnung folgt.

```
VAR Summe: Real;
```

2. Werteparameter: Weder VAR noch CONST geht voraus.
   `Summe:Real;`

3. Konstantenparameter (ab 7): CONST geht voraus, Typbezeichnung folgt.
   `CONST Summe:Real;`

4. Untypisierte Parameter: VAR oder CONST geht voraus, ohne Typbezeichnung.
   `VAR Summe;`

5. Offene Parameter als Sonderfall (ab 7): Variablenparameter des Typs String oder Array, die mit OpenString oder mit STRING und {$P+} vereinbart sind. Siehe OpenString.
   `VAR Summe: OpenString;`

Aktuelle und formale Parameter

Aktuelle Parameter (auch als *Argumente* bezeichnet) beim Prozeduraufruf und formale Parameter bei der Prozedurvereinbarung angeben: Formale Parameter vertreten die aktuellen Parameter während der Zeit der Prozedurausführung.

PRIVATE

Direktive bzw. Standard-Anweisung (ab 6.0). Die in einem PRIVATE-Komponentenabschnitt vereinbarten Bezeichner sind nur in dem Modul (Programm oder Unit) gültig, das die Vereinbarung des Objekttyps enthält. Außerhalb des Moduls sind private Bezeichner unbekannt. Siehe PUBLIC.

PROCEDURE

PROCEDURE Prozedurname [(Parameterliste)];
  [USES]
  [VAR]
  ... ;
  BEGIN
    ...
  END;

Mit dem reservierten Wort PROCEDURE wird eine Prozedur vereinbart, um sie später über die Prozeduranweisung aufzurufen. Der Aufbau einer PROCEDURE entspricht dem eines PROGRAMs (Prozedurkopf und -block). Der Geltungsbereich einer Prozedur erstreckt sich auf den Block ihrer Vereinbarung und auf alle untergeordneten Blöcke.

Prozedurkopf mit zwei VARiablenparametern als Ein/-Ausgabeparameter (durch das Wort VAR gekennzeichnet):
`PROCEDURE Tausch1(VAR Zahl1,Zahl2: Integer);`
Prozedurkopf mit zusätzlich einem Konstantenparameter als Eingabeparameter (Übergabe nur in die Prozedur hinein):
`PROCEDURE MinMax(Wahl:Char; VAR s1,s2: Stri30);`

Das reservierte Wort EXTERNAL ersetzt den Anweisungsblock, um den Namen einer Datei in Maschinencode anzugeben (externe Prozedur):

```
PROCEDURE AusgabeStart; EXTERNAL 'StartIO';
```

Das reservierte Wort FORWARD ersetzt den Anweisungsblock, um die Prozedur aufzurufen, bevor sie komplett vereinbart wurde.

```
PROCEDURE Eingabe(VAR Zei: Char); FORWARD;
```

PROGRAM

PROGRAM Programmname [(Parameterliste)];
[USES]
[LABEL]   ----------
[CONST]
[TYPE]   *Vereinbarungen*
[VAR]
[PROCEDURE]
[FUNCTION]   ----------
BEGIN
  ... Anweisungen;
END.

Das reservierte Wort PROGRAM leitet den Quelltext eines Pascal-Programmes ein, das aus dem Programmkopf (Name und optionaler Parameterliste) und dem Programmblock (Vereinbarungsteil und Anweisungsteil) besteht. Das einfachste Programm ist parameterlos und hat keinen Vereinbarungsteil:

```
PROGRAM Einfach;
BEGIN
   WriteLn('Diese Zeile wird am Bildschirm gezeigt.');
END.
```

PUBLIC

Standard-Anweisung bzw. Direktive (ab 7.0). Die in einem PUBLIC-Komponentenabschnitt vereinbarten Bezeichner sind ohne Beschränkungen überall gültig. PUBLIC wird als reserviertes Wort (innerhalb einer Objekttyp-Vereinbarung) oder als Anweisung (sonst) verwendet. Siehe PRIVATE.

REPEAT

Nicht-
abweisende
Schleife

REPEAT
  Anweisung
UNTIL BooleanAusdruck;

Mit der REPEAT-Anweisung läßt sich eine nicht-abweisende Schleife als Wiederholungsstruktur kontrollieren: Den Anweisungsblock zwischen REPEAT und UNTIL ausführen, bis die Auswertung des Booleschen Ausdrucks den Wert True ergibt. Im Gegensatz zur WHILE-Schleife wird die REPEAT-Schleife stets mindestens einmal ausgeführt. Schleife mit Eingabekontrolle bzw. Eingabezwang (bis einer der fünf aufgezählten Buchstaben eingegeben wird):

```
REPEAT
  Write('Ihre Wahl? '); ReadLn(Wahl);
UNTIL Wahl IN ['A','B','C','e','E'];
```

USES

USES UnitName1 [,UnitName2];
Mit der USES-Anweisung werden eine oder mehrere Units in einem Programm aktiviert. Wird keine USES-Anweisung angegeben, so wird nur die Unit System in das Programm eingebunden. Benutzt eine Unit andere Units, so ist sie nach diesen Units anzugeben:

```
USES Crt, Turbo3
```

Bei mehrfach vereinbarten Bezeichnern (z.B. KeyPressed) werden diese durch Voranstellen des Unitnamens mit "." qualifiziert:

```
KeyPressed;                                   {Prozedur aus einer Benutzer-Unit}
Turbo3.KeyPressed;                            {Prozedur aus der Unit Turbo3}
```

WHILE-DO

Abweisende   *WHILE BooleanAusdruck DO Anweisung;*
Schleife   Die WHILE-Anweisung dient dazu, um eine abweisende Wiederholungsstruktur zu kontrollieren: Die Anweisung (einfach oder Block) ausführen, solange die Auswertung des Booleschen Ausdrucks den Wert True ergibt. Ist der Ausdruck beim Schleifeneintritt False, wird der Anweisungsblock nie ausgeführt (kopfgesteuerte Schleife). Die Zahlen 1,2,...,50 aufsummieren:

```
Summe := 0; i := 0;
WHILE i < 50 DO
BEGIN
  i := i + 1; Summe := Summe + i;
END;
```

16.4   Standard-Units

Crt

Ein-/Ausgabe   Die Standard-Unit *Crt* erweitert das DOS-Gerät Con und ermöglicht dem Benutzer die vollständige Kontrolle aller Ein- und Ausgaben. Wie alle Standard-Units ist auch *Crt* Bestandteil der Datei TURBO.TPL, die beim Systemstart automatisch geladen wird. Die Unit *Crt* im Programm Demo1 benutzen:

```
PROGRAM Demo1;
  USES Crt;                    USES stellt die Sprachmittel der Unit Crt für das
  VAR ...                      Programm Demo1 bereit
```

Die Unit *Crt* umfaßt folgende Sprachmittel zur Unterstützung der Ein-/Ausgabe auf niedriger Ebene:

Konstanten für Videomodi:
BW40 = 0 (sw 40*25, CGA), BW80 = 2 (sw 80*25), CO40 = 1 (farbig 40*25, CGA), CO80 = 3 (farbig 80*25,CGA), C40 = 1 (entspricht CO40 für Pascal 3.0), C80 (entspricht CO80 für 3.0), Mono = 7 (sw 80*25, monochrom), Font8x8 = 256 (80 Zeichen mit 43 Zeilen EGA bzw. 50 Zeilen VGA).

Konstanten für Vorder- und Hintergrundfarben:
Black=0, Blue=1, Green=2, Cyan=3 (türkis), Red=4, Magenta=5 (fuchsinrot), Brown=6, LightGray=7, Blink=128 (blinkend).

Konstanten für Vordergrundfarben:
DarkGrey=8, LightBlue=9, LightGreen=10, LightCyan=11, LightRed=12, LightMagenta=13, Yellow=14, White=15.

Verschiedene Variablen:

```
CheckBreak:Boolean = True;      Strg/Break prüfen
CheckEoF:Boolean = False;       Eine Dateiendemarkierung erzeugen
CheckSnow:Boolean = True;       CGA-Zugriff nur beim Strahlrücklauf
DirectVideo:Boolean = True;     In den Bildschirmspeicher direkt schreiben
LastMode:Word = Init-Wert;      Aktueller Textmodus
TextAttr:Byte = Init-Wert;      Aktuelles Textattribut
WindMax:Word = Init-Wert;       Absolut größte Koordinate des aktiven
                                Fensters
WindMin:Word = 0;               Absolut kleinste Koordinate des Fensters
```

Variablen zur Ein-/Ausgabe:
Input und Output als Crt-Treiber.

Prozeduren:
AssignCrt, ClrEoL, ClrScr, Delay, DelLine, GotoXY, HighVideo, InsLine, LowVideo, NormVideo, NoSound, ReadKey, RestoreCrt, Sound, TextColor, TextMode und Window.

Funktionen:
KeyPressed, WhereX und WhereY.

Dos

Die Standard-Unit *Dos* stellt die Schnittstelle zum Betriebssystem dar. In dieser Unit sind alle DOS-bezogenen Sprachmittel zusammengefaßt.

Dateiattribut-Konstanten:

```
ReadOnly = $01 (Nur-Lese-Datei), Hidden = $02 (versteckte Datei), SysFile =
$04 (Systemdatei), VolumeID = $08 (Datei mit Datenträgerbezeichnung), Direc-
tory = $10 (Verzeichnis-Datei) , Archive = $20 (Archiv-Datei), AnyFile = $3F
(Sonstige Datei).
```

Konstanten zur Flag-Verarbeitung:
```
FCarry = $0001 (Übertragskennzeichen), FParity = $0004 (Paritätskennzei-
chen), FAuxiliary = $0010 (Hilfskennzeichen), FZero = $0040 (Nullkennzei-
chen), FSign = $0080 (Sign-Kennzeichen), FOverflow = $0800 (Overflow-Kenn-
zeichen).
```

Konstanten zum Öffnen und Schließen von Dateien:
```
fmClosed = $D7B0 (Datei schließen-Modus), fmInput = $D7B1 (Datei lesen),
fmOutput = $D7B2 (Datei schreiben), fmInOut = $D7B3 (Datei lesen, schrei-
ben).
```

Variable für Fehlercodes:
```
DosError:Integer;                            Fehlercodes im DOS-Format übergeben
```

Record-Typen FileRec und TextRec sowie Arraytyp TextBuf zur Speicherung von Dateivariablen.

Registers als vordefinierte Datenstruktur, um Zuweisungen an die Prozessorregister vorzunehmen (siehe MsDos, Intr):
```
TYPE Registers = RECORD CASE Integer OF
                   0: (AX,BX,CX,DX,BP,SI,DI,DS,ES,Flags: Word);
                   1: (AL,AH,BL,BH,CL,CH,DL,DH: Byte);
                 END;
```

Inhalt der Variablen Ausgabe über die Funktion 9hex von Interrupt 21hex am Bildschirm ausgeben (als Beispiel zu Registers):
```
VAR cpu:Registers;...;
cpu.ah := 9;                         Wert 9 in das AH-Register schreiben
cpu.ds := seg(ausgabe[1]);           Adresse der Stringvariablen Ausgabe
cpu.dx := ofs[ausgabe[1]);           in Registerpaar DS:DX laden
MsDos(cpu);                          Interrupt 21hex aufrufen
```

Record für die Prozeduren PackTime, UnpackTime, GetFTime, GetTime, Set-FTime, SetTime:
```
TYPE DateTime = RECORD
                  Year,Month,Day,Hour,Min,Sec: Integer;
                END;
```

Record für FindFirst und FindNext:
```
TYPE SearchRec = RECORD
                   Fill: ARRAY[1..2] OF Byte;
                   Attr:Byte; Time,Size:LongInt; Name:STRING[12];
                 END;
```

Interrupt-Prozeduren:
```
GetIntVec, Intr, MSDos, SetIntVec.
```

Datum-Prozeduren:
```
GetDate, GetFTime, GetTime, PackTime, SetDate, SetFTime, SetTime, Unpack-
Time.
```

Plattenstatus-Funktionen:
    DiskFree. DiskSize.

Dateieintrag-Funktionen:
    FindFirst. FindNext. GetFAttr. SetFAttr.

Prozeß-Funktion:
    DosExitCode.

Prozeß-Prozeduren:
    Exec. Keep.

Neue Prozeduren ab Version 5.0:
    FSplit. GetCBreak. GetVerify. SetCBreak. SetVerify. SwapVectors.

Neue Funktionen ab Version 5.0:
    DosVersion. EnvCount. EnvStr. FExpand. FSearch. GetEnv.

Graph

Die Standard-Unit *Graph* stellt ein Grafikpaket mit Konstanten, Typen, Variablen, Prozeduren und Funktionen bereit. Siehe auch Abschnitt 16.6.

Ergebniscode-Konstanten von GraphResult (Fehlercodes):

```
grOK = 0;                    Ausführung fehlerfrei
grNoInitGraph = -1;          Grafiktreiber nicht installiert
grNotDetected = -2;          Keine grafikfähige Bildschirmkarte
grFileNotFound = -3;         Grafiktreiberdatei nicht gefunden
grInvalidDriver = -4;        Grafiktreiberprogramm fehlerhaft
grNoLoadMem = -5;            Zu wenig Speicherplatz für den Grafiktreiber
grNoScanMem = -6;            Zu wenig Speicherplatz für die Grafikoperation
grNoFloodMem = -8;           Zeichensatzdatei nicht gefunden
grNoFontMem = -9;            Zu wenig Speicherplatz für den Zeichensatz
grInvalidMode = -10;         Grafiktreiber unterstützt den Grafikmodus nicht
grError = -11;               Allgemeiner Fehler
grIOError = -12;             Fehler beim Lesen von BGI- bzw. CHR-Dateien
grInvalidFont = -13;         Ungültige Zeichensatzdatei
grInvalidFontNum = -14;      Ungültige Zeichensatznummer
grInvalidDeviceNum = -15;    Ungültige Einheitsnummer
```

Farbe-Konstanten für SetPalette und SetAllPalette:

```
Black = 0         Blue = 1        Green = 2     Cyan = 3        Red = 4
Magenta = 5       Brown = 6       LightGray = 7 DarkGray = 8    LightBlue = 9
LightGreen = 10 LightCyan = 11 LightRed = 12 LightMagenta=13 Yellow = 14
White = 15
```

Farbanzahl-Konstante:

```
MaxColors = 15
```

Grafiktreiber-Konstanten zum Laden eines Grafiktreibers durch InitGraph:

```
Detect = 0 (automatische Erkennung). CGA = 1. MCGA = 2. EGA = 3. EGA64 = 4.
EGAMono = 5. Reserved = 6. HercMono = 7. ATT400 = 8. VGA = 9. PC3270 = 10.
```

Grafikmodus-Konstanten, durch InitGraph gesetzt (siehe Abschnitt 16.6):
```
CGAC1 = 0. CGAC2 = 1. CGAHi = 2. MCGAC1 = 0. MCGAC2 = 1. MCGAMed=2. MCGAHi=3
EGALo = 0. EGAHi = 1. EGA64Lo = 1. EGA64Hi = 1. EGAMonHi = 3. HercMonHi = 0
ATT400C1 = 0. ATT400C2 = 1. ATT400Med = 2. Att400Hi = 3. VGALo =0. VGAMed=1.
VGAHi = 2. VGAHi2 = 3. PC3270Hi = 0
```

Linien-Konstanten für GetLineStyle, SetLineStyle:
```
SolidLn = 0. DottedLine = 1. CenterLn = 2. DashedLn = 3. UserBitLn = 4
```

Linienbreite-Konstanten:
```
NormWidth = 1. ThickWidth = 3
```

Text-Konstanten für SetTextStyle, GetTextStyle:
```
DefaultFont = 0 (normaler Zeichensatz). TriplexFont = 1. SmallFont = 2
(Zeichensatz mit kleinen Buchstaben). SansSerifFont = 3. GothicFont = 4.
HorizDir = 0. VertDir = 1. NormSize = 1
```

Clipping-Konstanten (Linien abschneiden):
```
ClipOn = True. ClipOff = False
```

Konstanten für Bar3D:
```
TopOn = True. TopOff = False
```

Füllmuster-Konstanten für GetFillStyle, SetFillStyle:
```
EmptyFill = 0. SolidFill = 1. LineFill = 2. LtSlashFill = 3 {///}. SlashFill
= 4. BkSlashFill = 5 {\\\}. LtBkSlashFill = 6. HatchFill = 7. XHatchFill =
8. InterleaveFill = 9. WideDotFill = 10. CloseDotFill = 11. UserFill = 12.
```

Bit-Block-Tranfer-Konstanten für PutImage:
```
NormalPut = 0 {MOV}. XORPut = 1. OrPut = 2. AndPut = 3. NotPut = 4.
```

Justierungs-Konstanten für SetTextJustify:
```
LeftText = 0. CenterText = 1. RightText=2. BottomText = 0. CenterText = 1.
TopText = 2.
```

Acht vordefinierte Datentypen zur Grafikverarbeitung:

```
PaletteType = RECORD
                  Size: Byte;                        Parameter einer Farbpalette
                  Colors: ARRAY[0..MaxColors] OF ShortInt;
              END;


LineSettingsType = RECORD                     Liniendarstellung
                  LineStyle: Word;
                  Pattern: Word;
                  Thickness: Word;
              END;


TextSettingsType = RECORD                     Textdarstellung-Parameter
                  Font. Direction: CharSize;
                  Horiz. Vert: Word;
              END;
```

```
FillSettingsType = RECORD                    Füllmuster und Füllfarbe
                   Pattern: Word;
                   Color: Word;
                   END;

FillPatternType = ARRAY[1..8] OF Byte;       Füllmuster benutzerdef.

PointType = RECORD                           Definition von Punkten
            X,Y: Word;
            END;

ViewPortType = RECORD                        Grafikfenster-Parameter
               X1,Y1,X2,Y2: Word;
               Clip: Boolean;
               END;

ArcCoordsType = RECORD                       Kreisbogen-Koordinaten
                X,Y: Integer;
                Xs,Ys: Word;
                Xend,Yend: Word;
                END;
```

Zeigervariablen:
GraphGetMemPtr (zeigt auf GraphGetMem), GraphFreeMemPtr (auf GraphFreeMem).

Prozeduren:
Arc, Bar, Bar3D, Circle, ClearDevice, ClearViewPort, CloseGraph, Detect-
Graph, DrawPoly, Ellipse, FillEllipse, FillPoly, FloodFill, GetArcCoords,
GetAspectRatio, GetDefaultPalette, GetFillSettings, GetImage, GetLine-
Settings, GetPalette, GetTextSettings, GetViewSettings, GraphGetMem, Graph-
FreeMem, InitGraph, Line, LineRel, LineTo, MoveRel, MoveTo, OutText,
OutTextXY, PieSlice, PutImage, PutPixel, Rectangle, RestoreCrt, RestoreCrt-
Mode, Sector, SetActivePage, SetAllPalette, SetAspectRatio, SetBkColor,
SetColor, SetFillPattern, SetFillStyle, SetGraphMode, SetLineStyle,
SetPalette, SetRGBPalette, SetTextJustify, SetTextStyle, SetUserCharSize,
SetViewPort, SetVisualPage, SetWriteMode.

Funktionen:
GetBkColor, GetColor, GetDriverName, GetGraphMode, GetMaxMode, GetMaxX, Get-
MaxY, GetModeName, GetPaletteSize, GetPixel, GetX, GetY, GraphErrorMsg,
GraphResult, ImageSize, InstallUserDriver, InstallUSerFont, TextHeight,
TextWidth.

Graph3

Die Standard-Unit Graph3 umfaßt die Prozeduren und Funktionen der Nor-
mal- und Turtle-Grafik von 3.0. Aktivierung in Pascal 3.0: {$I GRAPH.P}
und {$I GRAPH.BIN}. Aktivierung in Pascal 4.0: USES Crt, Graph3.

INTERFACE

Reserviertes Wort INTERFACE als Bestandteil von Units zur Definition der
Schnittstelle.

INTERRUPT

PROCEDURE Name(Parameterliste): INTERRUPT;
INTERRUPT-Prozeduren werden über Interrupt-Vektoren aufgerufen, nicht
aber über den Prozedurnamen.

IMPLEMENTATION

IMPLEMENTATION als dritter Bestandteil einer Unit, der zwischen IN-
TERFACE (Schnittstelle) und INITIALISIERUNG (Hauptprogramm) steht.
Die IMPLEMENTATION umfaßt den Programmcode (siehe UNIT).

Printer

Die Standard-Unit *Printer* unterstützt die Druckausgabe; sie vereinbart eine
Textdateivariable Lst und ordnet sie der Geräteeinheit Lpt1 zu. Vor dem
Drucken ist die Unit mit dem Befehl USES anzusprechen:

```
PROGRAM DruckDemo
USES Printer;
BEGIN WriteLn(Lst,'... dies wird gedruckt.'); END.
```

Strings

Null-terminierte　Standard-Unit ab Version 7.0, um null-terminierte Strings verwenden zu kön-
Strings　　　　　nen.
- Normaler Pascal-String: Längen-Byte, gefolgt von maximal 255 Zeichen.
- Null-terminierter String: Folge von Nicht-Null-Zeichen (ohne Längen-Byte)
  mit abschließendem NULL-Zeichen und maximaler Länge von 65535 Zei-
  chen.

Voraussetzungen für null-terminierte Strings: Compilerbefehl {$X+} ist ge-
setzt, um die erweiterten Syntaxregeln für den in der Unit System vordefinierten PChar-Datentyp

```
TYPE pChar = ^Char;
```

zu aktivieren. Damit läßt sich ein Stringliteral (wie 'Heidelberg') einer Variablen des Typs PChar (hier P) zuweisen.

```
PROGRAMM NullTS1;
{$X+}                           {als Schalter-Voreinstellung}
CONST
  Str1: ARRAY[0..10] OF Char = 'Heidelberg'#0;
VAR
  P: PChar;
BEGIN
  P := @Str1;
END.
```

Der Zeiger P zeigt auf einen Speicherbereich, der eine null-terminierte Kopie des Stringliterals 'Heidelberg' enthält. Das Programm NullTS2 bewirkt dasselbe wie NullTS1:

```
PROGRAM NullTS2;
VAR
  P: PChar;
BEGIN
  P := 'Heidelberg';       {Literal der Variablen P zuweisen}
END.
```

Funktionen der Unit Strings
```
StrCat, StrComp, StrCopy, StrDispose, StrECopy, StrEnd, StrIComp, StrLCat,
StrLComp, StrLCopy, StrLen, StrLIComp, StrLower, StrMove, StrNew, StrPas,
StrPCopy, StrPos, StrRScan, StrScan und StrUpper.
```

Overlay

Unit mit Funktionen, Prozeduren und Konstanten zur Overlay-Verwaltung. Overlays sind Programme, die zu verschiedenen Zeitpunkten den gleichen Bereich im RAM belegen. Die Statusvariable *OvrResult* wird von allen Overlay-Routinen vor dem Rücksprung mit einem Statuscode belegt:
```
VAR OvrResult: Integer;
```
Fünf Overlay-Routinen:
```
OvrInit, OvrInitEMS, OvrSetBuf, OvrGetBuf und OvrClearBuf.
```
Vordefinierte Konstanten mit möglichen Statuscodes für *OvrResult:*

```
-   ovrOk                   0      Fehlerfreie Ausführung
-   ovrError               -1      Fehlermeldung der Overlays
-   ovrNotFound            -2      OVR-Datei nicht gefunden
-   ovrNoMemory            -3      Overlay-Puffer nicht vergrößerbar
-   ovrIOError             -4      I/O-Fehler bei OVR-Dateizugriff
-   ovrNoEMSDRIVER         -5      EMS-Treiber nicht installiert
-   ovrNoEMSMemory         -6      EMS-Karte ist zu klein
```

System

Standard-Unit mit sämtlichen Standardprozeduren und Standardfunktionen. Diese Unit wird automatisch als äußerster Block in jedes Programm aufgenommen. Eine Anweisung wie "USES System" ist weder erforderlich noch zulässig. Die übrigen Standard-Units Crt, Dos, Graph3, Printer, Turbo3, Graph, Overlay, Strings (ab 7) und WinDos (ab 7) sind - bei Bedarf - jeweils mit USES zu aktivieren.

Standard-Prozeduren zur Ablaufsteuerung aus Unit System

Break	Eine FOR-, WHILE- bzw. REPEAT-Anweisung beenden
Continue	Nächster Wiederholungsschritt in Schleife
Exit	Ausführung des aktuellen Blocks beenden
Halt	Ausführung abbrechen, zurück zu DOS
RunError	Ausführung abbrechen, dabei Laufzeitfehler simulieren

Transfer-Funktionen aus Unit System

Chr	Zeichen zur angegebenen Ordinalzahl liefern
Ord	Ordinalzahl zum angegebenen Zeichen liefern
Round	Realwert in einen LongInt umwandeln und dabei runden
Trunc	Realwert in einen LongInt umwandeln und dabei Nachkommastellen abschneiden

Arithmetische Funktionen aus Unit System

Abs	Absoluten Wert liefern
ArcTan	Arcustangens liefern
Cos	Cosinus liefern
Exp	Exponenten "e hoch ..." liefern
Frac	Nachkommastellen liefern
Int	Ganzzahligen Anteil liefern
Ln	Natürlichen Logarithmus liefern
Pi	Den Wert 3.141592... liefern
Sin	Den Sinus liefern
Sqr	Das Quadrat liefern
Sqrt	Doe Quadratwurzel liefern

Ordinale Funktionen und Prozeduren aus Unit System

Dec	Eine Variable um 1 erniedrigen
Inc	Eine Variable um 1 erhöhen
High	Den höchsten Wert im Bereich des Arguments liefern
Low	Den niedrigsten Wert im Bereich liefern
Odd	True liefern, falls eine ungerade Zahl vorliegt
Pred	Den Vorgänger liefern
Succ	Den Nachfolger liefern

Stringfunktionen und -prozeduren aus Unit System

Concat	Die Verkettung mehrerer Strings liefern
Copy	Einen Teil aus einem String liefern
Delete	Aus einem String einen Teil löschen
Insert	In einen String einen Teilstring einfügen
Length	Die derzeitige Länge des Strings liefern
Pos	Die Anfangsposition eines Teilstrings im String liefern
Str	Einen numerischen Wert in einen String umwandeln
Val	Einen String in einen numerischen Wert umwandeln

Heap-Verwaltungsfunktionen und -prozeduren aus Unit System

Dispose	Den Speicherplatz einer dynamischen Variablen freigeben
FreeMem	Einen dynamisch belegten Speicherbereich freigeben
GetMem	Speicher für eine dynamische Variable belegen
Mark	Den Zustand des Heaps in einem Zeiger festhalten
MaxAvail	Den größten freien Heap-Bereich in Bytes liefern
MemAvail	Die Gesamtzahl der freien Bytes auf dem Heap liefern
New	Eine dynamische Variable erzeugen und einen Zeiger auf den Beginn des von ihr belegten Speicherbereichs setzen
Release	Den Heap auf den mit Mark markierten Zustand zurücksetzen

Zeiger- und Adreßfunktionen aus Unit System

Addr	Die Adresse des Objekts liefern
CSeg	Den Wert des CS-Registers liefern
DSeg	Den Wert des DS-Registers liefern
Ofs	Die Offset-Adresse des Objekts liefern
Ptr	Segment und Offset als Zeigerwert liefern
Seg	Die Segment-Adresse des Objekts liefern
SPtr	Den Wert des SP-Registers liefern
SSeg	Den Wert des SS-Registers liefern

Sonstige Standardfunktionen und -prozeduren aus Unit System

FillChar	Einen Speicherbereich byteweise mit einem Wert füllen
Hi	Das höherwertige Byte liefern
Lo	Das niederwertige Byte liefern
Move	Bytes in einen anderen Speicherbereich kopieren
ParamCount	Die Anzahl der Kommandozeilenparameter liefern
ParamStr	Einen Kommandozeilenparameter liefern
Random	Eine Zufallszahl liefern
Randomize	Den Zufallszahlengenerator initialisieren
SizeOf	Die Größe des Objekts in Bytes liefern
Swap	Tausch von höher- und niederwertigem Byte liefern
TypeOf	Auf die Tabelle virtueller Methoden des Objekts zeigen
UpCase	Ein Zeichen in Großbuchstaben umwandeln

Funktionen und Prozeduren zur Ein-/Ausgabe

BlockWrite	Records aus Variablen in Datei schreiben
ChDir	Das aktive Verzeichnis wechseln
EoF	True liefern, falls dasDateiende erreicht ist
Close	Die offene Datei schließen
EoLn	True liefern, falls das Zeilenende erreicht ist
Erase	Eine Datei auf Diskette löschen
FilePos	Die aktive Position in der Datei liefern
FileSize	Die Größe der Datei liefern
Flush	Den Puffer in die Datei leeren
GetDir	Das aktive Verzeichnis liefern
IOResult	Den Status der letzten Ein-/Ausgabe liefern
MkDir	Ein neues Unterverzeichnis einrichten
Read	Werte aus einer Textdatei in Variablen einlesen
ReadLn	Wie Read, danach zur nächsten Zeile gehen
Rename	Eine Datei auf Diskette umbenennen
Reset	Eine bereits vorhandene Datei öffnen
Rewrite	Eine Datei neu erzeugen und sodann öffnen
RmDir	Ein leeres Verzeichnis löschen
Seek	Den Dateizeiger in einer Datei positionieren
SeekEoF	True liefern, falls das Textdateiende erreicht werden kann
SeekEoLn	True liefern, falls das Zeilenende erreicht werden kann
SetTextBuf	Der Textdatei einen Ein-/Ausgabepuffer zuordnen
Truncate	Die Datei an der aktuellen Position abschneiden
Write	Werte in eine Textdatei schreiben
WriteLn	Wie Write, danach ein Zeilenendezeichen schreiben

Ab Version 5.0 sind in der Unit System zusätzlich folgende globalen Variablen für Overlays und den 8087-Emulator verfügbar.

Unit System

```
OvrCodeList: Word=0;          CSeg-Liste der Overlay-Verwaltung
OvrHeapSize: Word=0;          Größe des Overlay-Puffers
OvrDebugPtr: Pointer=NIL;     Anfangspunkt für den Debugger
OvrHeapOrg: Word=0;           Startadresse des Overlay-Puffers
OvrHeapPtr: Word=0;           Aktuelle Spitze des Overlay-Puffers
OvrHeapEnd: Word=0;           Obergrenze des Puffers
OvrLoadList: Word=0;          Liste der geladenen Segmente
OvrDosHandle: Word=0;         Handle der OVR-Datei
OvrEMSHandle: Word=0;         Handle für OvrInitEMS
```

Variablen zur dynamischen Verwaltung des Heaps:

```
HeapOrg: Pointer=NIL;         Heaps-Beginn (OvrSetBuf verschiebt)
HeapPtr: Pointer=NIL;         Aktuelle Spitze des Heaps
FreePtr: Pointer=NIL;         Start der Fragmentliste (bis 5.5)
FreeMin: Word=0;              Untergrenze Fragmentliste (bis 5.5)
HeapError: Pointer=NIL;       Zur Benutzer-Fehlerbehandlung
FreeList: Pointer = NIL;      Erstes Fragment der Fragmentliste
FreeZero: Word = 0;           ... muß null sein
```

Variablen für Programmende bzw. -rückführung:

```
ExitProc: Pointer = NIL;    zuletzt verwendete Exit-Prozedur
ExitCode: Integer = 0;      Exitcode des Programms
ErrorAddr: Pointer = NIL;   Adresse eines Laufzeitfehlers
```

Variablen zur Definition eigener Exit-Prozeduren:

```
PrefixSeg: Word=0;            Programmsegmentpräfix-Segmentadr.
StackLimit: Word=0;           Untergrenze des Stack (ab 5.0)
InOutRes: Integer=0;          Status für IOResult (ab 5.0)
```

Verschiedene Variablen:

```
RandSeed: LongInt = 0;        Startwert für Zufallsgenerator
FileMode: Byte=2;             Startmodus zum Öffnen von Dateien
Test8087: Byte=0;             Prüfergebnis "mit {$N+} compiliert"
```

Automatisch geöffnete Standarddateien:

```
Input: Text;                  Standardeingabe für die Tastatur
Ouput: Text;                  Standardausgabe für den Bildschirm
```

Globale Zeigervariablen zur Ablage von Original-Interruptvektoren.

```
SaveInt00: Pointer;       Vektor $00 - Division durch 0
SaveInt02: Pointer;       Vektor $02 - NMI
SaveInt1B: Pointer;       Vektor $1B - Strg-Break
SaveInt23: Pointer;       Vektor $23 - Strg-C
SaveInt24: Pointer;       Vektor $24 - Critical Error
SaveInt75: Pointer;       Vektor $75 - Gleitkommafehler
```

Vektoren, beim Compilieren mit {$N+} neu gespeichert (ab 5.0):

```
SaveInt34:Pointer; SaveInt35:Pointer; SaveInt36:Pointer;
SaveInt37:Pointer; SaveInt38:Pointer; SaveInt39:Pointer;
SaveInt3A:Pointer; SaveInt3B:Pointer; SaveInt3C:Pointer;
SaveInt3D:Pointer; SaveInt3E:Pointer;
```

Neue öffentliche Variablen ab 5.0:

```
StackLimit: Word = 0;      {Stack Pointer}
InOutRes: Integer = 0;     {IOResult-Wert nun direkt fragbar}
Test8087: Byte = 0;        {Ergebnis des 8087-Tests}
```

Turbo3

In dieser Unit sind Routinen zusammengefaßt, die die Abwärtskompatibilität zu Pascal 3.0 herstellen.

UNIT

Das reservierte Wort PROGRAM markiert den Anfang eines Programms als Folge von Anweisungen. Das reservierte Wort UNIT markiert den Anfang einer Unit als besonderer Programmform. *Eine Unit ist eine Bibliothek von Vereinbarungen*, die getrennt compiliert ist und bei Bedarf in ein Programm aufgenommen und benutzt werden kann. Es gibt zwei Typen von Units: Standard-Units, die in der Datei TURBO.TPL bereitgestellt werden, und benutzerdefinierte Units. Beide Typen sind identisch aufgebaut. Eine Unit besteht aus den drei Teilen Interface, Implementation und Initialisierung:

UNIT NameDerUnit;

INTERFACE
  USES Liste der benutzten Units; {optional}
  {öffentliche Vereinbarungen}

IMPLEMENTATION
  {nicht-öffentliche Vereinbarungen}

BEGIN
  {Initialisierung}
END.

benutzerdefinierte Unit

Vereinbarung der Unit DemoLib als Beispiel zur UNIT-Anweisung:

```
UNIT DemoLib;

INTERFACE
   PROCEDURE Zweifach(VAR Zahl: Integer);
   FUNCTION Kleiner(z:Integer): Integer;

IMPLEMENTATION

   PROCEDURE Zweifach;
   BEGIN Zahl := Zahl * 2;
     WriteLn('Zweifach: ',Zahl);
   END;
```

```
      FUNCTION Dreifach;
      CONST d = 3;
      BEGIN Dreifach := z * d;
      END;

      {Der Initialisierungs-Teil dieser Unit namens DemoLib ist leer}

      END.
```

Benutzung der in der Unit DemoLib vereinbarten Routinen:

```
      PROGRAM Zahlen1;

      USES DemoLib;

      VAR
        x: Integer;

      BEGIN
        Write('Eine Zahl? ');
        ReadLn(x);
        Zweifach(x);
        WriteLn('... und nun verdreifacht: ',Dreifach(x));
      END.
```

WinDos

Ab 7.0 Standard-Unit ab Version 7.0 mit einer Sammlung von Betriebssystem- und Datei-Routinen. Im Interschied zur Unit *Dos* benutzen die Routinen der Unit *WinDos* keine normalen Pascal-Strings, sondern null-terminierte Strings (siehe Unit *Strings*).

Datums- und Zeitprozeduren

GetDatei	Kalenderdatum ermitteln
GetFTime	Datum und Uhrzeit der letzten Dateiänderung
GetTime	Aktuelle Systemzeit
PackTime	DateTime-Record in LongInt für SetFTime umwandeln
SetDate	Das Systemdatum setzen
SetFTime	Die Änderungzeit der offenen Datei setzen
SetTime	Die Systemzeit setzen

Prozeduren zur Unterstützung der Interrupts

GetIntVec	Die Adresse ermitteln, auf die ein Interrupt-Vektor zeigt
Intr	Einen Software-Interrupt ausführen
MsDos	Einen DOS-Funktionsaufruf ausführen
SetIntVec	Einen Interrupt-Vektor auf eine Adresse setzen

Funktionen zum Diskettenstatus

DiskFree	Anzahl der freien Bytes auf dem Laufwerk
DiskSize	Gesamte Anzahl der Bytes auf dem Laufwerk

Prozeduren und Funktionen zur Dateibearbeitung

FindFirst	Im Verzeichnis nach dem ersten Eintrag suchen
FindNext	Die FindFirst-Suche fortsetzen
GetFAttr	Die Attribute einer Datei ermitteln
SetFAttr	Die Attribute einer Datei setzen
FileSplit	In die Komponenten Pfad, Name und Dateityp zerlegen
FileExpand	Dateinamen um den aktuellen Pfad erweitern
FileSearch	Verzeichnis-Listen nach Dateien absuchen

Prozeduren und Funktionen für Verzeichnisse

CreateDir	Neues Unterverzeichnis erzeugen
RemoveDir	Unterverzeichnis entfernen
SetCurDir	Aktuelles Verzeichnis wechseln
GetCurDir	Aktuelles Verzeichnis im Laufwerk nennen

Funktionen zur Bearbeitung von Environment-Einträgen

GetArgCount	Anzahl der über die Kommandozeile übergebenen Parameter nennen
GetArgStr	Den Environment-String liefern
GetenvVar	Einen Zeiger auf den Wert einer Environment-Variablen liefern

Sonstige Prozeduren und Funktionen

GetCBreak	Den Strg/Break-Status von DOS ermitteln
GetVerify	Den Status des Verify-Flags von DOS ermitteln
SetCBreak	Den Status für Strg/Break von DOS setzen
SetVerify	Das Verify-Flag von DOS setzen
DosVersion	Die Versionsnummer von DOS ermitteln

Vordefinierte Konstanten

Flag- Konstanten	fCarry, fParity, fAuxiliary, fZero, fSign und fOverflow zur Überprüfung des Flag-Registers nach einem Aufruf von Intr und MsDos.
Dateiattribut- Konstanten	fmClosed, fmInput, fmOutput und fmInOut, um zulässige Werte des Mode-Feldes in einem TextRec-Textdateirecord zu kontrollieren.
faaXXXX- Konstanten	faReadOnly, faHidden, faSysFile, faVolumeID, faDirectory, faArchive und faAnyFile, um Bits von Dateiattributen zu testen, zu setzen bzw. zu löschen.
fsXXXX- Konstanten	fsPathName, fsDirectory, fsFileName und fsExtension für Maximallängen der Dateinamen-Komponenten-Strings in FileSearch und FileExpand.
fcXXXX- Konstanten	fcExtension, fcFileName, fcDirectory und fcWildcards für Ergebnis-Flags der Funktion FileSplit.

Vordefinierte Datentypen

TFileRec	Typisierte und untypisierte Dateien
TTextRec	Textdateien
TRegisters	Zur Übergabe der Prozessoren-Register mit Intr und MsDos
TDateTime	Datum mittels PackTime und UnpackTime in ein gepacktes Format konvertieren
TSearchrec	Verzeichnis mittels FindFirst und FindNext absuchen

16.5 Standard-Befehle

Übersicht der von Turbo Pascal standardmäßig bereitgestellten Prozeduren,
Funktionen, Operatoren und Variablen. Hinweis: Die Befehle zur Grafikverarbeitung sind im Abschnitt 16.6 getrennt zusammengestellt.

@

Zeigervariable := @Bezeichner;
Adreßoperator, um die Adresse einer Variablen oder Routine (Funktion, Prozedur) bestimmen und einem Zeiger zuzuweisen. Einen Zeiger auf den Operanden Zahl als seine Adresse liefern:
```
ZahlPtr := @Zahl;
```

Abs

Aufruf

x := Abs(IntegerAusdruck / RealAusdruck);
Arithmetische Funktion: Den Absolutwert (Betrag) des Ausdrucks (Konstan-
te, Variable oder Funktionsergebnis) bilden. Der Argumenttyp bestimmt den
Ergebnistyp. 2.111 vom Real-Typ und 3000 vom Integer-Typ ausgeben:
```
i := -3002; WriteLn(Abs(-2.111), Abs(i+2));
```

Vereinbarung

FUNCTION Abs(r: Real): Real;
FUNCTION Abs(i: Integer): Integer;

ABSOLUTE

VAR Variablenname: Datentyp ABSOLUTE Adressangabe;
Reserviertes Wort: Mit ABSOLUTE kann man dem Compiler vorschreiben,
an welcher absoluten Adresse eine Variable abzulegen ist. Über ABSOLUTE
Variablen kann man mit MS-DOS kommunizieren und nicht-typisierte Parameter nutzen. Adreßangabe stets im Format Segmentwert:Offsetwert. Variable i1 an Adresse $0000:$00EE ablegen:
```
VAR i1: Integer ABSOLUTE $0000:$00EE;
```
Die Variable b2 an die Adresse von c2 speichern, um die Bindung der Variablen an den Datentyp zu umgehen:
```
PROCEDURE GleicheAdresse;
VAR
  c2: Char; b2: Byte ABSOLUTE c2;
BEGIN
  b2 := 69; WriteLn(c2)
END;
```

Addr

x := Addr(Ausdruck);

Speicher-Funktion: Die absolute Adresse der im Ausdruck genannten Variablen, Funktion bzw. Prozedur angeben. Adresse als Integer-Wert (8-Bit-PC) oder als 32-Bit-Zeiger auf das Segment und den Offset (16-Bit-PC) angeben. Die Adresse läßt sich einer Zeigervariablen zuweisen:

```
p1 := Addr(Wahl);
p2 := Addr(Reihe[8]);
p3 := Addr(TelRec.Name);
```

FUNCTION Addr(VAR Variable): Pointer;

AND

i := IntegerAusdruck AND IntegerAusdruck;
Arithmetischer Operator: Ausdrücke bitweise so verknüpfen, daß für "1 UND 1" ein Bit gesetzt und andernfalls gelöscht wird. Anwendung: Bit-Filter, gezieltes Löschen einzelner Bits.
0 nach i1 zuweisen, da 00111 AND 10000 verknüpft:

```
i1 := 7 AND 16;
```

6 nach i2 zuweisen, da 00111 AND 10110 verknüpft:

```
i2 := 7 AND 22;
```


AND

b := BoolescherAusdruck AND BoolescherAusdruck;
Logischer Operator, um Ausdrücke mit Variablen bzw. Konstanten vom Boolean-Typ und mit Vergleichen über "logisch UND" zu verknüpfen:

```
True   AND  True      ergibt  True
True   AND  False     ergibt  False
False  AND  True      ergibt  False
False  AND  False     ergibt  False
```

True, wenn Anzahl größer 9 und die Variable Gefunden True ist:

```
Ergebnis := (Anzahl>9) AND Gefunden;
```


Append

Append(Dateivariable);
Datei-Prozedur: Den Dateizeiger hinter den letzten Datensatz positionieren, um anschließend mit Write zu schreiben (anzuhängen). Beispiel Telefondatei:

```
Assign(TelFil,'B:Telefon1.DAT');
Append(TelFil);
```

PROCEDURE Append(VAR f: Text);

ArcTan

r := ArcTan(RealAusdruck);
Arithmetische Funktion: Winkelfunktion Arcus Tangens. Für die angegebene Tangente den Winkel im Bogenmaß (zwischen -pi/2 und pi/2) angeben.

```
WriteLn(ArcTan(0.125);           Ausgabe von 0.124355
```

FUNCTION ArcTan(r:Real): Real;

Assign

Assign(Dateivariable, 'Laufwerk:Diskettendateiname');
Datei-Prozedur: Die Verbindung zwischen dem physischen Namen einer Datei auf Diskette und dem logischen Dateinamen, mit dem die Datei innerhalb des Programmes angesprochen wird, herstellen (anders ausgedrückt: den Dateinamen einer Dateivariablen zuordnen). Die Datei Telefon1.DAT der Dateivariablen TelFil zuordnen:

```
Assign(TelFil,'B:Telefon1.DAT');
Write('Welcher Dateiname? '); ReadLn(Dateiname);
Assign(TelFil,Dateiname);
```

PROCEDURE Assign(VAR f: File; Dateiname: String);

AssignCRT

Crt

AssignCRT(Dateivariable);
Datei-Prozedur aus Crt: Dem Bildschirm eine Textdatei zuordnen. Wie Assign, aber die Dateivariable automatisch mit dem Bildschirm CRT verbinden.

PROCEDURE AssignCRT(VAR f: File);

Assigned

b := Assigned(p);
Funktion ab 7.0, um zu prüfen, ob p als Variable des Typs Pointer bzw. als prozedurale Variable den Wert NIL (auf nichts zeigend) aufweist. Assigned(p) entspricht $p <> NIL$ bei Zeigervariable und $@p <> NIL$ bei prozeduraler Variable.

```
IF Assigned(p1)
   THEN WriteLn('Zuvor wurde p1:=nil zugewiesen');
```

FUNCTION Assigned(VAR p:Pointer): Boolean;

BlockRead

BlockRead(Dateivariable,Puffer,Blockanzahl[,Meldung]);
Datei-Prozedur: Beliebige Anzahl von Blöcken aus der nicht-typisierten Dateivariablen in einen internen Pufferspeicher lesen. Dateivariable vom FILE-Typ (nicht-typisierte Datei). Puffer als Variable beliebigen Typs (normalerweise Byte oder Char) zur Aufnahme der gelesenen Blöcke im RAM (ist Puffer zu klein, wird der auf Puffer folgende Speicherbereich überschrieben. Achtung!). Blockanzahl gibt die Anzahl der 128-Bytes-Blöcke an. In Meldung wird die Anzahl der tatsächlich gelesenen Blöcke bereitgestellt. Mit nicht-typisierten Dateien wird die schnellste Möglichkeit zum Kopieren von Diskettendateien angeboten:

BlockRead(VAR f:File; VAR Puffer:Type; n[,m]:Word);

BlockWrite

BlockWrite(Dateivariable,Puffer,Blockanzahl [,Meldung]);
Datei-Prozedur: Einen Block zu 128 Bytes aus dem Puffer im RAM auf eine nicht-typisierte Datei speichern. Parameter siehe Prozedur BlockRead als Gegenstück. Bei zu kleinem Puffer wird der auf den Pufferspeicher folgende RAM-Inhalt auf die Datei geschrieben.
BlockWrite(VAR f:File; VAR Puffer:Type; n[,m]:Word);

BufLen

BufLen := AnzahlZeichen;
Standard-Variable: Maximalanzahl von Zeichen festlegen, die bei der nächsten Benutzereingabe angenommen wird. Nach jeder Eingabe wird wieder BufLen:=127 gesetzt. Bei der nächsten Eingabe sollen maximal 50 Zeichen getippt werden können:
```
   BufLen := 50;
   ReadLn(Eingabe);
```
CONST BufLen: Integer = 127;

ChDir

ChDir(Pfadname);
Datei-Prozedur: Vom aktuellen in das genannte Unterverzeichnis wechseln (Change Directory). Identisch zu DOS-Befehl CD (siehe GetDir, MkDir und RmDir). Siehe GetDir, MkDir, RmDir.
```
   ChDir(b:\Anwend1);          Unterverzeichnis \Anwend1 von B: aktivieren
```
PROCEDURE ChDir(VAR Pfadname: String);

Chr

c := Chr(ASCII-Codenummer);
Transfer-Funktion: Für eine ASCII-Codenummer zwischen 0 und 255 (Integer- bzw. Byte-Typ) das zugehörige Zeichen (Char-Typ) angeben.
```
   WriteLn(Chr(66));           {Zeichen 'B' ausgeben}
```
CRLF-Signal (Carriage Return und Line Feed) speichern:
```
   Zeilenschaltung := Chr(13) + Chr(10);
```
FUNCTION Chr(I: Integer): Char;

Close

Close(Dateivariable);
Datei-Prozedur: Eine durch die Dateivariable benannte Diskettendatei schließen. Close übernimmt zwei Aufgaben: 1. Dateipuffer leeren, d.h. auf die Datei schreiben. 2. Disketteninhaltsverzeichnis aktualisieren.
```
   Close(TelFil);
```
PROCEDURE Close(VAR f:File);

ClrEol

Crt

ClrEol;
E/A-Prozedur aus Unit Crt: Daten von der Cursorposition bis zum Zeilenende löschen (Clear End Of Line für "Leer bis Zeilenende"). ClrEol arbeitet
relativ zu einem mit Window gegebenen Fenster. Am Bildschirm steht in Zeile
1 nur 'Meß':
```
Write('Meßdaten'); GotoXY(4,1); ClrEol;
```
PROCEDURE ClrEol;

ClrScr

Crt

ClrScr;
E/A-Prozedur aus Unit Crt: Den Bildschirm löschen und Cursor nach oben
links positionieren (Clear Screen steht für "Leerer Bildschirm"). ClrScr bezieht
sich auf ein mit Window gegebenes Fenster. Das Wort 'Versuchsreihe' erscheint 5 Sekunden lang:
```
ClrScr; Write('Versuchsreihe'); Delay(6000); ClrScr;
```
PROCEDURE ClrScr;

Concat

s := Concat(s1[,s2...]);
String-Funktion: Strings s1 + s2 + s3 + ... zum Gesamtstring s verketten bzw. ad-
dieren (Stringaddition). s1,s2,... sind Konstanten und/ oder Variablen vom
Typ String. Andere Schreibweise zur Verkettung Write('Tu' + 'r' + 'bo'):
```
Write(Concat('Tu','r','bo.'));
```
FUNCTION Concat(s1,s2,...,sn: String): String;

Continue

Continue;
Prozedur ab 7.0, um in einer FOR-, REPEAT- bzw. WHILE-Anweisung den
nächsten Wiederholungsschritt auszuführen.
PROCEDURE Continue;

Copy

s := Copy(s0,p,n);
String-Funktion: Aus String s0 ab Position p genau n Zeichen entnehmen und
den Teilstring als Funktionsergebnis zurückgeben. s0 als beliebiger Stringausdruck (Konstante, Variable). p als Konstante/Variable vom Typ Integer bzw.
Byte zwischen 1 und 255. Ist p größer als die Länge von s0, so wird '' als Leerstring zurückgegeben. n als Konstante/Variable vom Typ Integer bzw. Byte
zwischen 1 und 255. Siehe StrCopy, Insert, Delete, Length und Pos.
```
WriteLn(Copy('Meßtechnik',4,3))        Teilstring 'tec' anzeigen
```
FUNCTION Copy(s:String; Position,Laenge:Integer): String;

Cos

r := Cos(RealAusdruck);
Arithmetische Funktion: Den Cosinus im Bogenmaß für den Ausdruck ange-
ben. Ausgabe 2.71828:
```
WriteLn('Cosinus von 1 ergibt: ').Cos(1.0))
```
FUNCTION Cos(r:Real): Real;

CreateDir

WinDos

Prozedur ab 7.0 (aus Unit WinDos), um ein neues Unterverzeichnis anzule-
gen. Wie MkDir, jedoch mit null-terminiertem String anstelle eines Pascal-
Strings (siehe Unit String).
PROCEDURE CreateDir(Dir: PChar);

CSeg DSeg SSeg

i1 := CSeg; i2 := DSeg; i3 := SSeg;
Speicher-Funktionen: Basisadresse des momentanen Codesegments (Register
CS), Datensegments (Register DS) bzw. Stacksegments (Register SS) als Word
zurückgeben.
FUNCTION CSeg: Word;

Dec

Dec(x,[,n]);
Ordinale Funktion: x als Variable ordinalen Typs um die Anzahl n erniedri-
gen. Fehlt n, so wird n = 1 angenommen. Zwei identische Zuweisungen:
```
Dec(Z,4): Z := Z - 4:
```
PROCEDURE Dec(VAR x:Ordinaltyp; i:Integer);

Delay

Crt

Delay(Millisekunden);
E/A-Prozedur aus Unit Crt: Eine Warteschleife erzeugen. Ungefähr fünf Se-
kunden warten:
```
Delay(5000):
```
PROCEDURE Delay(Millisekunden: Word);

Delete

Delete(s,p,n);
String-Prozedur: Aus dem String s ab Position p genau n Zeichen löschen. s als
Name einer Variablen vom Typ STRING. p als Konstante oder Variable vom
Typ Integer bzw. Byte zwischen 1 und 255. Ist p größer als die Länge des
Strings, so wird nichts gelöscht. n als Konstante oder Variable vom Typ In-

teger bzw. Byte zwischen 1 und 255. Ist n größer als die Länge des Strings, werden nur die String-Zeichen gelöscht. String s1 := 'Meßdaten' zu 'Meßten' verkürzen:

```
Delete(s1,4,2);
```
PROCEDURE Delete(VAR s:String; p,n:Integer);

DelLine

Crt

DelLine;
E/A-Prozedur aus Unit Crt: Die Zeile löschen, in der der Cursor gerade steht. DelLine arbeitet relativ zum aktiven Fenster. Bildschirmzeile 20 mit den Spalten 1 bis 70 löschen:

```
Window(1,20,70,50); GotoXY(1,1); DelLine;
```
PROCEDURE DelLine;

DiskFree

Dos

i := DiskFree(LaufwerkNr);
Plattenstatur-Funktion aus Unit Dos: Freien Speicherplatz für ein Laufwerk angeben. LaufwerkNr: 0=aktiv, 1=A:, 2=B:,.... Festplatte C: prüfen:

```
Write('In C: sind ',DiskFree(3) DIV 1024,' KB frei);
```
Funktionswertwert -1 bei ungültigem Laufwerk:

```
IF DiskFree(2)=-1 THEN WriteLn('ungültige Laufwerksangabe');
```
FUNCTION DiskFree(LaufwerkNr:Word): LongInt;

DiskSize

Dos

i := DiskSize(LaufwerkNr);
Plattenstatus-Funktion aus Unit Dos: Gesamtkapazität eines Laufwerks angeben. LaufwerkNr: 0=aktiv, 1=A:, 2=B:, 3=C:, ... Das Ergebnis -1 wird bei ungültiger LaufwerkNr zurückgegeben.

```
WriteLn(DiskSize(0) DIV 1024,' KB im aktiven Laufwerk verfügbar.');
```
FUNCTION DiskSize(LaufwerkNr:Word): LongInt;

Dispose

Dispose(Zeigervariable);
Heap-Prozedur: Den auf dem Heap für eine Zeigervariable reservierten Speicherplatz wieder freigeben.

```
VAR p3: ^Integer; ...;        Zeiger p3 als statische Variable
New(p3);                      Auf Heap zwei Bytes (Integer) reservieren
p3^ := 777;                   Dynamische Variable p3^ beschreiben
WriteLn(p3^);                 Dynamische Variable p3^ auslesen
Dispose(p3);                  Heap-Speicherplatz, auf den p3 zeigt,
freigeben
WriteLn(p3^);                 ... dies ergibt nunmehr einen Fehler!
```
PROCEDURE Dispose(VAR p: Pointer);

DIV

i := IntegerAusdruck DIV IntegerAusdruck;
Arithmetischer Operator: Integerzahlen ganzzahlig dividieren. Siehe MOD.
```
WriteLn(20 DIV 7);                              Ausgabe von 2
```


DOSExitCode

Dos

w := DOSExitCode;
Funktion aus Unit Dos: Exitcode eines per Unterfunktion aufgerufenen DOS-Programms zurückgeben. Siehe Exec, Keep. Als niederwertiges Byte zurückgegeben: Exitcode des Programms (0 für normales Ende, beliebiger Wert für Ende über Halt). Als höherwertiges Byte liefern: 0 für normal, 1 für Strg/Break-Abbruch, 2 für Gerätefehler, 3 für Ende über Prozedur Keep).
FUNCTION DOSExitCode: Word;

DosVersion

Dos

w := DosVersion;
Status-Funktion aus Unit Dos: Versionsnummer von DOS liefern: Höherwertiges Byte für Neben- und niederwertiges Byte für Haupt-Versionsnummer ($2003 für DOS 3.2).
```
WriteLn('Version: ',Lo(DosVersion,'.',Hi(DosVersion)));
```
FUNCTION DosVersion: Word;

DSeg

i := DSeg;
Speicher-Funktion: Adresse des Datensegments angeben. Siehe CSeg. Der von DSeg gelieferte Inhalt des Prozessor-Registers DS beinhaltet die Adresse des Segments, in dem die globalen Variablen stehen:
```
WriteLn(DSeg,':0000 Startadresse der globalen Variablen des Programms.');
```
FUNCTION DSeg: Word;

EnvCount

Dos

i := EnvCount;
Speicher-Funktion aus Dos: Anzahl von Einträgen der Tabelle *Environment* liefern, die jedem DOS-Programm vorangestellt ist (Zugriff mit *EnvStr).*
FUNCTION EnvCount: Integer;

EnvStr

Dos

String := EnvStr(Eintragsnummer);
Speicher-Funktion aus Unit Dos: Den Eintrag in der Tabelle Environment als String der Form *Name = Text* zurückgeben.

```
FOR i:= 1 TO EnvCount DO WriteLn(EnvStr(i));
```
FUNCTION EnvStr(Indexnummer:Integer): String;

EoF

b := EoF(Dateivariable);
Datei-Funktion: Die EoF-Funktion ergibt True, sobald der Dateizeiger auf das Ende der Datei (d.h. hinter den letzten Eintrag) bewegt wird. EoF gilt für alle Dateitypen (FILE OF, FILE, TEXT). Das Dateiende wird mit !26 bzw. $1A gekennzeichnet. Wiederholung, solange das Dateiende nicht erreicht ist:
```
WHILE NOT EoF(TelFil) DO ...;
```
FUNCTION EoF(VAR f: File): Boolean;   *(typisierte und untypisierte Dateien)*
FUNCTION EoF(VAR f: Text): Boolean;   *(Textdateien)*

EoLn

b := EoLn(Textdateivariable);
Datei-Funktion: Die Boolesche Funktion ergibt True, sobald der Dateizeiger auf das Zeilenende einer Textdatei bewegt wird. Ist EoF True, wird auch EoLn auf True gesetzt. Zeilenendekennzeichen ist CRLF, !1310 bzw. $0D0A.
```
IF EoLn(Brief) THEN ...;
```
FUNCTION EoLn(VAR f:Text): Boolean;

Erase

Erase(Dateivariable);
Datei-Prozedur: Eine zuvor mittels Close geschlossene Datei von Diskette entfernen und das Inhaltsverzeichnis aktualisieren.
```
Erase(TelFil);
```
PROCEDURE Erase(VAR f:File);

Exclude

Exclude(M,i);
Prozedur ab 7.0, um das durch i gegebene Element (kompatibel zum Mengentyp von M) aus der Menge M zu entfernen. Siehe Include.
```
Exclude(S,i);                    {entspricht s := s - [i]
```
PROCEDURE Exclude(VAR M: SET OF T; i:T);

Exec

Dos

Exec(Pfad,Parameter);
Datei-Prozedur aus Unit Dos: Ein Programm aus einem anderen Programm heraus starten und ausführen. Pfad enthält den Programmnamen. Optional können Kommandozeilen-Parameter übergeben werden.
```
Write('Name? ');
ReadLn(Programmname);
```

```
Write('Parameter? '); ReadLn(Kommandozeile);
Exec(Programmname,Kommandozeile);
WriteLn('... wieder im rufenden Programm ...');
```
PROCEDURE Exec(Pfad,Parameter: String);

Exit

Exit;
Den aktuellen Block verlassen. Exit im Unterprogramm bewirkt Rücksprung zum rufenden Programm; Exit im Hauptprogramm bewirkt Rücksprung zur rufenden Ebene (Turbo Pascal bzw. MS-DOS).
```
REPEAT
  ...; IF KeyPressed THEN Exit; ...;
UNTIL False;
```
PROCEDURE Exit;

Exp

r := Exp(RealAusdruck);
Arithmetische Funktion: Den Exponenten "e hoch ..." angeben. Siehe Ln.
```
WriteLn('Zahl e ist: ',Exp(1.0));
```
FUNCTION Exp(r: Real): Real;

FExpand

Dos

Pfad := FExpand(Dateiname);
Datei-Funktion aus Dos: Dateinamen um Suchpfad erweitern. Für Verzeichnis C:\SPRACHE\TP\BSP liefern: C:\SPRACHE\TP\BSP\ZINS4.PAS.
```
WriteLn(FExpand('zins4.pas'));
```
FUNCTION FExpand(Pfad:PathStr): PathStr;

FilePos

i := FilePos(Dateivariable);
Datei-Funktion: Die Nummer des Datensatzes anzeigen, auf den der Dateizeiger einer geöffneten Direktzugriffdatei zeigt. Erste Satznummer ist 0:
```
IF FilePos(TelFil) = 0
  THEN WriteLn('Dateizeiger auf Satz 0 als 1. Satz');
```
FUNCTION FilePos(VAR f: File): LongInt;

FileSize

i := FileSize(Dateivariable);
Datei-Funktion: Die Anzahl der Datensätze einer Direktzugriffdatei als Long-Int-Wert angeben. Nach dem Anlegen 0 melden:
```
Rewrite(TelFil);
WriteLn('Leerdatei mit ',FileSize(TelFil),' Sätzen.');
```
FUNCTION FileSize(VAR f:File): LongInt;

FillChar

FillChar(Zielvariable, AnzahlZeichen, Zeichen);
Speicher-Prozedur: Einer Zielvariablen (einfacher Typ, Array- oder Record-komponenten) bestimmte Zeichen zuordnen. Ist die AnzahlZeichen zu groß, wird der an die Variable anschließende Speicher überschrieben. Der Wert des angegebenen Zeichens (Byte- oder Char-Typ) muß zwischen 0 und 255 liegen. Die Stringvariable Name mit 60 '='-Zeichen füllen.

```
VAR Name:STRING[60]:
BEGIN FillChar(Name,SizeOf(Name),'='):
```

PROCEDURE FillChar(VAR Ziel,n: Word, Daten: Byte);
PROCEDURE FillChar(VAR Ziel,n: Word, Daten: Char);

FindFirst

Dos

FindFirst(Pfad,Attr,s);
Prozedur aus Unit Dos: Ein Verzeichnis nach dem ersten Eintrag mit dem angegebenen Attributbyte Attr und Suchparameter s durchsuchen. SearchRec ist in Unit Dos wie folgt vordefiniert:

```
TYPE SearchRec = RECORD
                    Fill: ARRAY[1..21] OF Byte:
                    Attr: Byte:
                    Time: LongInt:
                    Size: LongInt:
                    Name: STRING[12]:
                 END:
```

In Unit Dos vordefinierte Konstanten für Attr:

```
CONST ReadOnly=$01: Hidden=$02: SysFile=$04: VolumeID=$08: Directory=$10:
Archive=$20: AnyFile=$3F:
```

Anweisungsfolge zur Simulation von MS-DOS-Befehl DIR *.PAS:

```
VAR Such:SearchRec: ...:
FindFirst('*.PAS',Archive,Such):
WHILE DosError = 0 DO
  BEGIN WriteLn(Such.Name): FindNext(Such): END:
```

PROCEDURE FindFirst(Pfad:String; Attr:Byte; VAR s:SearchRec);

FindNext

Dos

FindNext(s);
Prozedur aus Unit Dos: Ein Verzeichnis nach dem nächsten Eintrag mit dem Suchparameter s durchsuchen. Siehe FindFirst.
PROCEDURE(VAR s:SearchRec);

Flush

Flush(Dateivariable)
Datei-Prozedur: Den Inhalt des im RAM befindlichen Dateipuffers auf den Externspeicher ablegen (erzwungene Ausgabe) und somit leeren.
PROCEDURE Flush(VAR f:Text);

Frac

r := Frac(IntegerAusdruck / RealAusdruck);
Arithmetische Funktion: Den Nachkommateil des Ausdrucks angeben. Das
Ergebnis ist stets Real! 2.445-Int(2.445) ergibt 0.2445 und ist identisch mit:
```
WriteLn(Frac(2.445));
```
FUNCTION Frac(i:Integer): Real;
FUNCTION Frac(r:Real): Real;

FreeMem

Heap-Prozedur: Den über die Prozedur *GetMem* reservierten Speicherplatz auf
dem Heap wieder freigeben. Die AnzahlBytes von FreeMem und GetMem
müssen exakt gleich sein. Siehe Dispose, Release.
PROCEDURE FreeMem(VAR p:Pointer; Bytes:Word);

FreeMin

Standard-Variable: Minimalgröße des freien Speicherbereichs zwischen Heap-
Ptr und FreeList einstellen. Fragmentliste soll mindestens 500 Einträge aufneh-
men:
```
FreeMin := 4000;                        da 8 Bytes je Eintrag
```
VAR FreMin: Word;

FreePtr

Standard-Variable: Obergrenze des freien Speicherplatzes auf dem Heap anzei-
gen (dazu ist $1000 zum Offset von FreePtr zu addieren). FreePtr zeigt auf die
Startadresse der Fragmentliste, die als Array aus Records vereinbart ist:
```
TYPE
   FreeRec = RECORD
                 OrgPtr,EndPtr: Pointer
              END;
   FreeList = ARRAY[0..8190] OF FreeRec;
```
VAR FreePtr: ^FreeList;

FSearch

Dos

Pfadstring := FSearch(Dateibezeichnung,Directoryliste);
Datei-Funktion aus Unit Dos: Eine Liste von Directories nach einem Dateiein-
trag absuchen und einen Nullstring oder den kompletten Suchweg zurückgeben. Sämtliche Directories (da GetEnv) durchsuchen, die derzeit als PATH gesetzt sind:
```
VAR Pfad: PathStr; ...;
Pfad := FSearch('zinsl.pas',GetEnv('PATH'));
IF Pfad <> '' THEN WriteLn('Suchweg ist ',Pfad)
             ELSE WriteLn('Datei TURBO.TPL nicht gefunden.');
```
FUNCTION FSearch(Pfad:PathStr;DirList:String): PathStr;

FSplit

Dos

FSplit(Dateibezeichnung,Pfad,Name,Dateityp);
Datei-Prozedur aus Unit Dos: Eine Dateibezeichnung in die Komponenten
Pfad, Name und Dateityp zerlegen. In der Unit *Dos* sind vordefiniert:
```
TYPE
   PathStr=STRING[79]; DirStr=STRING[67];
   NameStr=STRING8]; ExtStr=STRING[4];
```
Nach dem Funktionsaufruf liefert DStr+NStr+EStr wieder die Dateibezeich-
nung C:\SPRACHE\TP\ZINS2.PAS:
```
   FSplit('C:\SPRACHE\TP\ZINS2.PAS', DStr, NStr, EStr);
```
PROCEDURE FSplit(Pfad:PathStr; VAR Dir:DirStr; VAR Name:NameStr;
        VAR Ext:ExtStr);

GetCBreak

Dos

GetCBreak(Break);
Datei-Prozedur aus Dos: Die als *Break* übergebene Variable (über DOS-Funk-
tion $33) auf True setzen, falls DOS nur bei Ein-/Ausgaben auf *Ctrl/Break*
prüft.
PROCEDURE GetCBreak(VAR Break: Boolean);

GetDate

Dos

GetDate(Jahr,Monat,Tag,Wochentag);
Datum-Prozedur aus Unit Dos: Das aktuelle Kalenderdatum ermitteln mit
Jahr 1980-2099, Monat 1-12, Tag 1-31 und Wochentag 0-6 mit 0 für Sonntag.
PROCEDURE GetDate(VAR Jahr,Monat,Tag,Wochentag: Word);

GetDir

GetDir(Laufwerknummer,Pfadvariable)
Datei-Prozedur: Das aktuelle Laufwerk bzw. aktuelle Directory in der Pfadva-
riablen bereitstellen. Laufwerknummer 0=aktiv, 1=A:, 2=B: usw. Pfadvaria-
ble mit dem Ergebnisformat "Laufwerk:Pfadname". Pfad in Laufwerk B: ermitteln:
```
   GetDir(2,AktuellerPfad)
```
PROCEDURE GetDir(Laufwerk:Integer; VAR Pfad:String);

GetEnv

Dos

Tabelleneintrag := GetEnv(EintragAlsString);
Speicher-Funktion aus Unit Dos: Einen Eintrag aus der Tabelle *Environment*
lesen. Für den Eintrag PATH = BEISPIEL liefert der Aufruf GetEnv('path')
das Ergebnis 'BEISPIEL':
```
   WriteLn('Als Pfad ist derzeit zugeordnet: '.GetEnv('PATH');
```
FUNCTION GetEnv(Eintrag: String);

GetFAttr

Dos

GetFAttr(Datei,Attr);
Prozedur aus Unit Dos: Die Attribute der Angegebenen Datei liefern. Konstanten für Attr siehe FindFirst. Beispiel zum Prüfen des Dateiattributes:

```
VAR
  Datei:FILE; Attr:Word; ... ;
GetFAttr(Datei,Attr);
  IF Attr AND Hidden <> 0 THEN WriteLn('Versteckte Datei.');
```
PROCEDURE GetFAttr(VAR f; VAR Attr:Word);

GetFTime

GetFTime(Dateivariable,Zeit);
Datum und Uhrzeit der letzten Änderung in der Datei liefern.
PROCEDURE GetFTime(VAR f:File; VAR Zeit:LongInt);

GetIntVec

Dos

GetIntVec(Interruptnummer,VektorZeiger);
Speicher-Prozedur aus Unit Dos: Den Inhalt des Interruptvektors mit Nummer 0-255 angeben. p zeigt auf die Adresse der Routine, die durch den MS-DOS-Befehl INT 0 aufgerufen wird:
```
GetIntVec(0,p);
```
PROCEDURE GetIntVec(IntNo:Byte; VAR Zeiger:Pointer);

GetMem

GetMem(Zeigervariable, AnzahlBytes);
Heap-Prozedur: Auf dem Heap eine exakt genannte Anzahl von Bytes reservieren. Der belegte Speicherplatz kann über FreeMem wieder freigegeben werden. Im Gegensatz zu GetMem richtet sich der durch New reservierte Speicherplatz nach dem jeweiligen Datentyp.

Auf dem Heap 65521 (64 KB minus 0Fhex) Bytes als größtmöglichen Bereich belegen und die Anfangsadresse dieses Bereichs der Zeigervariablen p1 zuordnen:
```
GetMem(p1,65521);
```
PROCEDURE GetMem(VAR p:Pointer; Bytes:Word);

GetTime

Dos

GetTime(Stunde,Minute,Sekunde,HundertstelSekunde);
Prozedur aus Unit Dos, um die Uhrzeit des Systems zu lesen. Stunde 0-23, Minute und Sekunde 0-59 sowie HundertSekunde 0-99.
PROCEDURE GetTime(VAR h,m,s,s100: Word);

GetVerify

Dos

GetVerify(Flag);
Speicher-Prozedur aus Unit Dos: Das DOS-Flag Verify (für True überprüft DOS geschriebene Diskettensektoren automatisch) in die genannte Variable kopieren. Siehe SetVerify.
PROCEDURE GetVerify(VAR Verify: Boolean);

GotoXY

Crt

GotoXY(RechtsX,RunterY);
E/A-Prozedur aus Unit Crt: Den Text-Cursor auf Spalte 1-80 (nach rechts) und Zeile 1-25 (nach unten) relativ zum aktiven Textfenster positionieren.
```
    GotoXY(1,1):                        Cursor nach links oben setzen
    GotoXY(80,25):                      Cursor nach rechts unten setzen
    Window(30,20,60,50): GotoXY(1,1):   Cursor in Spalte 30 und Zeile 20
```
PROCEDURE GotoXY(x,y: Byte);

Halt

Halt[(Exitcode)];
Die Programmausführung abbrechen und die Kontrolle an die rufende Ebene (DOS bzw. Hauptprogramm) zurückgeben. Den optionalen Exitcode Dos-ExitCode im Programm bzw. mit ERRORLEVEL in DOS auslesen.
```
    Halt:                               Identisch mit Halt(0)
```
PROCEDURE Halt[(Exitcode: Word]);

HeapError

Standard-Variable: Diese Variable zeigt auf die Standard-Fehlerbehandlung, oder sie führt einen Aufruf über HeapError aus.

HeapOrg

Standard-Variable: Die Startadresse des Heaps, der in Richtung aufsteigender Speicheradressen wächst, bereitstellen (Heap Origin).

HeapPtr

Standard-Variable: Die Position des Heapzeigers bereitstellen. HeapPtr als ein typloser und zu allen Zeigertypen kompatibler Zeiger. Der Offset von Heap-Ptr liegt zwischen $0000 und $000F. Die Maximalgröße beträgt 65521 bzw. ($10000 minus $000F). Beispiel: Bei Programmstart wird HeapPtr auf HeapOrg als unterste Heap-Adresse gesetzt. Durch New(p3) erhält p3 den Wert von HeapPtr. Nun wird HeapPtr um die Größe des Datentyps, auf den p3 zeigt, erhöht.

Hi

i := Hi(IntegerAusdruck / WordAusdruck);
Speicher-Funktion: Das höherwertige Byte (Highbyte) des Ausdrucks als niederwertiges Ergebnis-Byte (Lowbyte) bereitstellen (höherwertiges Ergebnisbyte ist Null).
```
WriteLn('$12 und nochmals '.Hi($1234).' ausgeben.');
```
FUNCTION Hi(i: Integer/Word): Byte;

High

Funktion ab 7.0, um den höchsten Indexwert des Arguments x (Variablenbezug oder Typbezeichner) zu liefern. Siehe Low; Beispiel siehe OpenString. Ergebniswerte von High:

Aufzählungstyp:	höchster Indexwert:
Array-Typ	obere Indexgrenze des Arrays
String-Typ	vereinbarte Länge des Strings
Offener Array bzw.	Anzahl der Elemente minus 1
String-Parameter	als Word-Wert

Beispiel zum Aufsummieren:
```
FOR i := Low(a) TO High(a) DO    {Alle Elemente von Array a}
    s := s + a[i];               {nach s aufsummieren}
```
FUNCTION High(x): {x bzw. Indextyp von x}

HighVideo

Crt

HighVideo;
E/A-Prozedur aus Unit Crt: Den Modus "hohe Intensität" für die nachfolgenden Zeichenausgaben einstellen. Siehe LowVideo.
PROCEDURE HighVideo;

IN

b := Ausdruck IN Menge;
Arithmetischer Operator: Prüfen, ob der im Ausdruck angegebene Wert (einfacher Datentyp) als Element in der Menge enthalten ist. True, da 2 Element der Menge ist.
```
Enthalten := 2 IN [0..50];
```
Eingabeschleife ohne Echo:
```
REPEAT
    Write('Antwort? '); Antwort := ReadKey
UNTIL UpCase(Antwort) IN ['R'.'S'.'T'.'U'];
```
Prüfen, ob die Tastatureingabe Element in einer durch SET definierten Menge von vier Zeichen ist:
```
CONST GuteEingabe: SET OF Char=['j'.'J'.'n'.'N'];
```

```
VAR Taste: Char;
...; IF Taste IN GuteEingabe THEN ...;
```

Inc

Inc(x [,IntegerAusdruck]);
Ordinale Prozedur: Den Wert der Variablen x um den Wert erhöhen.
```
Inc(z,4);                          Entspricht z := z + 4;
Inc(IntVar);                       Entspricht IntVar:=IntVar+1;
Inc(LongIntVar);                   Entspricht LongIntVar:=LongIntVar+5;
```
PROCEDURE Inc(VAR x:Ordinaltyp; i:LongInt);

Include

Include(m, i);
Prozedur ab 7.0: Das durch i angegebene Element in die Mengenvariable m
einfügen. Siehe Exclude.
```
Include(s,i);                      {entspricht s := s + [i]}
```
PROCEDURE Include(VAR m: SET OF T, i:T);

Input

Standard-Variable: Primäre Eingabedatei, die als vordefinierte Textdatei-Varia-
ble bei Read bzw. ReadLn stets standardmäßig angenommen wird. Input liest
nur Eingaben von der Tastatur. Zwei Anweisungen, die sich exakt entspre-
chen:
```
ReadLn(Zeichen); ReadLn(Input,Zeichen);
```

Insert

Insert(s0,s1,p);
String-Prozedur: String s0 in den String s1 ab der Position p einfügen. s0 als
beliebiger String-Ausdruck, s1 als Stringvariable und p als Anfangsposition in
s1 (Konstante/Variable vom Typ Integer bzw. Byte zwischen 1 und 255). Ist p
größer als die Länge von s1, wird nichts eingefügt. Siehe Delete, Copy,

Length, Pos. Wort:='Prozeßchner' durch 're' zu 'Prozeßrechner' ergänzen:
```
Insert('re',Wort,7);
```
PROCEDURE Insert(s0:String; VAR s1:String; p:Integer);

InsLine

Crt

InsLine;
E/A-Prozedur aus Unit Crt: Leerzeile vor der aktuellen Cursorposition einfü-
gen, d.h. die Folgezeilen um eine Zeile nach unten verschieben.
```
Window(30,20,70,40); InsLine;     40 Zeichen-Zeile in Zeile 20 einfügen
```
PROCEDURE InsLine;

Int

r := Int(IntegerAusdruck oder RealAusdruck);
Arithmetische Funktion: Den ganzzahligen Teil eines Ausdrucks als Real-Zahl
angeben. Siehe Frac. Real-Zahl 2.000 als ganzzahliger Teil von 2.778:
```
WriteLn(Int(-2.778));
```
FUNCTION Int(i:Integer):Real   oder   FUNCTION Int(r:Real):Real;

Intr

Dos

Intr(InterruptNummer,Reg);
Interrupt-Prozedur aus Unit Dos: Einen Software-Interrupt ausführen mit einer InterruptNummer im Bereich 0-255. Reg ist in Unit Dos wie folgt definiert:
```
TYPE Registers = RECORD;
  CASE Integer OF
    0: (AX,BX,CX,DX,BP,SI,DS,ES,Flags:Word);
    1: (AL,AH,BL,BH,CL,CH,DL,DH:Byte);
  END;
```
Während die Prozedur Intr alle Interrupts aufrufen kann, bezieht sich die Pro-
zedur MsDos auf Interrupt 21hex. Siehe auch Unit Dos.
PROCEDURE Intr(IntNo:Byte; VAR Reg:Registers);

IOResult

w := IOResult;
Datei-Funktion: Den Fehlercode der letzten Ein-/Ausgabeoperation. Das
Funktionsergebnis vom Integer-Typ wird nach jedem Aufruf sofort auf 0 ge-
setzt (deshalb: Hilfsvariable verwenden). I/O-Fehlernummer zuweisen und
abfragen:
```
Fehler := IOResult;
IF Fehler = 1
  THEN WriteLn('Datei nicht gefunden.')
  ELSE IF Fehler ...;
```
FUNCTION IOResult: Integer;

Keep

Dos

Prozeß-Prozedur aus Unit Dos: Die Programmausführung beenden und den
Ausdruck von Exitcode an die MS-DOS-Ebene übergeben. Das Programm ver-
bleibt im RAM (speicherresident einschl. Stack, Heap, Daten-Segment).
PROCEDURE Keep(Exitcode: Word);

KeyPressed

Crt

b := KeyPressed;

E/A-Funktion aus Unit Crt: Den Wert True liefern, wenn ein Zeichen im Tastaturpuffer darauf wartet, gelesen zu werden. KeyPressed prüft, ohne das Eingabezeichen abzuholen; dies ist mit ReadKey vorzunehmen:

```
IF KeyPressed                    Eingabezeichen in Taste einlesen
  THEN Taste := ReadKey;
REPEAT                           Den Bildschirm beschreiben, bis eine
  Write('Heidelberg ');          Taste gedrückt wird
UNTIL KeyPressed;
```
FUNCTION KeyPressed: Boolean;

Length

i := Length(s);
String-Funktion: Aktuelle Länge der Stringvariablen s angeben. Ein Beispiel:
```
IF Length(Ein)=8 THEN Write('8 Zeichen lang.');
```
FUNCTION Length(s: String): Integer;

Ln

r := Ln(IntegerAusdruck / RealAusdruck);
Arithmetische Funktion: Den natürlichen Logarithmus des Ausdrucks angeben (Laufzeitfehler für Werte kleiner/gleich 0). Die Zahlen 1 und 2.30256 ausgeben:
```
Write(Ln(2.7182818285),' ',Ln(10));
```
FUNCTION Ln(i: Integer): Real;
FUNCTION Ln(r: Real): Real;

Lo

Crt

i := Lo(IntegerAusdruck);
Speicher-Funktion aus Unit Crt: Das niederwertige Byte (Lowbyte) des Ausdrucks bereitstellen. Siehe Hi.
```
WriteLn('$34 und nochmals ',Lo($1234));
```
FUNCTION Lo(i: Integer): Integer;

LowVideo

Crt

LowVideo;
E/A-Prozedur aus Unit Crt: Bildschirm auf normale Helligkeit einstellen.
PROCEDURE LowVideo;

Low

Index0 := Low(x);
Funktion ab 7.0, um den niedrigsten Indexwert des Arguments x zu liefern. Siehe High. Für String-Typen, offene Arrays und offene String-Parameter liefert Low den Wert 0.

```
    WriteLn(Low(a));          {5 für a:ARRAY[5..9] OF Byte}
```
FUNCTION Low(x): {ordinaler Ergebnistyp};

Mark

Mark(Zeigervariable);
Heap-Prozedur: Wert des Heapzeigers einer Zeigervariablen zuweisen, um z.B.
über Release alle dynamischen Variablen oberhalb dieser Adresse zu entfernen.
Siehe Release (oberhalb löschen) und Dispose (gezielt einzeln löschen). Alle
über p4 liegenden Variablen vom Heap entfernen:
```
    Mark(p4); Release(p4);
```
PROCEDURE Mark(VAR p:Pointer);

MaxAvail

Heap-Funktion: Umfang des größten zusammenhängenden freien Speicherplatzes auf dem Heap in Bytes angeben.
```
    TYPE NamenTyp = STRING[200];
    BEGIN IF SizeOf(NamenTyp) > MaxAvail
      THEN WriteLn('... zu wenig Platz auf dem Heap.')
      ELSE GetMem(Zeig,SizeOf(NamenTyp);
```
FUNCTION MaxAvail: LongInt;

MaxInt

Standard-Variable: Den größten Integer-Wert 32767 bereitstellen.
CONST MaxInt: Integer = 32767;

MaxLongInt

Standard-Variable: Den größten LongInt-Wert 2147483647 bereitstellen.
CONST MaxLongInt: LongInt = 2147483647;

Mem

Mem[Segmentadresse:Offsetadresse];
Standard-Variable: Über den vordefinierten Speicher-Array Mem, dessen Indizes Adressen sind, läßt sich jede Speicherstelle erreichen. Die Indizes sind Ausdrücke vom Word-Typ (in Pascal 3.0: Integer-Typ), wobei Segment und Offset
durch ":" getrennt werden. Die Adreßangabe kann dezimal (-32768 - 32767)
oder hexadezimal ($0000 - $FFFF) erfolgen. Inhalt des Bytes in Segment $0000
und Offset $0080 in die Integer-Variable Wert einlesen:
```
    Wert := Mem[$0000:$0080];
```

Der Speicheradresse $0070:$0077 den Wert 9 zuweisen:
```
    Mem[$0070:$0077] := 9;
```
VAR Mem: ARRAY OF Byte;

MemAvail

i := MemAvail;
Heap-Funktion: Die Anzahl der freien Bytes auf dem Heap angeben. Das Ergebnis von MemAvail setzt sich aus dem freien Platz über der Spitze des Heaps und den "Lücken im Heap" zusammen.

```
Write('Frei auf dem Heap: ',MemAvail,' und größter Block: ',MaxAvail);
```

FUNCTION MemAvail: LongInt;

MemL

Standard-Variable: Wie Array MemW, aber mit Komponententyp LongInt.
VAR MemL: ARRAY OF LongInt;

MemW

MemW[Segmentadresse:Offsetadresse];
Standard-Variable: Vordefinierter Speicher-Array zum direkten Speichern. Jede Komponente des MemW-Arrays belegt ein Wort (2 Bytes). In Pascal 3.0 hat MemW den Integer-Typ. Integer-Wert von WertNeu an die Adresse abspeichern, an der die ersten 2 Bytes von WertAlt abgelegt sind:

```
MemW[Seg(WertAlt):Ofs(WertAlt)] := WertNeu;
```

Inhalt von Wert7 an Adresse 65500 (Offset) in Segment 02509 speichern:

```
MemW[02509:65500] := Wert7;
```

VAR MemW: ARRAY OF Word;

MkDir

MkDir(Pfadname);
Datei-Prozedur: Neues Unterverzeichnis mit dem angegebenen Namen anlegen. Identisch zum DOS-Befehl MD (siehe auch ChDir, GetDir und RmDir). Unterverzeichnis \Anwend1 in Laufwerk B: anlegen.

```
MkDir('b:\Anwend1');
```

PROCEDURE MkDir(Pfadname: String);

MOD

IntegerAusdruck MOD IntegerAusdruck;
Arithmetischer Operator, um den Rest bei ganzzahliger Division (Modulus) anzugeben (siehe DIV-Operator). Restwert 6 anzeigen:

```
WriteLn(20 MOD 7);
```


Move

Move(QuellVariablenname, ZielVariablenname, Bytes);

Speicher-Prozedur: Eine bestimmte Anzahl von Bytes von einer Variablen in
eine andere Variable übertragen. Siehe FillChar. Ist WortZ kürzer als 10 Bytes,
so wird der hinter WortZ befindliche Datenbereich überschrieben:

```
Move(WortQ,WortZ,10);
```

PROCEDURE Move(VAR Quelle,Ziel:Type; Bytes:Word);

MsDos

Dos

MsDos(cpu);

Prozedur aus Unit Dos: Einen Funktionsaufruf über den DOS-Interrupt 21
hex ausführen. MsDos bezieht sich stets auf Interrupt 21hex, während Intr beliebige Interrupts aufrufen kann. Siehe Unit Dos sowie Intr.

```
VAR t:String; cpu:Registers; ...;      Registers in Dos vordefiniert
t := 'Heidelberg';
cpu.ah:=9;                             Funktion 9 von Interrupt 21hex
cpu.ds:=seg(t[1]);cpu.dx:=ofs(t[1]); Adresse in t in Register DS:DX erwartet
MsDos(cpu);                            'Heidelberg' am Bildschirm ausgeben
```

PROCEDURE MsDos(VAR cpu: Registers);

New

New(Zeigervariable)

Zeiger

Heap-Prozedur: Für eine neue Variable vom Zeigertyp auf dem Heap Speicherplatz reservieren (siehe Dispose als Gegenstück). Eine dynamische Variable ist namenlos und kann nur über einen Zeiger angesprochen werden, der
auf die Adresse zeigt, ab der die Variable auf dem Heap abgelegt ist. Der Zeiger
hat einen Namen (z.B. p7) und wird als Zeigervariable bezeichnet. Mit der folgenden Vereinbarung wird eine Zeigervariable p7 definiert, die auf Daten vom
Integer-Typ zeigt:

```
VAR p7: ^Integer;
```

Nun können auf dem Heap genau zwei Byte für die Ablage einer Integer-Variablen reserviert werden:

```
New(p7);
```

HeapPtr wird um die Größe von p7 erhöht, d.h. um 2 Bytes. Dynamische Variablen lassen sich wie statische Variablen verwenden, wobei dem
Zeigernamen ein "^" folgen muß:

```
p7^ := 5346; WriteLn(p7^);
```

Die dynamische Variable p7^ nennt man auch Bezugsvariable, da sie sich auf
die Zeigervariable p7 bezieht.

PROCEDURE New(VAR p: Pointer);

New

p := New(Zeigervariable [,Konstruct]);

Heap-Funktion ab 6.0: Eine dynamische Variable beliebigen Typs (auch Objekttyp) anlegen und einen Zeiger auf diese Variable liefern. Konstruct als Aufruf eines Konstruktors vom zugehörigen Objekttyp.

```
VAR Feld1: pFeld; ...;
Feld1 := New(StrpFeld, Init(1,1,20,'Name'));
```
FUNCTION New(VAR p:Pointer [;Konstruct]): Pointer;

NIL

Zeigervariable := NIL;
Standard-Konstante: Einer Zeigervariablen die vordefinierte Konstante NIL
zuweisen. NIL für "auf nichts zeigen". NIL ist zu allen Datentypen von dynamischen Variablen kompatibel.
```
p7 := NIL;        Zeigervariable p7 zeigt auf "keine dynamische Variable"
```


NormVideo

Crt

NormVideo;
E/A-Prozedur aus Crt: Text- und Hintergrundfarbe auf die Standardwerte ge-
mäß "Start of Normal Video" setzen. Text erscheint dunkel:
```
LowVideo; WriteLn('Techniker-PC'); NormVideo;
```
PROCEDURE NormVideo;

NoSound

Crt

NoSound;
E/A-Prozedur aus Crt: Den Lautsprecher wieder abschalten (siehe Sound).
```
Sound(400); Delay(1000); NoSound;        Ton mit 400 Hertz eine Sekunde lang
```
PROCEDURE NoSound;

NOT

i := NOT IntegerAusdruck;
Arithmetischer Operator: Jedes im IntegerAusdruck gesetzte Bit löschen und
jedes gelöschte Bit setzen (Bitbelegung umkehren, invertieren).
-10, $DCBA und 0 durch bitweise Verneinung ausgeben:
```
WriteLn((NOT 9), (NOT $2345), (NOT -1));
```


NOT

b := NOT BooleanAusdruck;
Logischer Operator: Den logischen Wert des genannten Ausdrucks negieren
bzw. umkehren: NOT True ergibt False, NOT False ergibt True. Schleife
wiederholen, solange Gefunden nicht True ist:
```
WHILE NOT Gefunden DO ...;
```


Odd

b := Odd(IntegerAusdruck);

Ordinale Funktion: True ausgeben, wenn Ausdruck eine ungerade Zahl ist.
Der folgende ELSE-Teil wird niemals ausgeführt:
```
IF Odd(7) THEN Write('ungerade') ELSE Write('.');
```
FUNCTION Odd(i: LongInt): Boolean;

Ofs

i := Ofs(Ausdruck);
Speicher-Funktion: Offsetwert der Adresse einer Variablen, Prozedur oder
Funktion im RAM als Word angeben. Bei 16-Bit-Rechnern setzt sich eine
Adresse aus Segment- und Offsetadresse zusammen (siehe Seg, Mem).
```
Adrla := Ofs(Betrag);
Write('Betrag ab Adresse ',Adrla,' im Daten-Segment abgelegt.');
```
FUNCTION Ofs(Name): Word;

OR

i := IntegerAusdruck OR IntegerAusdruck
Arithmetischer Operator: Bits setzen, wenn sie mindestens in einem der beiden Ausdrücke gesetzt sind. Anwendung: Gezieltes Setzen einzelner Bits. 15
anzeigen, da 0111 und 1000 durch OR zu 1111 verknüpft werden:
```
WriteLn(7 OR 8)
```


OR

b := BooleanAusdruck OR BooleanAusdruck;
Logischer Operator: Zwei Ausdrücke durch "logisch ODER" verknüpfen.

*Wahrheits-
tabelle*
```
True     OR     True      ergibt True
True     OR     False     ergibt True
False    OR     True      ergibt True
False    OR     False     ergibt False
```

Werte einer Boolean-Variablen und eines Vergleichausdrucks ermitteln und
dann mit OR verknüpfen:
```
IF Gefunden OR (Nummer=77) THEN ...;
```


Ord

i := Ord(SkalarAusdruck);
Transfer-Funktion: Skalar- bzw. Ordinalwert eines ASCII-Zeichens angeben.
Die Ordnungsnummer 66 in der Integer-Variablen i1 bereitstellen:
```
i1 := Ord('B');
```
Für p als Zeiger zum Beispiel Adresse 23333 ausgeben:
```
WriteLn(Ord(p));
```
Für a=Di vom Typ (Mo,Di,Mi,Don) den Wert 2 nennen:
```
OrdWert := Ord(a);
```

FUNCTION Ord(x: Skalar): LongInt;

Output

Standard-Variable: Primäre Ausgabedatei für Write, WriteLn (siehe Input).
Zwei identische Ausgabeanweisungen:

```
Write('Ausgabe'); Write(Output,'Ausgabe');
```

OvrClearBuf

Overlay

Overlay-Prozedur aus Unit Overlay: Alle Overlay-Units im RAM löschen, d.
h. den Overlay-Puffer löschen.
PROCEDURE OvrClearBuf;

OvrGetRetry

Overlay

Overlay-Funktion aus Unit Overlay: Die aktuelle Größe des Bewährungsbereiches im Overlay-Puffer angeben.
FUNCTION OvrGetRetry: Longint;

OvrGetBuf

Overlay

Overlay-Funktion aus Unit Overlay: Die aktuelle Größe des Overlay-Puffers
in Bytes angeben.
FUNCTION OvrGetBuf: LongInt;

OvrInit

Overlay

Overlay-Prozedur aus Unit Overlay: Die OVR-Datei, in der die Overlay-
Units des Programms gespeichert sind, öffnen; erst danach können Overlay-
Routinen verwendet werden.

```
OvrInit('OverDemo.OVR');
IF OvrResult <> ovrOk THEN
   THEN BEGIN CASE OvrResult OF
             ovrError:   WriteLn('Aktives Programm hat keine Overlays.')
             ovrNotFound: WriteLn('Genannte OVR-Datei nicht vorhanden.');
          END;
          Halt(1);
       END
   ELSE WriteLn('Overlay Datei geöffnet.');
```

PROCEDURE OvrInit(OVR-Dateiname: String);

OvrInitEMS

Overlay

Overlay-Prozedur: Overlay-Datei des Programms in EMS-Karte kopieren.
PROCEDURE OvrInitEMS;

OvrSetBuf

Overlay

OvrSetBuf(Puffergröße);

Die Größe des Overlay-Puffers in Bytes festlegen (größtes Overlay bestimmt die Mindestgröße).
PROCEDURE OvrSetBuf(Größe:LongInt);

OvrSetRetry

Overlay

OvrSetRetry(Puffergröße);
Overlay-Prozedur aus Unit Overlay stellt die Größe des Bewährungsbereiches im Overlay-Puffer ein.
PROCEDURE OvrSetRetry(Size: Longint);

PackTime

Dos

PackTime(ZeitUngepackt,ZeitGepackt);
Prozedur aus Unit Dos, um einen Record des Typs DateTime in einen gepackten LongInt umzuwandeln, um diesen dann in SetFTime verwenden. Siehe UnpackTime, GetFTime, GetTime, SetFTime, SetTime.
PROCEDURE PackTime(VAR ZeitU:DateTime; VAR ZeitG:LongInt);

ParamCount

i := ParamCount;
Speicher-Funktion: Die Anzahl der Parameter zurückgeben, die beim Aufruf des Programmes hinter dem Programmnamen angegeben wurden.

```
    IF ParamCount=0 THEN WriteLn('Programm wurde ohne Parameter aufgerufen.'):
```
FUNCTION ParamCount: Word;

ParamStr

s := ParamStr(ParameterNummer);
Speicher-Funktion: Den der eingegebenen Nummer entsprechenden Parameter als Zeichenkette zurückgeben.

```
    IF ParamCount = 0
      THEN WriteLn('Keine Parameter')
      ELSE FOR w := 1 TO ParamCount DO
        WriteLn('Parameter ',w,': ',ParamStr(w)):
```
FUNCTION ParamStr(Nr: Word): String;

Pi

Arithmetische Funktion: Den Wert von Pi als 3.141592653589793285 liefern.
FUNCTION Pi: Real;

Port

Port[Adresse] := Wert;

b := Port[Adresse];
Standard-Variable: Den Datenport ansprechen, d.h. auf die Ein-/Ausgabeadres-
sen des Systems direkt zugreifen. Der Indextyp ist Word bzw. Integer. Der
Komponenten 56 des Port-Arrays einen Wert zuweisen, um diesen Wert am
genannten Port auszugeben:
```
Port[56] := 10;
```
Wert vom genannten Port 56 in Variable b1 einlesen:
```
b1 := Port[56];
```
VAR Port: Array Of Byte;

PortW

PortW[Adresse] := Wert;
Standard-Variable: Einen Wert in einen Port schreiben bzw. ausgeben.
VAR PortW: Array Of Word;

Pos

i := Pos(s0,s1);
String-Funktion: Die Anfangsposition von Suchstring s0 in String s1 angeben.
Siehe Copy, Delete, Insert und Length. Ein Zeichen suchen (Angabe von Po-
sition 2 als dem ersten Auftreten von 'e'):
```
Write(Pos('e','Wegweiser'));
```

Einen Teilstring suchen (Angabe von 3 als Anfangsposition):
```
AnfPos := Pos('ei','Klein, aber fein'));
```
Angabe von 0, da Suchstring 'eis' nicht gefunden wird:
```
WriteLn(Pos('eis','Klein, aber fein'));
```
FUNCTION Pos(s0,s1: String): Byte;

Pred

x := Pred(OrdinalerAusdruck);
Ordinale Funktion: Den Vorgänger (Predecessor) des Ausdruckes (LongInt,
ShortInt, Word, Integer, Byte, Char, Boolean, STRING bzw. SET-Inhalt) an-
geben (siehe Funktion Succ als Umkehrung). Vorgänger 'F', 0 und 'f' ausge-
ben:
```
Write(Pred('G'), Pred(1), Pred('griffbereit'));
```
FUNCTION Pred(x:Ordinal): OrdinalWieArgument;

PrefixSeg

Standard-Variable: Dem als EXE-Datei gespeicherten Pascal-Programm wird
beim Laden durch MS-DOS ein 256 Bytes langer Programmsegment-Präfix
(PSP) vorangestellt. Die Segment-Adresse des PSP wird in der Variablen PrefixSeg bereitgestellt.
VAR PrefixSeg: Word;

Ptr

p := Ptr(Segment,Offset);
Speicher-Funktion: Die Angaben für Segment und Offset in einen Zeiger um-
wandeln, der auf die durch (Segment:Offset) gebildete Adresse zeigt. Siehe
Addr.
FUNCTION Ptr(Segment,Offset:Word): Pointer;

Random

Random[(Obergrenze)];
Speicher-Funktion: Eine Real-Zufallszahl zwischen Null (einschließlich) und 1
(ausschließlich) bzw. der angegebenen Obergrenze (ausschließlich) erzeugen.
```
   z := Random(256);                        Zahl z erzeugen mit: 0 <= z < 256
```
FUNCTION Random[(Grenze:Word)]: Real;

Randomize

Randomize;
Speicher-Prozedur: Zufallszahlengenerator unter Verwendung von Systemda-
tum und -zeit mit einer Zufallszahl starten.
```
   Randomize;                               Zufallszahlengenerator initialisieren
   REPEAT
     TextAttr:=Random(256);
     Write('Freiburg ');                    Bildschirm bunt einfärben
   UNTIL KeyPressed;
```
PROCEDURE Randomize;

Read

Read(Dateivariable,Datensatzvariable);
Datei-Prozedur: Auf eine Datei mit konstanter Datensatzlänge lesend in zwei
Schritten zugreifen: 1. Datensatz von der Diskettendatei in den RAM einlesen
und in der Datensatzvariablen ablegen. 2. Dateizeiger um eine Position erhöhen. Aus TelFil den Datensatz, auf den der Dateizeiger gerade zeigt, in die Variable TelRec einlesen (Satzaufbau auf Diskette und im RAM sind gleich; siehe
Rewrite):
```
   Read(TelFil,TelRec);
```

Read(Dateivariable,Var1,Var2,...);
Auf eine Datei mit variabler Datensatzlänge lesend in zwei Schritten zugreifen:
1. Nächste Einträge in Variablen Var1, Var2, ... einlesen. 2. Dateizeiger um
entsprechende Anzahl erhöhen. Die nächsten drei Einträge in den RAM einlesen:
```
   Read(NotizFil,Name,Summe,Datum);
```
PROCEDURE Read(VAR f: File Of Type; VAR v: Type);

Read

Read(Variable1 [,Variable2,...]);
E/A-Prozedur: Wie ReadLn (siehe unten), aber ohne CRLF am Ende (der
Cursor bleibt somit hinter der Tastatureingabe stehen).
```
Write('Frei');WriteLn('burg');        Identisch mit: WriteLn('Freiburg');
```

ReadKey

E/A-Funktion aus Unit Crt: Ein Zeichen über die Eingabedatei ohne Return
und ohne Bildschirmecho entgegennehmen. Das nächste getippte Zeichen in
die Variable c (Char-Typ) einlesen:
```
Write('Wahl E, V oder Y? '); c := ReadKey;
```
Spezialtasten (Funktions- und Cursortasten sowie Alt-Tastenkombinationen)
liefern erweiterte Tastaturcodes. Der 1. ReadKey-Aufruf liefert Chr(0) und der
2. ReadKey-Aufruf den Scancode der entsprechenden Spezialtaste. Drücken
einer Funktionstaste abfragen (mit Echo):
```
c := ReadKey;
IF c = #0
  THEN WriteLn('Funktionstaste: ',Ord(ReadKey))
  ELSE WriteKn('Normale Taste: ',c);
```
FUNCTION ReadKey: Char;

ReadLn

*Tastatur-
eingabe*

ReadLn(Variable1 [,Variable2,...]);
E/A-Prozedur, um Daten von der Tastatur in drei Schritten einzugeben:
1. Auf die Tastatureingabe des Benutzers warten.
2. Eingabedaten (Leerzeichen trennt die Daten) in die Variablen zuweisen.
3. CRLF senden: Cursor steht am Anfang der Folgezeile.
Keine Tastatureingabe ohne vorangehende Eingabeaufforderung:
```
Write('Wieviel DM? '); ReadLn(Betrag);
```
PROCEDURE ReadLn(v1,v2,...,vn: Type);
PROCEDURE ReadLn(VAR f:Text; v1,v2,...,vn: Type);

Release

Release(Zeigervariable);
Heap-Prozedur: Den Heapzeiger auf die Adresse setzen, die die angegebene
Zeigervariable enthält, um damit alle dynamischen Variablen über dieser Ad-
resse freizugeben bzw. zu löschen. Im Gegensatz zu Dispose kann man mit Re-
lease keine dynamischen Variablen inmitten des Heaps löschen. Wert des
Heapzeigers der Zeigervariablen p1 zuweisen, um den darüberliegenden Spei-
cherplatz frei zu machen:
```
Mark(p1); Release(p1);
```
PROCEDURE Release(VAR p: Pointer);

Rename

Rename(DateivariableAlt,DateivariableNeu);
Datei-Prozedur: Den Namen der Dateivariablen einer zuvor mit Assign zugeordneten Datei ändern. Siehe Erase. Die Datei TelFil soll ab jetzt als Telefon
Fil benannt werden:
```
Rename(TelFil,TelefonFil);
```
Beim Umbenennen gleichzeitig das Directory wechseln:
```
Assign(f,'\Sprache\Turbo\Rechnung.PAS');
Rename(f,'\Rech1.PAS');
```
PROCEDURE Rename(VAR f: File; Dateiname: String);

Reset

Reset(Dateivariable [,BlockGroesse]);
Datei-Prozedur: Eine mit Assign zugeordnete und existierende Datei in zwei
Schritten öffnen: 1. Gegebenenfalls geöffnete Datei schließen. 2. Dateizeiger
auf die Anfangsposition 0 stellen. Auf eine Textdatei (TEXT) kann man anschließend nur lesend zugreifen; zum Schreiben muß mit Append geöffnet
werden. Die anderen Dateitypen (FILE OF, FILE) erlauben den lesenden oder
den schreibenden Zugriff. Datei Telefon1.DAT zum öffnen:
```
Assign(TelFil,'B:Telefon1.DAT):
Reset(TelFil);
```
Bei einer nicht-typisierten Datei (Dateityp FILE) kann über den Parameter
BlockGroesse die Anzahl von Bytes angegeben werden, die beim Zugriff jeweils
zu übertragen sind (Standard sind 128 Bytes).
PROCEDURE Reset(VAR f: File; BlockGroesse:Word);

Rewrite

Rewrite(Dateivariable [,BlockGroesse]);
Datei-Prozedur: Eine mit Assign zugeordnete Datei in zwei Schritten öffnen,
um eine neue Datei anzulegen bzw. zu erzeugen: 1. Gegebenenfalls geöffnete
Datei löschen und schließen. 2. Dateizeiger auf die Anfangsposition 0 stellen.
B:Telefon1.DAT soll als Leerdatei neu angelegt werden:
```
Rewrite(TelFil); ...;
```
Für f als nicht-typisierte Datei (Dateityp FILE) kann man über den Parameter
BlockGroesse die Anzahl der zu übertragenden Bytes (standardmäßig 128 Bytes)
angeben.
PROCEDURE Rewrite(VAR f: File; BlockGroesse:Word);

RmDir

RmDir(Pfadname);
Datei-Prozedur: Das genannte (leere) Unterverzeichnis löschen. Identisch zu
DOS-Befehl RD bzw. RMDIR (siehe auch ChDir, GetDir und MkDir). Das
leere Verzeichnis \Anwend1 von Laufwerk B: entfernen:

```
RmDir(b:\Anwend1);
```
PROCEDURE RmDir(Pfadname: String);

Round

i := Round(RealAusdruck);
Transfer-Funktion: Den Ausdruck ganzzahlig bzw. kaufmännisch ab-/aufrunden. Siehe Int, Trunc. Die ganzen Zahlen 7 und -4 ausgeben:
```
Write(Round(7.44),Round(-3.9));
```
FUNCTION Round(r:Real): LongInt;

RunError

RunError;
Datei-Prozedur: Einen Laufzeitfehler erzeugen und das Programm abbrechen lassen. Im Gegensatz zur Halt-Prozedur erscheint keine Laufzeitfehlermeldung.
PROCEDURE RunError [(ErrorCode: Word)];

Seek

Seek(Dateivariable,Datensatznummer);
Datei-Prozedur: Dateizeiger auf den durch die Datensatznummer bezeichneten Datensatz positionieren (erster Datensatz mit Datensatznummer 0).

Den 5. Satz der Telefondatei direkt in den RAM lesen:
```
Seek(TelFil,4);
Read(TelFil,TelRec);
```
Einen neuen Datensatz am Ende der Datei anfügen:
```
Seek(TelFil,FileSize(TelFil));
Write(TelFil,TelRec);
```

PROCEDURE Seek(VAR f:File of Type; Position:LongInt);
PROCEDURE Seek(VAR f:File; Position:LongInt);

SeekEoF

b := SeekEoF(Textdateivariable);
Datei-Funktion: Die Boolesche Funktion ergibt True, sobald der Dateizeiger auf das Ende der Textdatei zeigt. Abweichung zur EoF-Funktion: SeekEoF überspringt Leerzeichen (!32, $20), Tabulatoren (!9, $09) bzw. Zeilenendemarke (!1310, $0D0A, CRLF) und prüft erst dann auf das Dateiende. Anwendung von SeekEof, wenn die Anzahl der Objekte einer Zeile bzw. einer Datei unbekannt ist.
FUNCTION SeekEoF(VAR f: Text): Boolean;

SeekEoLn

b: = SeekEoLn(Textdateivariable);
Datei-Funktion: Boolesche Funktion ergibt True, sobald das Zeilenende
(!1310, $0D0A, CRLF) erreicht ist. Abweichung zur EoLn-Funktion: Leerzei-
chen und Tabulatoren werden vor dem Test auf Zeilenende übersprungen.
FUNCTION SeekEoLn(VAR f: Text): Boolean;

Seg

i := Seg(Ausdruck);
Speicher-Funktion: Den Segmentwert der Adresse einer Variablen, Prozedur
oder Funktion im RAM als Word (in Pascal 3.0 als Integer) angeben (siehe Ofs
für den Offsetwert einer Adresse im Format Segmentwert:Offsetwert). Siehe
MsDos, Intr. Den Offset von Variable, Array-, Record-Komponente zeigen:
```
Write(Seg(Betrag),Seg(Ums[3]),Seg(TelFil.Name));
```
FUNCTION Seg(VAR: Name): Word;

SetCBreak

Dos

SetCBreak(BreakPrüfenOderNicht);
Datei-Prozedur aus Unit Dos: Das Break-Flag von Dos auf den mit *Break* ange-
gebenen Wert setzen, damit MS-DOS auf *Ctrl/Break* prüft. Siehe *GetCBreak.*
PROCEDURE SetCBreak(Break:Boolean);

SetDate

Dos

SetDate(Jahr,Monat,Tag,Wochentag);
Prozedur aus Unit Dos: Das Kalenderdatum des Betriebssystems setzen. Siehe
GetTime, GetDate, SetTime.
PROCEDURE SetDate(Jahr,Monat,Tag,Wochentag: Word);

SetFAttr

Dos

SetFAttr(Dateivariable, Attr);
Prozedur aus Unit Dos: Die Attribute einer zuvor geschlossenen Datei setzen.
In DOS vordefinierte Konstanten für Attr siehe FindFirst. Eine Datei "verber-
gen":
```
Assign(TelFil,'B:Telefon.DAT');
SetFAttr(TelFil,ReadOnly + Hidden);
```
PROCEDURE SetFAttr(VAR f:File; Attr:Byte);

SetFTime

Dos

SetFTime(Dateivariable,Zeit);

Prozedur aus Unit Dos, um das Datum und die Uhrzeit der letzten Veränderung einer Datei direkt zu setzen. Siehe GetFTime. *Zeit* enthält Datum und Uhrzeit in einer zuvor mit der Prozedur PackTime gepackten Form.
PROCEDURE SetFTime(VAR f:File; Zeit:LongInt);

SetIntVec

Dos

SetIntVec(VektorNummer,Vektor);
Interrupt-Prozedur aus Unit Dos: Einen Interrupt-Vektor auf eine bestimmte Adresse setzen (siehe GetIntVec). Der Vektor wird über Addr, den Adreß-Operator @ oder über Ptr erzeugt.
PROCEDURE SetIntVec(VNr:Byte; VAR v:Pointer);

SetTextBuf

SetTextBuf(Textdateivariable,Puffer[,Block]);
Datei-Prozedur: Für eine Textdatei einen Puffer (Standard ist 128 Bytes) zuordnen. Ist der Block angegeben, wird nur der entsprechende Teil von Puffer benutzt. 10-KB-Puffer zuordnen:

```
VAR Puffer: ARRAY[1..10240] OF Char; {10 KB}
BEGIN Assign(TDatei,ParamStr(1));
   SetTextBuf(TDatei,Puffer); Reset(TDatei);
```
PROCEDURE SetTextBuf(VAR f:Text;VAR Puffer:Type; [Block:Word]);

SetTime

Dos

SetTime(Stunde,Minute,Sekunde,HundertstelSekunde);
Prozedur aus Unit Dos: Die Uhrzeit des Systems neu setzen. Siehe GetTime, GetDate, SetDate.
PROCEDURE (std,min,sek,sek100: Word);

SetVerify

Dos

Speicher-Prozedur aus Unit Dos: Das Verify-Flag von MS-DOS setzen. Siehe GetVerify.
PROCEDURE SetVerify(Verify: Boolean);

SHL

i := IntegerAusdruck SHL BitAnzahl;
Logischer Operator: Die Bits im Ausdruck um die angegebene Bitanzahl nach links verschieben (SHL = SHift Left). 256 nach i1 zuordnen (000001000 zu 100000000):
```
i1 := 8 SHL 5;
```

Da sich die Stellenwerte einer Binärzahl bei jedem Schritt nach links verdoppeln, entspricht "Zahl4 SHL 1" der Operation "Zahl4*2" (Vorteil: Verschiebeoperationen sind viel schneller als Multiplikationsoperationen).

```
Write('Verdopplung von Zahl4: ',Zahl4 SHL 1);
```

Sin

r := Sin(RealAusdruck);
Arithmetische Funktion: Der Real-Ausdruck wird als Winkel im Bogenmaß interpretiert und Sin gibt den zugehörigen Sinus zurück.

```
WriteLn(Sin(Pi/2));                    Ausgabe von 1.0
```

FUNCTION Sin(r: Real): Real;

SizeOf

i := SizeOf(Variable / Typ);
Speicher-Funktion: Anzahl der durch die Variable bzw. den Datentyp im RAM belegten Bytes angeben. Korrekte Byte-Anzahl auf Heap reservieren:

```
VAR
   p: ^Integer;
BEGIN GetMem(p, SizeOf(Integer));
```

FUNCTION SizeOf(VAR Variablenname): Word;
FUNCTION SizeOf(Datentypname): Word;

Sound

Crt

Sound(FrequenzInHertz);
E/A-Prozedur aus Unit Crt: Einen Ton in der angegebenen Frequenz so lange ausgeben, bis der Lautsprecher durch die Prozedur NoSound abgeschaltet wird. Einen Ton mit 300 Hertz ca. 6 Sekunden lang ausgeben:

```
Sound(300); Delay(6000); NoSound;
```

PROCEDURE Sound(Frequenz: Word);

SPtr

w := SPtr;
Speicher-Funktion: Den aktuellen Wert des Stackzeigers (SP-Register) in Form des Offsets der Stackspitze angeben.
FUNCTION SPtr: Word;

Sqr

x := Sqr(IntegerAusdruck / Real-Ausdruck);
Arithmetische Funktion: Das Quadrat des Ausdrucks angeben.

```
Write(Sqr(8),' ',Sqr(-1.5));        64 als Integer und 2.25 als Real ausgeben
```

FUNCTION Sqr(i: Integer): Integer ;
FUNCTION Sqr(r: Real): Real;

Sqrt

r := Sqrt(RealAusdruck);
Arithmetische Funktion: Den Ausdruck quadrieren.
```
Wurzel := Sqrt(16);                4.00 in Real-Variable Wurzel zuweisen
```
FUNCTION Sqrt(r:Real): Real;

SSeg

w := SSeg;
Speicher-Funktion: Die Adresse des Stack-Segments als Inhalt des Prozessor-Registers SS angeben. Siehe CSeg, DSeg.
FUNCTION SSeg: Word;

Str

Str(x [:Länge[:Nachkommastellen]] ,s);
Transfer-Funktion: Den numerischen Wert von x in einen String umwandeln und in der Variablen s abspeichern. x ist ein beliebiger numerischer Ausdruck und s ist eine STRING-Variable. Siehe Val, WriteLn. Die Zahl 7000 in einen String '7000' umwandeln und in s1 ablegen:
```
Str(7000,s1);
```

Zuerst formatieren und dann in s2 '7000.66' ablegen:
```
Str(7000.661:8:2,s2);
```
PROCEDURE Str(i: Integer; VAR Zeichenkette: String);
PROCEDURE Str(r: Real; VAR Zeichenkette: String);

StrCat

Strings

String := StrCat(Ziel, Quelle);
Funktion aus Unit Strings (ab 7.0): Eine Kopie des Quellstrings an den Ziel-string anhängen und den verketteten String liefern. *StrLen(Quelle)* + *StrLen(Ziel)* + *1 als* Minimallänge von Ziel.
```
PROGRAM StrKett;
USES
  Strings;
CONST
  g: PChar = 'griffbereit';
VAR
  s1: ARRAY[0..20] OF Char;
BEGIN
  StrCopy(s1, 'Pascal');
  StrCat(s1,' ');
  StrCat(s1, g);
  WriteLn(s1);                {'Pascal griffbereit' ausgeben}
END.
```

FUNCTION StrCat(z,q: PChar): PChar;

StrComp

Strings

Ganzzahl := StrComp(String1,String2);
Funktion aus Unit Strings (ab 7.0): Zwei Strings vergleichen und <0 (String1 kleiner als String2), 0 (gleich) oder >0 (größer) liefern.
FUNCTION StrComp(s1,s2: PChar): Integer;

StrCopy

Strings

s := StrCopy(Ziel,Quelle);
Funktion aus Unit Strings (ab 7.0): Den Quellstring in den Zielstring kopieren und den Zielstring liefern. s als null-terminierter String ARRAY[0..12] OF Char vereinbart:

```
StrCopy(s,'griffbereit');
```
FUNCTION StrCopy(z,q: PChar): PChar;

StrDispose

Strings

Funktion aus Unit Strings (ab 7.0): Einen String vom Heap entfernen. Beispiel siehe StrNew.
FUNCTION StrDispose(Str: PChar);

StrECopy

Strings

s := StrECopy(Ziel,Quelle);
Funktion aus Unit Strings (ab 7.0): Den Quellstring in den Zielstring kopieren und einen Zeiger auf das Ende des neuen Strings liefern.
FUNCTION StrECopy(z,q: PChar): PChar;

StrEnd

Strings

s := StrEnd(String);
Funktion aus Unit Strings (ab 7.0): Einen Zeiger auf Ende des null-terminierten Strings (also #0 bzw. NUL) liefern.

```
WriteLn(StrEnd(s) - s, ' als Stringlänge);
```
FUNCTION StrEnd(s: PChar): PChar;

StrIComp

Strings

Funktion aus Unit Strings (ab 7.0): Wie Funktion StrComp, aber ohne Beachtung von Klein-/Großschreibung.
FUNCTION StrIComp(s1,s2: PChar): PChar;

StrLCat

Strings

s := StrLCat(Ziel, Quell, MaxLen);

Funktion aus Unit Strings (ab 7.0): Maximal *MaxLen-StrLen(Ziel)* Zeichen des
Quellstrings an den Zielstring hängen und den verketteten String liefern. Bei-
spiel siehe StrLCopy.
FUNCTION StrLCat(z,q: PChar; MaxLen: Word): PChar;

StrLComp

Strings

i := StrLComp(String1, String2, MaxLen);
Funktion aus Unit Strings (ab 7.0): Wie StrComp, aber nur bis zur angegebe-
nen Maximallänge vergleichen.
FUNCTION StrLComp(s1,s2: PChar; MaxLen: Word): Integer;

StrLCopy

Strings

StrLCopy(Zielstring, Quellstring, MaxLen);
Funktion aus Unit Strings (ab 7.0): Zeichen vom Quellstring in den Zielstring
kopieren.

```
VAR s := ARRAY[0..15] OF Char;   {Null-terminierter String}
BEGIN
  StrLCopy(s, 'Pascal', SizeOf(s)-1);
  StrLCat(s, ' ', SizeOf(s)-1);
  StrLCat(s, 'griffbereit', SizeOf(s)-1);
  WriteLn(s);                     {Ausgabe: 'Pascal griffbereit'}
END.
```

FUNCTION StrLCopy(z,q: PChar; MaxLen: Word): PChar;

StrLen

Strings

Ganzzahl := StrLen(String);
Funktion aus Unit Strings (ab 7.0): Die Anzahl der Zeichen des Strings liefern.
FUNCTION StrLen(s: PChar): Word;

StrLIComp

Strings

i := StrLIComp(String1, String2, MaxLen);
Funktion aus Unit Strings (ab 7.0): Zwei Strings bis zur angegebenen Länge
ohne Beachtung von Klein-und Großschreibung vergleichen. Ergebnis wie
StrComp.
FUNCTION StrLIComp(s1,s2: Pchar; MaxLen: Word): Integer;

StrLower

Strings

s:=StrLower(String:PChar);
Funktion aus Unit Strings (ab 7.0): Einen String in Kleinbuchstaben umwandeln.

```
VAR s1: ARRAY[0..20] OF Char;     {null-terminierter String}
BEGIN
```

```
    ReadLn(s1);
    WriteLn(StrLower(s1);
    WriteLn(StrUpper(s1);
  END.
```
FUNCTION StrLower(s: PChar): PChar;

StrMove

Strings

s := StrMove(Ziel, Quelle; Anzahl);
Funktion aus Unit Strings (ab 7.0): Die angegebene Anzahl von Zeichen aus
dem Quellstring in den Zielstring kopieren und als Ergebnis liefern.
FUNCTION StrMove(z,q: PChar; a:Word): PChar;

StrNew

Strings

s := StrNew(String);
Funktion aus Unit Strings (ab 7.0): Auf dem Heap eine Kopie des angegebenen
Strings ablegen.
   - Falls Leerstring: NIL liefern, keinen Speicher auf Heap belegen.
   - Sonst: Auf dem Heap *StrLen(s)+1* Bytes reservieren.
```
    PROGRAM StrNew;
    USES Strings;
    VAR
      s1:ARRAY[0..30] OF Char;
      P: PChar;
    BEGIN
      Write('String? '); ReadLn(s1);
      P := StrNew(s1);
      WriteLn(P);                      {String ausgeben}
      StrDispose(P);                   {String auf Heap löschen}
    END.
```
FUNCTION StrNew(s: PChar): PChar;

StrPas

Strings

s := StrPas(String);
Funktion aus Unit Strings (ab 7.0): Einen null-terminierten String in einen
normalen Pascal-String umwandeln. Siehe Unit Strings. Siehe StrPCopy.
```
    USES Strings;
    VAR
      n: ARRAY[0..79] OF Char;         {null-terminierter String}
      s: STRING[79];                   {Pascal-String}
    BEGIN
      ReadLn(n);
      s := StrPasc(n);
      WriteLn(s);
    END.
```
FUNCTION StrPas(s: PChar): PChar;

StrPCopy

Strings

StrPCopy (Zielstring, Quellstring);
Funktion aus Unit Strings (ab 7.0): Einen Pascal-String in einen null-terminier-
ten String umwandeln. Siehe StrPas als Umkehrung.
FUNCTION StrPCopy(z: PChar; q: String);

StrPos

Strings

p := StrPos(String, Suchstring);
Funktion aus Unit Strings (ab 7.0): Einen Zeiger auf das erste Vorkommen des
Suchstrings im String liefern.

```
    p := StrPos(s, sSuch);
    IF p <> NIL THEN WriteLn('Gefunden bei Index ', p-s);
```
FUNCTION StrPos(s, sSuch: PChar): PChar;

StrRScan

Strings

p := StrRScan(String; Zeichen);
Funktion aus Unit Strings (ab 7.0): Einen Zeiger auf das letzte Vorkommen ei-
nes Zeichens in einem String liefern.
FUNCTION StrRScan(String:PChar; Zeichen:Char): PChar;

StrScan

Strings

p := StrScan(String, Zeichen);
Funktion aus Unit Strings (ab 7.0): Einen Zeiger auf das erste Vorkommen ei-
nes Zeichens in einem String oder aber NIL liefern.
FUNCTION StrScan(s:PChar; z:Char): PChar;

StrUpper

Strings

s := StrUpper(String: PChar);
Funktion aus Unit Strings (ab 7.0): String in Großbuchstaben umwandeln. Sie-
he StrLower.
FUNCTION StrUpper(s: PChar): PChar;

Succ

x := Succ(SkalarAusdruck);
Ordinale Funktion: Den Nachfolger (Successor) des Ergebnisses angeben (Umkehrung der Funktion Pred). 'B', -6 und False als Nachfolgewerte ausgeben:

```
    WriteLn(Succ('A'),Succ(-7),Succ(True));
```
FUNCTION Succ(x:Skalar): Skalar;

Swap

Swap(IntegerAusdruck / WordAusdruck);
Speicher-Funktion zum Austauschen des nieder- und höherwertigen Bytes.
```
WriteLn(Swap($1234);                    Ausgabe von $3412
```
FUNCTION Swap(i: Integer): Integer;
FUNCTION Swap(w: Word): Word;

SwapVectors

Dos

SwapVectors;
Speicher-Prozedur aus Unit Dos: Die derzeit belegten Interrupt-Vektoren $00
- $75 und $34 - $3E mit den Werten der globalen Variablen SaveInt00 - Save-
Int75 und SaveInt34 - SaveInt3E der Unit *System* austauschen.
PROCEDURE SwapVectors;

TextBackground

Crt

TextBackground(FarbNummer);
E/A-Prozedur aus Unit Crt: Die Texthintergrundfarbe in einer der dunklen
Farben 0-7 festlegen. Zwei identische Befehle zum Einstellen von Rot:
```
TextBackground(Red);  TextBackground(4);
```
PROCEDURE TextBackground(Farbe: Byte);

TextColor

Crt

TextColor(Farbe);
E/A-Prozedur aus Unit Crt: Eine von 16 Farben 0-15 (siehe Unit Crt) für die
Textzeichen einstellen. Blink hat den Wert 128 (in Pascal 3.0 ist Blink = 16; aus
Kompatibilitätsgründen wird das Blink-Bit gesetzt, sobald als Farbe ein Wert
über 15 festgestellt wird). Identische Aufrufe zum Einstellen der hellblauen
Farbe:
```
TextColor(9);  TextColor(LightBlue);
```
Standard-Konstante Blink läßt die Zeichen blinken:
```
TextColor(LightBlue + Blink);
```
PROCEDURE TextColor(Farbe: Integer);

TextMode

Crt

TextMode(BildschirmModus);
E/A-Prozedur aus Unit Crt: Einen bestimmten Textmodus einstellen (BW40,
BW80, C40, C80, Mono und Last, siehe Unit Crt), wobei der Bildschirm gelöscht und die Variablen DirectVideo und CheckSnow auf True gesetzt werden. Vor Beenden eines Grafikprogramms sollte das System auf den 80-Zei-
chen-Textmodus zurückgesetzt werden:
```
TextMode(BW80);
```
PROCEDURE TextMode(Modus: Word);

Trunc

i := Trunc(RealAusdruck);
Transfer-Funktion: Den ganzzahligen Teil angeben, d.h. die nächstgrößere
Zahl (Ausdruck positiv) bzw. nächstkleinere Zahl (Ausdruck negativ). Trunc
schneidet ab. Siehe Int, Round. Die Zahlen -3 und 10000 ausgeben:
```
Write(Trunc(-3.9),' ',Trunc(9999));
```
FUNCTION Trunc(r:Real): LongInt;

Truncate

Truncate(Dateivariable);
Datei-Prozedur: Eine Datei an der aktuellen Position des Dateizeigers abschneiden. Sätze hinter dieser Position gehen verloren. Die Datei TelFil ver-
kleinern:
```
Truncate(TelFil);
```
PROCEDURE Truncate(f: File);

TYPE

TYPE Prozedurtypname = PROCEDURE[(Parameter)];
TYPE Prozedurtypname = FUNCTION[(Par)]: Typname;
Anzahl, Typen und Reihenfolge der Parameter für Routinen vereinbaren, die
später als Prozedur-Variablen verarbeitet werden. Besonderheit bei der Typvereinbarung: Hinter PROCEDURE bzw. FUNCTION wird kein Name
angegeben. In der Prozedur-Variable gespeichert:
1. Die Startadresse der Routine (Prozedur, Funktion).
2. Anzahl, Typen und Reihenfolge der Parameter sowie Funktionsergebnis-
   typ als Information für den Compiler.
Prozedur-Variablen kann man (wie normale Variablen) als Parameter übergeben (programmgesteuertes Aufrufen von Routinen möglich).

TypeOf

TypeOf(x);
Funktion ab 7.0: Einen Zeiger auf die VMT (Tabelle virtueller Methoden) ei-
nes Objekttyps liefern.
FUNCTION TapeOf(x): Pointer;

UnPackTime

Dos

UnPackTime(ZeitGepackt,ZeitNormal);
Datum-Prozedur aus Unit Dos: Datum und Uhrzeit aus einem gepackten 4-
Byte-Format (von GetFTime, PackTime, FindFirst und FindNext erzeugt) in
einen Record des DateTime-Typs umwandeln.
PROCEDURE UnPackTime(ZeitG:LongInt; VAR ZeitN:DateTime);

UpCase

c := UpCase(Zeichen);
String-Funktion: Den angegebenen Buchstaben (Ausnahme: deutsche Umlaute) in Großschreibung umwandeln. Alle Zeichen des Buchstaben-Strings in Großschreibung umwandeln:
```
FOR Ind := 1 TO Length(Buchstaben) DO
   Buchstaben[Ind] := UpCase(Buchstaben[Ind]);
```
FUNCTION UpCase(c:Char): Char;

Val

Val(s,x,i);
Transfer-Prozedur: Einen String s in einen numerischen Wert x umwandeln: s als beliebiger String-Ausdruck. x als Integer-Variable oder Real-Variable. i als Integer-Variable für die Fehlerposition in s. Siehe Str. Den String '77' in den Integer i1 umwandeln mit 0 in der Variablen Fehler:
```
Val('77',i1,Fehler);
```
String '77.412' in Real r1 umwandeln mit 0 in Fehler:
```
Val('77.412',r1,Fehler);
```
String '9w' nicht umzuwandeln, Position 2 in Fehler:
```
Val('9w',r2,Fehler);
```
Absturzsichere Real-Eingabe in die Variable r9 über Hilfsstring s9:
```
REPEAT
   ReadLn(s9); Val(s9,r9,Fehler)
UNTIL Fehler = 0;
```
PROCEDURE Val(s:String; VAR i,Err:Integer);
PROCEDURE Val(s:String; VAR r:Real; VAR Err:Integer);

WhereX

Crt

SpaltenNr := WhereX;
E/A-Funktion aus der Unit Crt: Relativ zum aktiven Fenster die Spaltennummer angeben, in der sich der Cursor befindet.
```
WriteLn('Cursor in Spalte ',WhereX);
```
FUNCTION WhereX: Byte;

WhereY

Crt

ZeilenNr := WhereY;
E/A-Funktion aus der Unit Crt: Relativ zum aktiven Fenster die Zeilennummer angeben, in der sich der Cursor befindet.
```
ClrScr; WriteLn(WhereY);                    Den Zeilenwert 1 ausgeben
```
FUNCTION WhereY: Byte;

Window

Crt

Window(x1,y1, x2,y2);

E/A-Prozedur aus Unit Crt: Ein Textfenster mit (x1,y1) für die linke obere und (x2,y2) für die rechte untere Ecke einrichten und den Cursor in die Home-Position (1,1) setzen.

```
Window(1,1,80,25);              Gesamtbildschirm als aktives Fenster
```
PROCEDURE Window(x1,y1,x2,y2: Byte);

Write

Write(Dateivariable,Datensatzvariable);
Datei-Prozedur: Auf eine Datei mit konstanter Datensatzlänge schreibend in zwei Schritten zugreifen: 1. Datensatz vom RAM auf die Diskettendatei schreiben. 2. Dateizeiger um eine Position erhöhen. Siehe Read. Den in der Datensatzvariablen TelRec abgelegten Datensatz an die Position auf Diskette speichern, auf die der Dateizeiger gerade zeigt:

```
Write(TelFil,TelRec);
```
PROCEDURE Write(VAR f:File OF Type; VAR v:Type);

Write(Dateivariable,Var1,Var2,...);
Datei-Prozedur: Datei-Prozedur: Auf eine Datei mit variabler Datensatzlänge schreibend in zwei Schritten zugreifen: 1. Den Inhalt der Variablen Var1, Var2, ... als nächste Einträge auf Diskette speichern. 2. Dateizeiger um die entsprechende Anzahl erhöhen. Den Inhalt von Name, Summe und Datum als die nächsten drei Einträge auf Diskette speichern:

```
Write(NotizFil,Name,Summe,Datum);
```
PROCEDURE Write(VAR f:File OF Type; VAR v:Type);

Write

Write(Ausgabeliste);
E/A-Prozedur: Wie WriteLn, aber ohne Zeilenschaltung CRLF am Ende.
PROCEDURE Write([VAR f:Text,] b:Boolean);
PROCEDURE Write([VAR f:Text,] c:Char);
PROCEDURE Write([VAR f:Text,] i:Integer);
PROCEDURE Write([VAR f:Text,] r:Real);
PROCEDURE Write([VAR f:Text,] s:String);

WriteLn

WriteLn(Ausgabeliste);
E/A-Prozedur: Die in der Ausgabeliste mit "," aufgezählten Daten am Bildschirm ausgeben. Die Ausgabeliste kann Konstanten, Variablen, Ausdrücke und Funktionsaufrufe enthalten. Werte von drei Variablen nebeneinander ausgeben:

```
WriteLn(Nummer,Name,Umsatz);
```
Werte von drei Variablen mit Leerstelle getrennt:

```
WriteLn(Nummer,' ',Name,' ',Umsatz);;
```

Stringkonstanten und ein Funktionsergebnis ausgeben:
```
WriteLn('Ergebnis: ',Summe(r1+r2):10:2,' DM.');
```
Zeilenschaltung CRLF und dann dreimal die Glocke:
```
WriteLn; Write(^G^G^G);
```

Integer-Wert formatieren (10 Stellen rechtsbündig):
```
WriteLn(Nummer:10);
```
Real-Wert formatieren (8 Stellen gesamt, 2 Stellen hinter dem "." (der "." belegt auch eine Stelle):
```
WriteLn(Umsatz:8:2);
```

PROCEDURE WriteLn([VAR f:File,] ... siehe Write ...);
PROCEDURE WriteLn;

WriteLn

WriteLn(Lst,DruckAusgabeliste);
E/A-Prozedur: Daten gemäß DruckAusgabeliste drucken (Prozedur Write ohne Zeilenschaltung entsprechend). Wort mit doppelter Zeilenschaltung drucken:
```
USES Printer;
BEGIN WriteLn('griffbereit'); WriteLn(Lst);
```
PROCEDURE WriteLn(Lst, ... siehe Write ...);

XOR

i := IntegerAusdruck XOR IntegerAusdruck;
Arithmetischer Operator: Ganzzahlige Ausdrücke mit "exklusiv ODER" bitweise so verknüpfen, daß nur bei gleichen Bits das Ergebnisbit gelöscht wird. Zahl 8 nach i7 zuweisen (1110 XOR 0110 ergibt 1000):
```
i7 := 14 XOR 6;
```


XOR

b := BooleanAusdruck XOR BooleanAusdruck;
Logischer Operator: Boolesche Ausdrücke mit "exklusiv ODER" verknüpfen:

Wahrheits-
tabelle
```
True   XOR  True    ergibt   False
True   XOR  False   ergibt   True
False  XOR  True    ergibt   True
False  XOR  False   ergibt   False
```

Fehlerhinweis nur bei verschiedenen Vergleichsergebnissen anzeigen:
```
IF (Wahl>5) XOR (B<1000) THEN WriteLn('Fehler.');
```

16.6   Grafik-Befehle

Aktivieren der Grafik mit *USES Graph*

In der Unit Graph sind die Prozeduren, Funktionen und Datentypen zur Grafikprogrammierung gespeichert (siehe Abschnitt 16.4). Am Anfang eines Grafikprogramms muß mit der Anweisung *USES Graph* die Unit Graph in das Programm eingebunden werden. Durch die folgende USES-Anweisung wird neben der Unit Graph auch die Unit Crt eingebunden. Dabei ist Crt als erste Unit anzugeben, da Routinen von Graph auf Routinen von Crt zugreifen.

```
PROGRAM xxxx;
USES Crt, Graph;
VAR ...
```

Aktivieren der Grafikkarte: BGI-Dateien als Grafiktreiber

BGI-Datei   Da Grafikkarten wie CGA, EGA, Hercules, MCGA und VGA nicht kompatibel sind, stellt Turbo Pascal Grafik-Treiberdateien mit dem Dateityp BGI (für Borland Graphics Interface) zur Verfügung, über die es auf die jeweilige Grafikkarte zugreifen kann. Die BGI-Datei (wie CGA.BGI, HERC.BGI, EGAVGA.BGI) als Schnittstelle zwischen der im PC installierten Grafikkarte und dem Grafikbefehl muß im aktiven Verzeichnispfad zu finden sein. Die Prozedur *InitGraph* initialisiert Grafiktreiber und Grafikmodus.

Arc

Aufruf   *Arc(X,Y,Anfangswinkel,Endwinkel,Radius);*
Einen Kreisausschnitt bzw. Kreisboden zeichnen. Winkelangabe im Gradmaß entgegen dem Uhrzeigersinn (0 Grad horizontal, rechts vom Mittelpunkt 3 Uhr; 90 Grad vertikal, oberhalb des Mittelpunkts 12 Uhr).

```
Arc(100,100,270,360,100);          Ein Vierteilkreis rechts unten
```

Vereinbarung   *PROCEDURE Arc(X,Y:Integer; Anfangswinkel,Endwinkel,Radius:Word);*

Bar

Bar(X1,Y1,X2,Y2);
Einen Kasten zeichnen mit (X1,Y1) oben links und (X2,Y2) unten rechts.

```
Bar(10,100,40,10);
```

PROCEDURE Bar(X1,Y1,X2,Y2:Integer);

Bar3D

Bar3D(X1,X2,Y1,Y2,Tiefe,Kopf);
Einen Quader bzw. dreidimensionalen Balken zeichnen. Aus den Koordinaten wird ein Rechteck gezeichnet und durch die räumliche Tiefe ergänzt.

Hat Kopf den Wert True, dann wird die obere Fläche des Balkens gefüllt.
```
Bar3D(10,100,40,10,20,True);            Balken mit Kopf zeichnen
```
PROCEDURE Bar3D(X1,Y1,X2,Y2:Integer; Tiefe:Word; Kopf:Boolean);

Circle

Circle(X,Y,Radius);
Einen Kreis um den Mittelpunkt X,Y mit dem angegebenen Radius zeichnen.
```
Circle(100,100,70);             Einen großen Kreis zeichnen und darin
Circle(110,90,20);              einen kleineren Kreis einzeichnen
```
PROCEDURE Circle(X,Y:Integer; Radius:Word)

ClearDevice

ClearDevice;
Den Grafikbildschirm löschen und alle Parameter (wie Linienart, Farbe, Muster) auf die Standardeinstellungen zurücksetzen.
PROCEDURE ClearDevice;

ClearViewPort

ClearViewPort;
Das aktive, über SetViewPort gesetzte Grafikfenster löschen und mit dem ersten Farbeintrag der aktiven Palette füllen.
```
ClearViewPort;                  Grafikfenster löschen, mit Palette[0] färben
```
PROCEDURE ClearViewPort;

CloseGraph

CloseGraph;
Vom Grafikmodus in den Textmodus wechseln, der vor dem Aufrufen von InitGraph aktiv war. Der BGI-Treiber wird aus dem RAM gelöscht.
PROCEDURE CloseGraph;

DetectGraph

DetectGraph(Treiber,Modus);
Die im PC eingebaute Grafikkarte feststellen und in Treiber bzw. Modus die entsprechenden Nummern für Grafiktreiber bzw. Grafikmodus bereitstellen.
```
VAR GrTreiber,GrModus:Word;         Erforderliche Variablen definieren
DetectGraph(GrTreiber,GrModus);     Die Grafikkarte feststellen
```
PROCEDURE DetectGraph(VAR Treiber,Modus:Integer)

Für den Treiber-Parameter von DetectGraph sind als Namen vordefiniert:

Treiber

Erkannte Grafikkarte:	*Name:*	*Nummer in Treiber:*
Feststellung automatisch	Detect	0
CGA	CGA	1
MCGA	MCGA	2
EGA	EGA	3
EGA mit 64 KB Bildschirmspeicher	EGA64	4
EGA einfarbig	EGAMono	5
Hercules	HercMono	7
ATT400	ATT400	8
VGA	VGA	9
PC3270	PC3270	10

Für den Modus-Parameter von DetectGraph sind als Namen vordefiniert:

Modus

Erkannte Grafikkarte:		*Name:*	*Nummer in Modus:*
CGA	320x200 (Palette 1)	CGAC1	0
CGA	320x200 (Palette 2)	CGAC2	1
CGA	640x200	CGAHi	1
MCGA	320x200 (Palette 1)	MCGAC1	0
MCGA	320x200 (Palette 2)	MCGAC2	1
MCGA	640x200	MCGAMed	2
MCGA	640x200	MCGAHi	3
EGA	640x200 (4 Seiten)	EGALo	0
EGA	640x350 (16 Farb., 2 S.)	EGAHi	1
EGA	640x200	EGA64Lo	0
EGA	640x350	EGA64Hi	1
EGA	640x350	EGAMonHi	3
Hercules	720x348	HercMonHi	0
ATT-400	320x200 (Palette 1)	ATT400C1	0
ATT-400	320x200 (Palette 2)	ATT400C2	1
ATT-400	640x200	ATT400Med	2
ATT-400	640x400	ATT400Hi	3
VGA	640x200 (16 Farben)	VGALo	0
VGA	640x350 (16 Farben)	VGAMed	1
VGA	640x480 (16 Farben)	VGAHi	2
VGA	640x480 (2 Farben)	VGAHi2	3
PC3270	720x350	PC3270Hi	0

DrawPoly

DrawPoly(Anzahl, Punkte);
Ein Polygon bzw. Vieleck mit Anzahl Eckpunkten zeichnen, die im Punkte-Array abgelegt sind. PointType ist in Unit Graph vordefiniert:

```
TYPE PointType = RECORD
                    X:Word;
                    Y:Word;
                 END;
VAR Pkte: ARRAY[1..5] OF PointType;    Punktefeld mit 5 Punkten vereinbaren
Pkte[3].X := 70;                       3. Punkt mit 70/100 festlegen
Pkte[3].Y := 100; ...;
DrawPoly(5,Pkte);                      Ein Fünfeck zeichnen
```

PROCEDURE DrawPoly(Anz:Word;VAR Punkte:ARRAY[1..n] OF PointType);

Ellipse

Ellipse(X,Y,AWinkel,EWinkel,RadiusX,RadiusY);
Eine Ellipse voll oder als Ausschnitt zeichnen. Winkel in Grad gegen den Uhrzeigersinn (0 Grad = waagerecht rechts 3 Uhr; 90 Grad = senkrecht 12 Uhr).

```
Ellipse(150,150,0,360,150,100);      Eine volle Ellipse zeichnen
Ellipse(150,150,90,180,150,100);     Ein Viertel von 12 bis 9 Uhr zeichnen
```

PROCEDURE Ellipse(X,Y:Integer; Anfwinkel,Endwinkel,RadX,RadY:Word);

FillEllipse

FillEllipse(X,Y,RadiusX,RadiusY);
Eine volle Ellipse zeichnen und mit Füllfarbe und Füllmuster ausfüllen.

```
SetFillStyle(HatchFill,15);      Muster schraffiert und Farbe 15=White)
FillEllipse(150,150,100,70);     Ellipse zeichnen
```

PROCEDURE FillEllipse(X,Y:Integer; RadiusX,RadiusY:Word);

FillPoly

FillPoly(Anzahl, Punkte);
Ein Vieleck bzw. Polygon zeichnen. Im Gegensatz zu DrawPoly wird das Polygon mit dem aktiven Muster und der aktiven Farbe ausgefüllt.
PROCEDURE FillPoly(Anz:Word; VAR Punkte:ARRAY[1..n] OF PointType);

FloodFill

FloodFill(X,Y,Randfarbe);
Eine geschlossene Figur, die den Punkt X/Y umgibt, mit den aktiven Einstellungen von Füllmuster und Füllfarbe ausfüllen.

```
Circle(150,150,70);        Einen Kreis zeichnen, und diesen Kreis dann mit
FloodFill(100,100,4);      aktiven Vorgaben füllen und mit 4=rot umranden
```

PROCEDURE FloodFill(X,Y:Integer; Randfarbe:Word);

GetArcCoords

GetArcCoords(Koordinaten);
Die Koordinaten ermitteln, die beim letzten Aufruf der Arc-Prozedur verwendet wurden. Für die Koordinaten ist folgender Datentyp vordefiniert:

```
TYPE ArcCoordsType = RECORD
                     X:Integer;       {Koordinaten des Mittelpunktes}
                     Y:Integer;
                     Xs:Word;         {Anfangspunkt des Kreisbogens}
                     Ys:Word;
                     Xend:Word;       {Endpunkt des Kreisbogens}
                     Yend:Word;
                     END;
VAR K: ArcCoordsType; ...;       Hilfsvariable vereinbaren
Arc(150,150,0,90,100);           Einen Viertelkreis von 3 Uhr bis 12
Uhr
```

```
GetArcCoords(K);                        Werte in die Variable Koord einlesen
Line(Xs,Ys,Xend,Yend);                  Endpunkte des Virtelkreises verbinden
```
PROCEDURE GetArcCoords(VAR Koordinaten:ArcCoordsType);

GetAspectRatio

GetAspectRatio(Breite,Höhe);
Verhältnis Breite/Höhe des Grafikbildschirms ermitteln, um Verzerrungen zu
vermeiden (unterschiedliche Pixel-Abstände horizontal und vertikal).
PROCEDURE GetAspectRatio(VAR Breite,Höhe:Word);

GetBkColor

w := GetBkColor;
Die aktive Hintergrundfarbe ermitteln.
```
WriteLn('Hintergrundfarbe: ',GetBkColor);
```
FUNCTION GetBkColor:Word;

GetColor

w := GetColor;
Die aktive Zeichenfarbe ermitteln.
```
Zeichenfarbe := GetColor;                Zuweisung in Word-Variable Zeichenfarbe
```
FUNCTION GetColor:Word;

GetDefaultPalette

GetDefaultPalette(VAR Palette:PaletteType);
Die bei der Initialisierung des Grafiktreibers aktivierte Palette in die angegebene Variable einlesen, für die der folgende PaletteType vereinbart wurde:
```
TYPE PaletteType = RECORD
                        Size:Byte;
                        Colors:ARRAY[0..MaxColors] OF ShortInt;
                   END;
```
Die von *GetDefaultPalette* ermittelte Palette (Array von Farbwerten) kann von
der mit *GetPalette* ermittelten aktiven Palette abweichen.
```
VAR P: PaletteType; ...;                 Hilfsvariable P
GetDefaultPalette(P);                    Default-Palette in Variable P einlesen
FOR i:=0 TO MaxColors DO                 Verfügbare Farben anzeigen
  WriteLn(P[i].' als Farbe ',i);
```
PROCEDURE GetDefaultPalette(VAR Palette:PaletteType);

GetDriverName

s := GetDriverName;
Den Namen des aktiven Grafiktreibers angeben.
```
WriteLn('Grafiktreiber: ',GetDriverName);
```
FUNCTION GetDriverName:STRING;

GetFillPattern

GetFillPattern(Muster);
Das zuletzt gesetzte Füllmuster als Array bereitstellen.
```
TYPE FillPatternType = ARRAY[1..8] OF Byte:
```
PROCEDURE GetFillPattern(VAR Muster:FillPatternType);

GetFillSettings

GetFillSettings(VAR Füllung:FillSettingsType);
Das zuletzt gesetzte Füllmuster und die Füllfarbe an eine Recordvariable des
vordefinierten FillSettingsType bereitstellen:
```
TYPE FillSettingsType = RECORD
                          Pattern: Word:
                          Color: Word:
                        END:
```

Werte der Füllmuster für FillSettingsType.Pattern:

*Füll-
muster*

```
Name (Konstante):           Wert:       Füllmuster:
EmptyFill                     0         Hintergrundfarbe
SolidFill                     1         Derzeit aktive Farbe
LineFill                      2         Waagerechte Linien
LtSlashFill                   3         Dünne schräge Linien nach rechts
SlashFill                     4         Schräge Linien nach rechts
BkSlashFill                   5         Schräge Linien nach links
LtBkSlashFill                 6         Dünne schräge Linien nach links
HatchFill                     7         Schraffierung
XHatchFill                    8         Schraffierung gekreuzt
InterLeaveFill                9         Veränderung der Linien
WideDotFill                   10        Weit auseinanderliegende Punkte
CloseDotFill                  11        Dicht beieinanderliegende Punkte
UserFill                      12        Zur Benutzerdefinition frei

VAR M: FillSettingsType: ...;              Aktive Mustereinstellungen anzeigen
GetFillSettings(M):
WriteLn('Farbe: ',M.Color,' und Muster: ',M.Pattern,' sind derzeit aktiv'):
```
PROCEDURE GetFillSettings(VAR Füllung:FillSettingsType);

GetGraphMode

w := GetGraphMode;
Den derzeit eingestellten Grafikmodus angeben.
```
WriteLn('Aktiver Grafikmodus: ',GetGraphMode);
```
FUNCTION GetGraphMode: Word;

GetImage

GetImage(X1,Y1,X2,Y2,Speicherblock);
Den durch die Punkte X1/Y1 (links oben) und X2/Y2 (rechts unten) begrenz-
ten Ausschnitt des Grafikbildschirms in einen Speicherblock (untypisierter

Parameter) übertragen. Speicherblock kann als Zeiger auf den Heap oder als Array vereinbart sein. In den beiden ersten Worten des Blocks werden dann die Breite und die Höhe des Ausschnitts abgelegt. Siehe *PutImage* und *ImageSize*.

```
VAR
  Sp:ARRAY[0..250,0..100] OF Boolean;   Array für Speicherblock vereinbaren
  GetImage(50,50,300,150,Sp);           Grafikbildschirm im Array speichern
```
PROCEDURE GetImage(X1,Y1,X2,Y2:Integer; VAR Speicherblock);

GetLineSettings

GetLineSettings(Linie);
Die aktiven Einstellungen zum Zeichnen von Linien in die Variable Linie einlesen. Für die Variable Linie ist der LineSettingsType vordefiniert:

```
TYPE LineSettingsType = RECORD
                          LineStyle: Word;
                          Pattern: Word;
                          Thickness: Word;
                        END;
```

Linienarten für LineSettingsType.LineStyle:

```
Name (Konstante):     Wert:     Linienart:
SolidLn               0         Durchgehende Linie
DottedLn              1         Gepunktelte Linie
CenterLn              2         Strich - Punkt - Strich
DashedLn              3         Gestrichelte Linie
UserBitLn             4         Benutzerdefinierte Linienart
```

Liniendicken für LineSettingsType.Thickness:

```
Name (Konstante):     Wert:     Linienart:
NormalWidth           1         Normal breite Linie
ThickWidth            3         Doppelt breite Linie
```

```
VAR Linie:LineSettingsType; ...;  Beispiel: Derzeitige Linienart feststellen
GetLineSettingsType(Linie);
WriteLn('Aktive Linienart: ',Linie.LineStyle);
```
PROCEDURE GetLineSettings(VAR Linie:LineSettingsType);

GetMaxMode

w := GetMaxMode;
Den größtmöglichen Wert ermitteln, der für Modus-Parameter in Grafikprozeduren bzw. Grafikfunktionen verwendet werden kann.
FUNCTION GetMaxMode:Word;

GetMaxX

w := GetMaxX;
Die maximal mögliche X-Koordinate des Grafikbildschirms angeben.

```
WriteLn('Horizontal können maximal ',GetMaxX,' Bildpunkte angegeben
werden.');
```
FUNCTION GetMaxX:Word;

GetMaxY

w := GetMaxY;
Die maximal mögliche Y-Koordinate des Grafikbildschirms angeben.
```
WriteLn('Vertikal sind maximal ',GetMaxX,' Pixel möglich.');
```
FUNCTION GetMaxY:Word;

GetModeName

GetModeName;
Den Namen des aktiven Bildschirmmodus angeben. Die Namen (von CGAC1
bis PC3270Hi) sind bei Prozedur DetectGraph zusammengefaßt.
```
WriteLn('Bildschirmmodus: ',GetModeName);
```
FUNCTION GetModeName:STRING;

GetModeRange

GetModeRange(Treiber,LoModus,HiModus);
Den Wertebereich der Bildschirmmodi für den angegebenen Bildschirmtreiber
ermitteln.
PROCEDURE GetModeRange(Treiber:Integer; VAR LoModus,HiModus:Integer);

GetPalette

GetPalette(Palette);
Die derzeit aktive Palette (Array von Farbwerten) in der genannten Variablen
bereitstellen. Siehe *GetDefaultPalette.*
PROCEDURE GetPalette(VAR Palette:PaletteType);

GetPaletteSize

w := GetPaletteSize;
Die Anzahl der Einträge in der derzeit aktiven Palette angeben.
```
WriteLn('Paletten-Einträge: ',GetPaletteSize);
```
FUNCTION GetPaletteSize:Word;

GetPixel

w := GetPixel(X,Y);
Die Farbwerte des angegebenen Bildpunktes ermitteln und bereitstellen.
```
WriteLn('Farbe von Punkt 100,150: ',GetPixel(100,150));
```
FUNCTION GetPixel(X,Y:Integer):Word;

GetTextSettings

GetTextSettings(Text);
Die derzeit aktiven Einstellungen zur Darstellung von Text in die angegebene
Variable einlesen. Für die Variable muß der vordefinierte TextSettingsType
vereinbart sein:
```
TYPE TextSettingsType = RECORD
                          Font: Word;
                          Direction: Word;
                          CharSize: Word; {von NormSize=1 bis 10 für groß}
                          Horiz: Word;    {HorizDir=0: "links nach rechts"}
                          Vert: Word;     {VertDir=1: "von unten nach oben"}
                        END;
```
PROCEDURE GetTextSettings(VAR Text:TextSettingsType);

Für TextSettingsType.Font sind folgende Zeichensätze möglich:

*Zeichen-
sätze*

```
Name (Konstante):    Wert:   Zeichensatz:
DefaultFont          0       Normaler Zeichensatz
TriplexFont          1       Triplex-Zeichensatz
SmallFont            2       Zeichensatz mit kleinen Buchstaben
SansSerifFont        3       Zeichensatz in der Sans-Serif-Schriftart
GothicFont           4       Zeichensatz mit Gothic-Schriftart

VAR Darstellung:TextSettingsType; ...;
GetTextSettings(Darstellung);
WriteLn('Zeichenhöhe derzeit: ',Darstellung.Vert);
WriteLn('Vergrößerungsfaktor: ',Darstellung.CharSize);
```

GetViewSettings

GetViewSettings(Fenster);
Die Parameter des aktiven Grafikfensters in eine Variable einlesen.
PROCEDURE GetViewSettings(VAR Port:ViewPortType);

Für die Variable muß der vordefinierte ViewPortType vereinbart sein:
```
TYPE ViewPortType = RECORD
                      X1:Word;        {Linke obere Ecke des Fensters}
                      Y1:Word;
                      X2:Word;        {Rechte untere Ecke des Fensters}
                      Y2:Word;
                      Clip:Boolean; {Für True ist die Clip-Funktion aktiv}
                    END;
```
Bei aktiver Clip-Funktion werden Linien und Kreise, die über das Grafikfen-
ster hinausragen, abgeschnitten bzw. geclippt.
```
VAR Fenster:ViewPortType; ...;
GetViewPort(Fenster);
IF ViewPort.Clip THEN OutText('Clip-Funktion ist aktiv.');
```

GetX

i := GetX;
Die aktive X-Koordinate des Grafikcursors ermitteln.

```
Horizontal := GetX;
```
FUNCTION GetX:Integer;

GetY

i := GetY;
Die aktive Y-Koordinate des Grafikcursors ermitteln.
```
Y_Alt := GetY;
```
FUNCTION GetY:Integer;

GraphDefaults

GraphDefaults;
Alle Parameter und Definitionen des aktiven Grafiktreibers auf die Werte zurücksetzen, die bei der Initialisierung mit InitGraph festgelegt wurden.
PROCEDURE GraphDefaults;

GraphErrorMsg

s := GraphErrorMsg(FehlerNr:Integer);
Für eine Fehlernummer den Fehler in Textform angeben (siehe *GraphResult*).
```
WriteLn('Fehler: ',GraphErrorMsg(Fehl));
```
FUNCTION GraphErrorMsg(FehlerNr:Integer):STRING;

GraphResult

i := GraphResult;
Die Fehlernummer der zuletzt ausgeführten Operation feststellen.

Fehler-nummern

```
Name (Konstante):     Wert:     Fehler:
grOk                    0        Fehlerfrei
grNoInitGraph          -1        Grafiktreiber nicht installiert
grNotDetected          -2        Grafikkarte nicht gefunden
grFileNotfound         -3        Grafiktreiber im Suchpfad nicht gefunden
grInvalidDriver        -4        Grafiktreiber paßt nicht zur Grafikkarte
grNoLoadMem            -5        Kein Platz zum Laden des Grafiktreibers
grNoScanMem            -6        Kein Speicherplatz für ScanFill
grNoFloodFill          -7        Kein Speicherplatz für FloodFill
grFontNotFound         -8        Zeichensatz nicht im Suchpfad gefunden
grNoFontMem            -9        Kein Speicherplatz für Zeichensatz
grInvalidMode         -10        Grafikmodus paßt nicht zur Grafikkarte
```

```
WriteLn('Fehler mit Nummer: ',GraphResult);
```
FUNCTION GraphResult:Integer;

ImageSize

w := ImageSize(X1,Y1,X2,Y2:Integer);
Die Größe für einen Bildschirmausschnitt ermitteln, damit er über *GetImage* speicherbar bzw. mit *PutImage* in den Bildschirmspeicher übertragbar ist.

```
VAR Groesse:Word; ...;
Groesse := ImageSize(50,50,300,150);  Links oben 50/50, rechts unten 300/150
```
FUNCTION ImageSize(X1,Y1,X2,Y2:Integer): Word;

InitGraph

InitGraph(Treiber,Modus,Pfad);
Den der Grafikkarte entsprechenden BGI-Grafiktreiber vom Datenträger laden und dadurch den Grafikbildschirm initialisieren. Variablen *Treiber* und *Modus* siehe Prozedur *DetectGraph*.
```
VAR Modus,Treiber:Integer; ...;
Modus := 0;                        0 als Dummy-Wert für den Grafikmodus
Treiber := Detect;                 Detect-Konstante erkennt Grafikkarte
InitGraph(Treiber,Modus,'c:\tp\'); BGI-Datei im Verzeichnis C:\TP\ suchen
```
PROCEDURE InitGraph(VAR Treib:Integer; VAR Modus:Integer; Pfad:String);

InstallUserDriver

InstallUserDriver(Dateiname,Zeiger);
Einen benutzerdefinierten Grafiktreiber mittels des Zeigers installieren.
PROCEDURE InstallUserDriver(Dateiname:String; AutoDetectPtr:Pointer);

InstallUserFont

InstallUserFont(Dateiname);
Einen benutzerdefinierten Zeichensatz installieren.
PROCEDURE InstallUserFont(Dateiname:String)

Line

Line(X1,Y2,X2,Y2);
Eine Linie von Punkt X1/Y1 zum Punkt X2/Y2 in der aktiven Linienart (mit *SetLineStyle* gesetzt) und Linienfarbe (mit *SetColor* gesetzt) zeichnen. *Line* zeichnet nur, bewegt den Grafikcursor aber nicht.
```
Line(1,1,200,200);                 Linie schräg nach unten rechts
Line(1,1,200,200); MoveTo(200,200) Nun steht der Cursor am Endpunkt
200/200
```
PROCEDURE Line(X1,Y2,X2,Y2:Integer);

LineRel

LineRel(DiffX,DiffY);
Eine Linie relativ zum zuletzt ausgegebenen Punkt zeichnen, also von diesem Punkt ausgehend um *DiffX* Bildpunkte waagerecht und um *DiffY* Bildpunkte senkrecht den Endpunkt zeichnen. LineRel setzt den Grafikcursor auf den Endpunkt der Linie.
```
MoveTo(8,7);                       Grafikcursor nach Punkt (8,7) setzen und dann
```

```
    LineRel(50,100);              50 Punkte nach rechts und 100 Punkte runter,
                                  d.h. von (8,7) nach (58,107) bewegen
    LineRel(-40,-40);             Jeweils um 40 Punkte nach links und oben
```
PROCEDURE LineRel(DiffX,DiffY:Integer);

LineTo

LineTo(X2,Y2);

Eine Linie vom zuletzt gezeichneten Punkt ausgehend bis zu dem angegebenen Punkt zeichnen. LineTo bewegt den Cursor zum Endpunkt. Zwei identische Befehlsfolgen links und rechts:

```
    Line(30,30,150,150);          MoveTo(30,30);
    MoveTo(150,150);              LineTo(150,150);
```
PROCEDURE LineTo(X2,Y2:Integer);

MoveRel

MoveRel(DiffX,DiffY);

Den Grafikcursor vom letzten Punkt relativ um die angegebenen Differenz-werte waagerecht (DiffX) und senkrecht (DiffY) bewegen. Der linksstehende Befehl läßt sich durch die rechts stehende Befehlsfolge ersetzen:

```
    MoveRel(30,30);               ZielX := 30 + GetX;
                                  ZielY := 30 + GetY;
                                  MoveTo(ZielX,ZielY);
```
PROCEDURE MoveRel(DiffX,DiffY:Integer);

MoveTo

MoveTo(X,Y:Integer);

Den Grafikcursor zum angegebenen Zielpunkt bewegen. Wie alle Grafikbefehle arbeitet auch *MoveTo* relativ zum aktiven Bildschirmfenster:

```
    SetViewPort(50,100,300,150);  Bildschirmfenster definieren
    MoveTo(30,10);               Cursor absolut zu (80,110) bewegen
```

PROCEDURE MoveTo(X,Y:Integer);

OutText

OutText(Text);

Den angegebenen Text (Zeichenkette, String) von der Cursorposition gemäß den Einstellungen von *SetTextStyle* (Zeichensatz bzw. Schriftart, Ausrichtung, Größe) und *SetTextJustify* im aktiven Grafikmodus am Grafikbildschirm ausge-ben.

```
    OutText('Heidelberg');        10-Zeichen-String ausgeben
```
PROCEDURE OutText(Text:String);

OutTextXY

OutTextXY(X,Y,Text);
Textausgabe wie bei OutText, jedoch ab der angegebenen Cursorposition.
```
CONST Aus: String = 'Freiburg'; ...;
OutTextXY(Aus,150,150);           Textausgabe ab Bildpunkt (150,150)
```
PROCEDURE OutTextXY(X,Y:Integer; Text:String);

PieSlice

PieSlice(X,Y,Startwinkel,Endwinkel,Radius);
Einen Kreisausschnitt zeichnen und mit den aktiven Einstellungen für Muster und Farbe (*SetFillPattern* bzw. *SetFillStyle*) füllen. Winkel siehe *Arc* und *Circle*.
```
PieSlice(150,150,90,180,100)       Viertelkreis ab 12 Uhr mit Radius=100
```
PROCEDURE PieSlice(X,Y:Integer; Startwinkel,Endwinkel,Radius:Word);

PutImage

PutImage(X,Y,Speicherblock,BitBlt);
Den in der Puffervariablen abgelegten Speicherblock bitweise in einen rechteckigen Ausschnitt des Bildschirmspeichers kopieren, wobei (X,Y) den linken oberen Eckpunkt angibt. *Speicherblock* ist ein untypisierter Parameter, aus dem kopiert wird. Der *BitBlt*-Parameter (Bit-Block-Transfer) legt fest, wie der Puffer mit dem bisherigen Bildschirmausschnitt zu verknüpfen ist. Werte für *BitBlt* als Schreibmodus der Prozedur *PutImage*:

Schreib-modus
```
Name (Konstante):      Wert:   Schreibmodus:
NormalPut               0      Punkte ersetzen
CopyPut                 0      Punkte ersetzen (also Überschreiben)
XorPut                  1      Punkte verknüpfen mit logisch Exklusiv-Oder
OrPut                   2      Punkte verknüpfen mit logisch Oder
AndPut                  3      Punkte verknüpfen mit logisch Und
NotPut                  4      Punkte invers setzen bzw. überschreiben
```
```
PutImage(100,100,Block,CopyPut); Bisherige Bildschirmdaten überschreiben
```
PROCEDURE PutImage(X,Y:Integer; VAR Speicherblock;BitBlt:Word);

PutPixel

PutPixel(X,Y,Farbe);
Einen Bildpunkt am angegebenen Punkt in einer bestimmten Farbe setzen.
```
PutPixel(150,150,Red)                Einen einzelnen roten Punkt zeichnen
REPEAT                               Zufällige Punkte zeichnen
  PutPixel(Random(GetMaxX),Random(GetMaxY),Random(16));
UNTIL KeyPressed;
```
PROCEDURE PutPixel(X,Y:Integer; Farbe:Word);

Rectangle

Rectangle(X1,Y1,X2,Y2);

Ein Rechteck mit den Eckpunkten (X1,Y1) oben links und (X2,Y2) zeichnen.
```
Rectangle(10,10,150,150)            Ein Quadrat zeichnen
```
PROCEDURE Rectangle(X1,Y1,X2,Y2:Integer);

RegisterBGIDriver

RegisterBGIDriver(Treiber);
Einen als Objektdatei eingebundenen Grafiktreiber registrieren.
PROCEDURE RegisterBGIDriver(Treiber:Pointer);

RegisterBGIFont

RegisterBGIFont(Font);
Eine als Objektdatei eingebunden Zeichensatz registrieren.
PROCEDURE RegisterBGIFont(Font:Pointer);

RestoreCRTMode

RestoreCRTMode;
Den Bildschirm von dem durch *InitGraph* aktivierten Grafikmodus in den
Textmodus zurücksetzen.
```
RestoreCRTMode;                     Zurück zum Textmodus
   ...; SetGraphMode(Ega);          Zum Grafikmodus zurückschalten
```
PROCEDURE RestoreCRTMode;

Sector

Sector(X,Y,SWinkel,EWinkel,RadiusX,RadiusY);
Ein ausgefülltes Kreis- oder Ellipsensegment als "Torten- bzw. Kuchenstücke"
zeichnen. Der Aufruf von *Sector* mit SWinkel=0 Grad und EWinkel=360
Grad entspricht der *FillElipse*-Prozedur (voll ausgefüllter Kreis).
```
Sector(150,150,0,90,100,100)        Vierteilkreis von 3 Uhr bis 12 Uhr
Sector(150,150,0,90,100,80)         Ellipsensegment
```
PROCEDURE Sector(X,Y:Integer; Startwinkel,Endwi, RadiusX,RadiusY: Word);

SetActivePage

SetActivePage(Grafikseite);
Die Grafikseite festlegen, auf der die folgenden Grafikbefehle arbeiten. Mit *Set-VisualPage* kann man zwischen der Darstellung mehrerer Grafikseiten um-
schalten.
```
SetVisualPage(0);                   Die erste Grafikseite sichtbar machen
OutText('Nichts passiert ...');     Textausgabe in erster Seite
SetActivePage(1);                   Zur zweiten Grafikseite umschalten
Circle(150,150,90);                 Kreis unsichtbar zeichnen bzw. aufbauen
Set VisualPage(1); ReadLn;          Kreis wird "mit einem Schlag" sichtbar
```
PROCEDURE SetActivePage(Grafikseite:Word);

SetAllPalette

SetAllPalette(Farbpalette);
Die Farbpalette neu festlegen. Datentyp *PaletteType* siehe *GetDefaultPalette*.
Mit -1 wird ein Wert aus der zuvor aktiven Palette unverändert übernommen.

```
VAR Palette:PaletteType; ...;
GetPalette(Palette);            Werte in Variable Palette einlesen
FOR i := 0 TO Palette.Size-1 DO Farbwerte zufällig zuweisen
  Palette.Colors[i] := Random(15);
Palette.Colors[15] := Red;      Weiß wird zu rot
SetAllPalette(Palette);         Komplette Farbpalette neu übergeben
```
PROCEDURE SetAllPalette(VAR Palette:PaletteType);

SetAspectRatio

SetAspectRatio(Breite,Hoehe);
Den Korrekturfaktor für das Verhältnis von Höhe zu Breite des Grafikbildschirms - falls Kreise nicht optisch rund erscheinen - direkt setzen. Siehe Prozedur *GetAspectRatio*, die Hoehe=10000 konstant und Breite im entsprechenden Verhältnis dazu liefert.
PROCEDURE SetAspectRatio(Breite,Hoehe:Word);

SetBkColor

SetBkColor(FarbNr);
Die Hintergrundfarbe des Bildschirm festlegen.
```
SetBkColor(0);                    Hintergrund auf 1. Palettenfarbe setzen
SetBkColor(Random(Palette.Size)); Farbe zufällig auswählen
```

PROCEDURE SetBkColor(FarbNr:Word);

SetColor

SetColor(FarbNr);
Die Zeichenfarbe neu einstellen. Farbkonstanten unten wiedergegeben.
```
SetColor(15);                     Letzte Farbe der Palette als aktive Farbe
```
PROCEDURE SetColor(FarbNr:Word);

Farben

Name (Konstante)	Wert	Farbe	Name (Konstante)	Wert	Farbe
Black	0	schwarz	LightBlue	9	hellblau
Blue	1	blau	LightGreen	10	hellgrün
Green	2	grün	LightCyan	11	helltürkis
Cyan	3	türkis	LightRed	12	hellrot
Red	4	rot	LightMagenta	13	hellweinrot
Magenta	5	weinrot	Yellow	14	gelb
Brown	6	braun	White	15	weiß
LightGray	7	hellgrau			
DarkGray	8	dunkelgrau			

SetFillPattern

SetFillPattern(Muster,FarbNr);
Ein benutzerdefiniertes Muster zum Füllen von Flächen für Bar, Bar3D, Fill-
Poly, FloodFill, PieSlice und Sector festlegen. Siehe *GetFillPattern*.
```
SetFillPattern(M,Green);              M als benutzerdefiniertes Muster
```
PROCEDURE SetFillPattern(Muster:FillPatternType; FarbNr:Word);

SetFillStyle

SetFillStyle(Stil,FarbNr);
Vordefinierte Muster zm Füllen von Flächen auswählen. Zu den Möglichkeiten
für *Stil* siehe Prozedur *GetFillSettings*.
```
SetFillStyle(XHatchFill,15);    Gekreuzte Schraffierung weiß für Flächen
```
PROCEDURE SetFillStyle(Stil:Word; FarbNr:Word);

SetGraphBufSize

SetGraphBufSize(Puffer);
Die Größe des Puffers für Flächenfüllungen und Polygone festlegen. *InitGraph*
belegt als Puffer standardmäßig 4096 Bytes auf dem Heap, *CloseGraph* gibt diesen Puffer wieder frei.
PROCEDURE SetGraphBufSize(Puffer:Word);

SetGraphMode

SetGraphMode(Modus:Integer);
Einen neuen Grafikmodus nach erfolgter Initialisierung mit *InitGraph* setzen.
Konstanten für die Grafikmodi siehe *DetectGraph*.
```
SetGraphMode(VGAHi);              VGA-Grafik 640*480 mit 16 Farben
```
PROCEDURE SetGraphMode(Modus:Integer);

SetLineStyle

SetLineStyle(Stil,Muster,Dicke);
Das Aussehen von Linien festlegen. Codierung für *Stil* und *Dicke* siehe Prozedur *GetLineSettings. Muster* ist nur für Stil = UserBitLn erforderlich.
```
SetLineStyle(CenterLn,0,ThickWidth);  Breite Strich-Punkt-Strich-Linien
```

PROCEDURE SetLineStyle(Stil,Muster,Dicke:Word);

SetPalette

SetPalette(FarbNr,Farbe);
Für einen Eintrag der Farbpalette eine neue Farbe angeben.
```
SetPalette(3,Random(Palette.Size);    Eine Zufallsfarbe für Farbe 3
```
PROCEDURE SetPalette(FarbNr:Word; Farbe:ShortInt);

SetRGBPalette

SetRGBPalette(Farbe,Rot,Grün,Blau:Integer);
In der aktuellen Farbpalette für die IBM-Grafikkarte 8514 und VGA-Karten
im 256-Farbenmodus einen Eintrag ändern.
PROCEDURE SetRGBPalette(Farbe,Rot,Grün,Blau:Integer);

SetTextJustify

SetTextJustify(Waagrecht,Senkrecht:Word);
Die Ausrichtung der Textes festlegen, der durch OutText bzw. OutTextXY
auszugeben ist. Vordefinierte Konstanten für die Justierung:

Justierung

```
Name (Konstante):   Wert:    Justierung waagerecht:
LeftText            0        Text beginnt am Grafikcursor
CenterText          1        Grafikcursor steht in der Textmitte
RightText           3        Text endet am Grafikcursor

Name (Konstante):   Wert:    Justierung senkrecht:
BottomText          0        Text steht über dem Grafikcursor
CenterText          1        Grafikcursor steht in der Textmitte
TopText             2        Text steht unter dem Grafikcursor
```

PROCEDURE SetTextJustify(Waagrecht,Senkrecht:Word);

SetTextStyle

SetTextStyle(Zeichensatz,Ausrichtung,Zeichengröße);
Den Zeichensatz, die Rotation und die Größe der auszugebenden Zeichen fest-
legen.
PROCEDURE SetTextStyle(Font,Direction:Word; CharSize:Word);

SetUserCharSize

SetUserCharSize(MultX,DivX,MultY,DivY);
Für die Grafik-Zeichensätze voneinander unabhängige Vergrößerungsfaktoren
für die X-Richtung sowie die Y-Richtung festlegen.

```
SetTextStype(GothicFont,HorizDir,1);
SetUserCharSize(7,1,13,2);              Textausgabe mit Breite=7 und Höhe=6 5
OutTextXY(30,70,'Heidelberg');
```

PROCEDURE SetUserCharSize(MultX,DivX,MultY,DivY: Word);

SetViewPort

SetViewPort(X1,Y1,X2,Y2,Clip);
Ein Grafik-Zeichenfenster einrichten. In der oberen linken Bildschirmecke ein
90 Zeichen breites Fenster setzen.

```
SetViewPort(0,0,90,90,True);
```

PROCEDURE SetViewPort(X1,Y1,X2,Y2:Integer; Clip:Boolean);

SetVisualPage

SetVisualPage(Grafikseite);
Eine bestimmte Grafikseite zur Anzeige aktivieren bzw. auswählen. Siehe Prozedur SetActivePage.
PROCEDURE SetVisualPage(Grafikseite:Word);

SetWriteModus

SetWriteMode(Modus:Integer);
Festlegen, ob Linien den Bildschirminhalt überschreiben sollen oder als Verknüpfung auszuführen sind. Für den Modus sind in der Unit Graph die Konstanten CopyPut=0 (Überschreiben bzw. MOV-Befehl) und XORPut (Verknüpfen mit dem bisherigen Bildschirminhalt mittels XOR) vordefiniert.
```
Set WriteMode(XORPut);              XOR-Verknüpfungen beim Zeichnen
```
PROCEDURE SetWriteMode(WriteMode:Integer);

TextHeight

w := TextHeight(Textstring);
Die Höhe des Textstrings in Pixeln bzw. Bildpunkten angeben.
```
Hoehe := TextHeight('H') + 6;
OutTextXY(0,Hoehe,'Heidelberg');
```
FUNCTION TextHeight(Text:String): Word;

TextWidth

w := TextWidth(Textstring:String);
Die Breite des Textstrings in Pixeln angeben.
FUNCTION TextWidth(Text:String): Word;

<table><tr><td>

16.7

</td><td>

Syntaxdiagramme zu Turbo Pascal

</td></tr></table>

16.7.1　Syntax der Datentypen

Definition von Typen

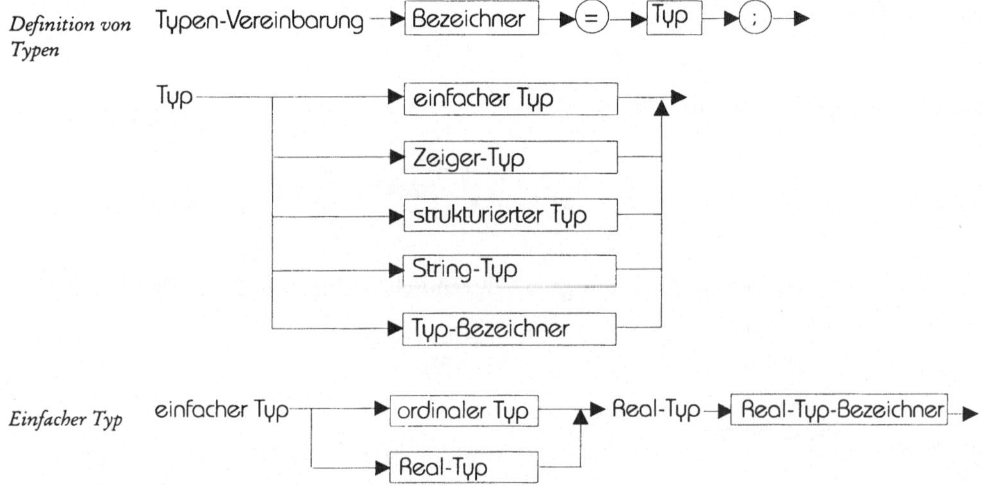

Real-Typ-Bezeichner sind Real, Single, Double, Extended und Comp.

Einfacher Typ

Ordinaler Typ

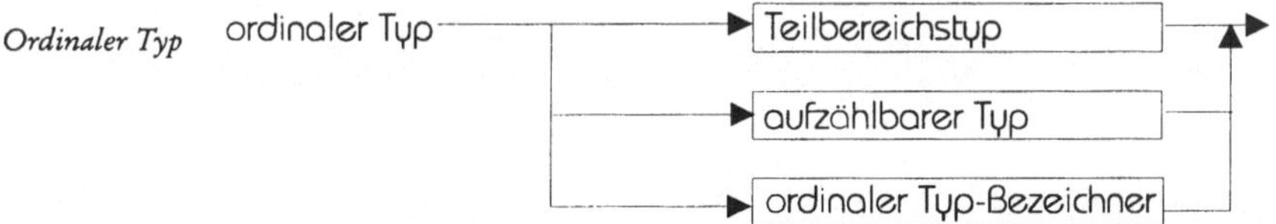

Ordinale Typen sind abzählbar. Typ-Bezeichner sind ShortInt, Integer, Long-Int, Byte, Word, Boolean, ByteBool, WordBool, LongBool, Char.

Aufzählbarer Typ

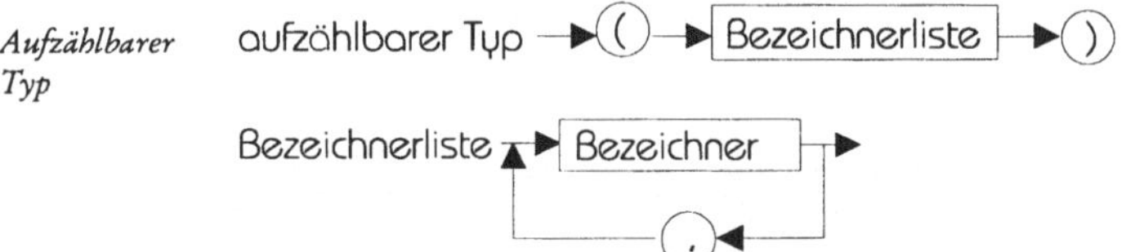

Aufzählbare Typen (Aufzähltypen) gibt man durch Aufzählung ihrer Elemente an. Beispiel für einen Wertebereich mit drei Bezeichnern:

```
TYPE Ampel = (rot, gelb, gruen);
```

Teilbereichstyp

Ein Teilbereichs- bzw. Unterbereichstyp nennt den niedrigsten und höchsten Wert aus einem ordinalen Wertebereich. Beispiel mit 51 bzw. 11 Elementen:

```
TYPE
    Index = 0..50;
    Teil = 'A'..'K';
```

String-Typ

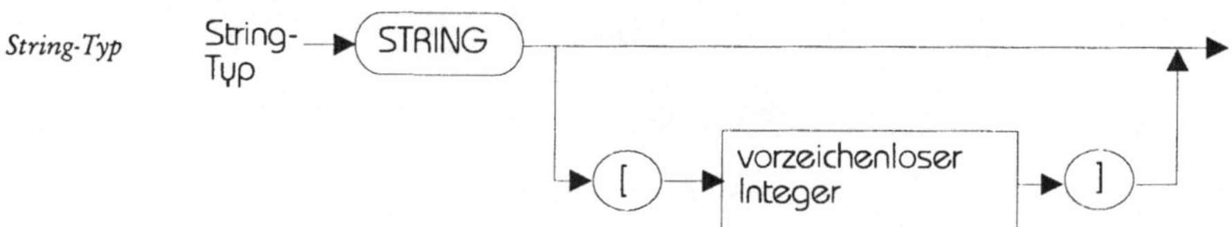

String-Typ als Zeichenfolge mit dynamischer Länge von 1 bis 255 Zeichen.

```
TYPE
    tTelefon = STRING[20];     {maximal 20 Zeichen}
    tText = STRING;            {maximal 255 Zeichen lange Zeichenkette}
```

Strukturierter Typ

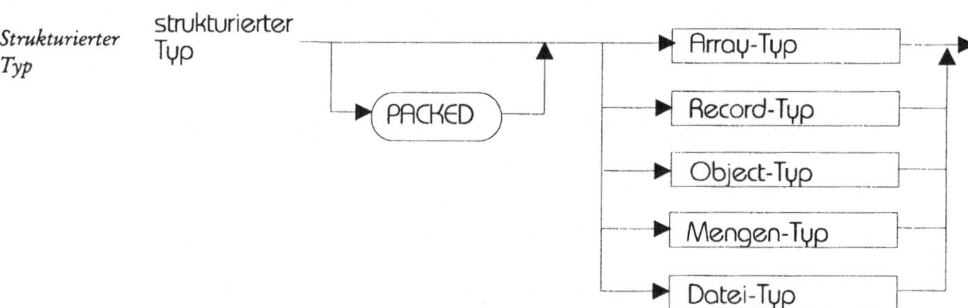

Ein strukturierter Datentyp umfaßt mehr als einen Wert.

Array-Typ

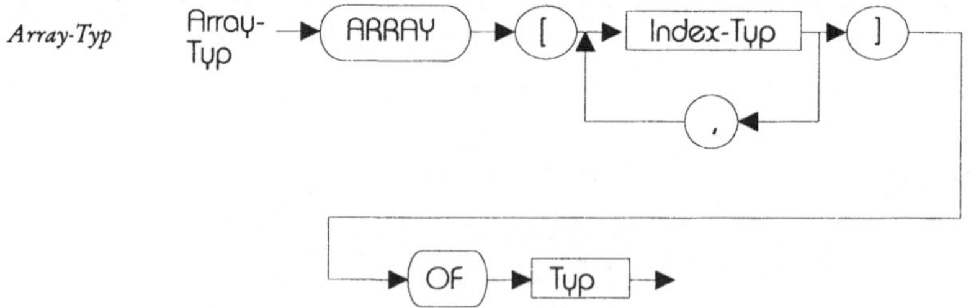

Ein Array hat eine festgelegte Anzahl (Indextyp) von Komponenten des gleichen Typs. Beispiel für einen 365-Elemente Char-Array-Typ:

```
TYPE
    TageTyp = ARRAY[1..365] OF Char;
```

Record-Typ

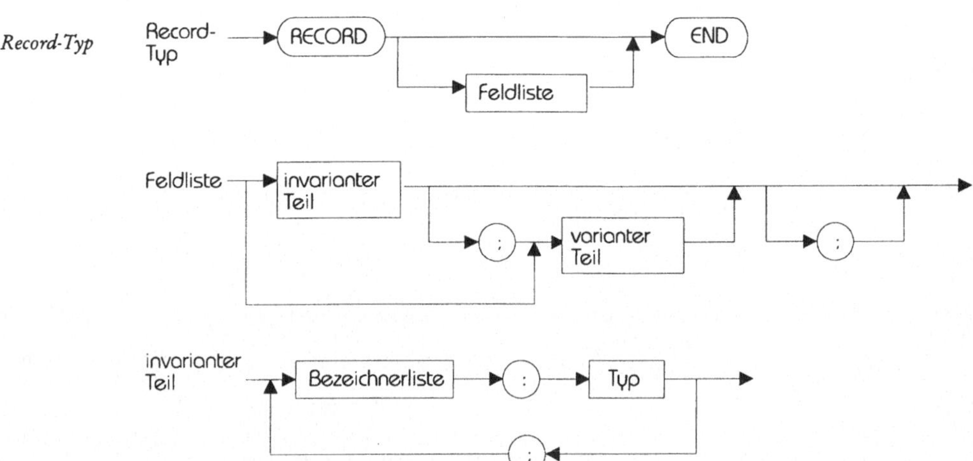

Ein Record (Verbund) hat eine festgelegte Anzahl von Komponenten (Datenfeldern), die verschiedene Datentypen haben können. Beispiel:

```
tStatistik = RECORD Name: STRING[25];
                    Wert: Real;
             END;
```

*Variante Teile
eines Records*

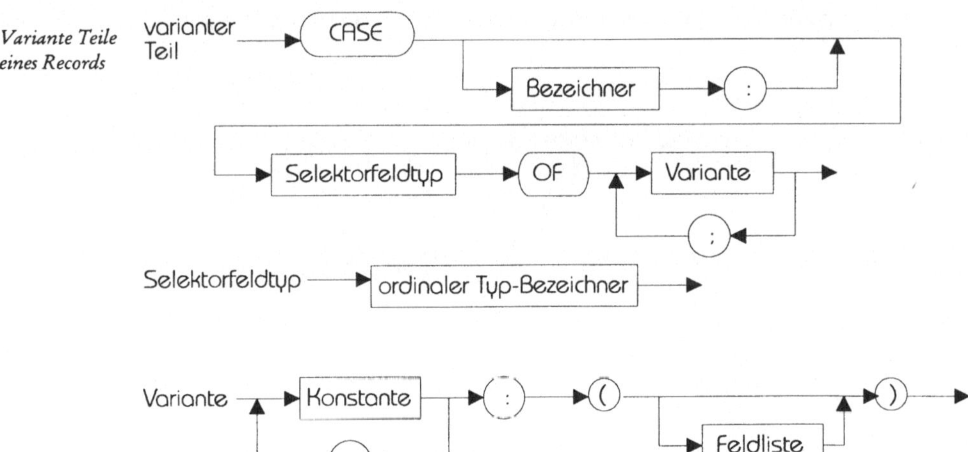

Im Gegensatz zum invarianten (festgelegten) Teil umfaßt der variante Teil eines Record-Typs Komponenten, die später Werte unterschiedlicher Typen
aufnehmen können. Jede Variante wird durch eine Konstante festgelegt. Beispiel: Für verheiratete Personen eine zweite Record-Komponente reservieren.

```
TYPE
    tPerson = RECORD Name: STRING[25];
```

```
                    CASE Stand: STRING[10] OF
                      'ledig': ();
                      'sonst': (BegName: STRING[18];
          END;
```

Objekttyp mit
Methodenliste

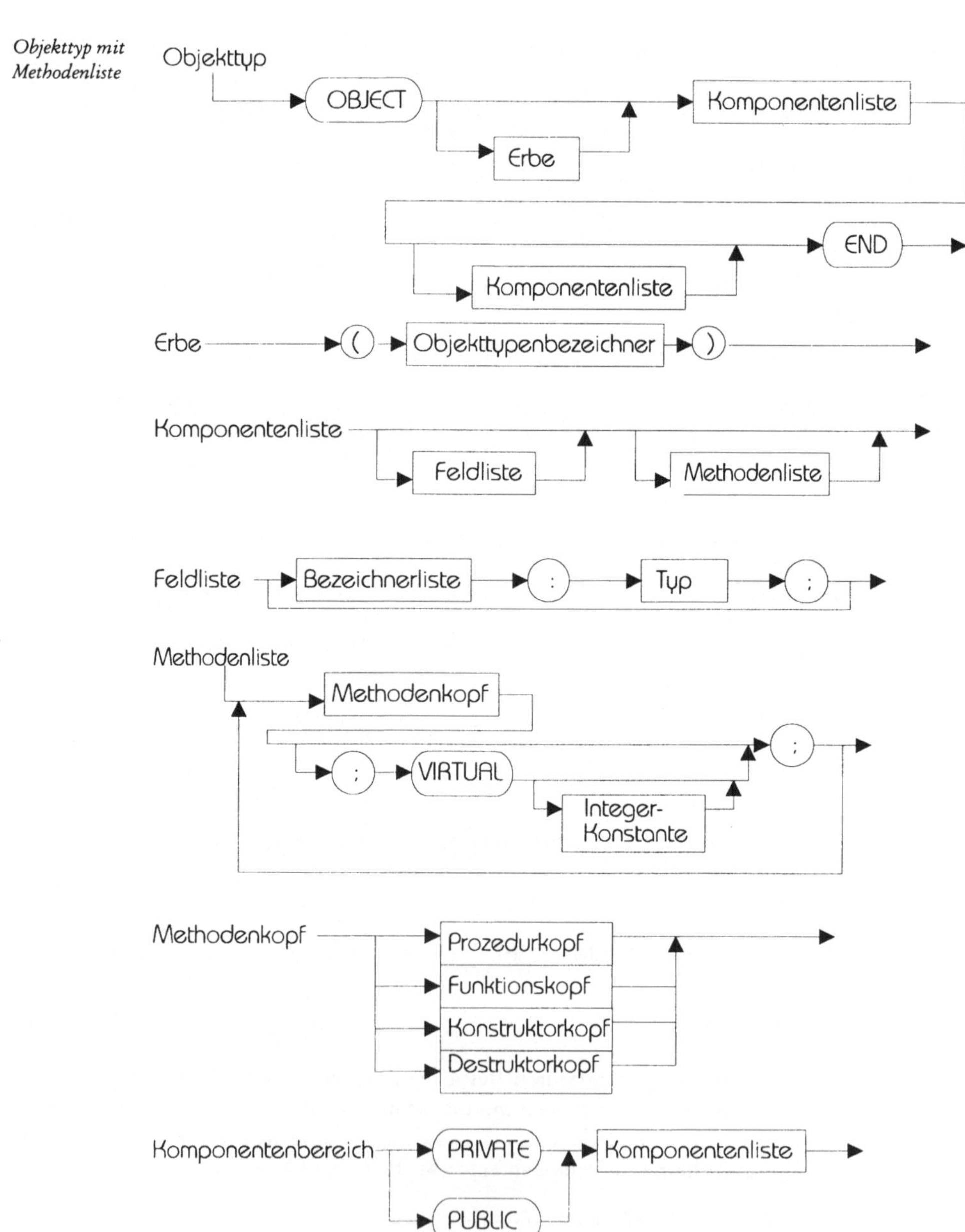

Ein Objekttyp umfaßt Komponenten, der Daten (Felder: *was wird verarbeitet?*) und/oder Methoden (Prozeduren, Funktionen: *wie ist zu verarbeiten?*) enthalten kann. Beispiel siehe Abschnitt 12.

Mengen-Typ

Der Wert eines Mengen-Typs ist eine Teilmenge der Werte des betreffenden Grundtyps. Beispiel: Mengentyp1 mit den acht möglichen Werten [1], [2], [3], [1,2], [1,3], [2,3], [1,2,3] und [] (leere Menge).

```
TYPE
   Mengentyp1 = SET OF 1..3;
```

Typen von Dateien

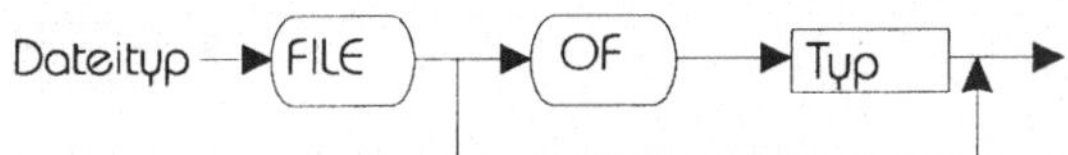

FILE OF-Datei als typisierte bzw. datensatzorientierte Datei (siehe Abschnitt 8) und FILE-Datei als untypisierte Datei (das Wort OF entfällt). Beispiel:

```
TYPE
   Artikelsatz = RECORD
                    Nr: 1000..9999;
                    Artikel: STRING[20];
                    Bestand: Integer;
                    EKPreis: Real;
                 END;
   Artikeldatei = FILE OF Artikelsatz;
```

Zeiger-Typ

Die durch den Zeiger-Typ vereinbarten Werte zeigen auf die dynamischen Variablen des betreffenden Grundtyps (auch Bezugstyp genannt). Siehe Abschnitt 10). Beispiel:

```
TYPE
   Zeigertyp: ^Char;          {"auf den Char-Typ zeigend"
VAR
   p1, p2: Zeigertyp;         {zwei Zeiger als statische Variablen}
BEGIN
   New(p1);                   {auf dem Heap Platz für ein Char-Typ reservieren}
   p1^ := 'K';                {dynamische Variable p1^ als Bezugsvariable}
```

Ab Turbo Pascal Version 7.0 ist der Datentyp PChar als Zeiger auf einen null-terminierten String in der Unit *System* wie folgt vordefiniert:

```
TYPE
   PChar = ^Char;
```

16.7.2   Syntax der Konstanten und Variablen

Konstanten-
Vereinbarung

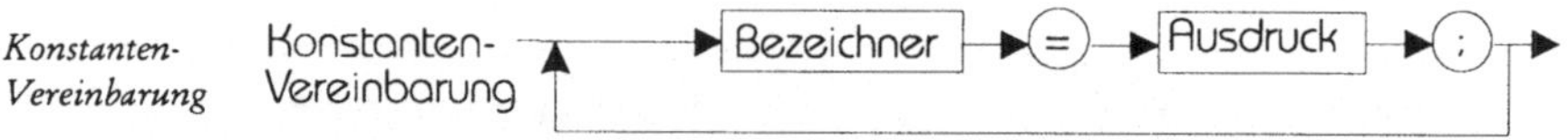

Einen Bezeichner als Nur-Lese-Speicher vereinbaren. Drei Konstanten:
```
CONST
   MWST = 15; Wahl = 'j'; Max = 256-1;
```

Variablen-
Vereinbarung

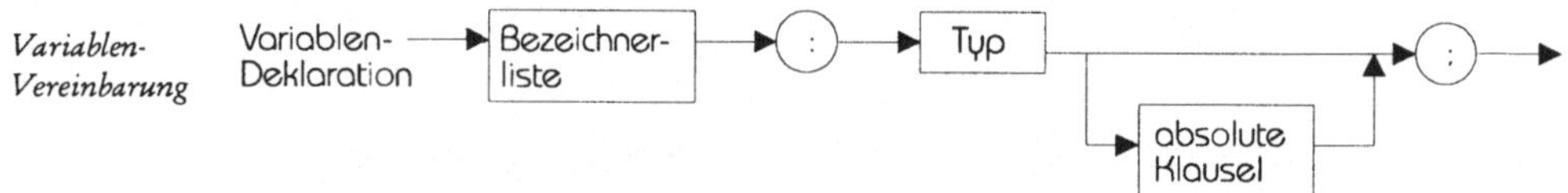

Bezeichner als Schreib-/Lese-Speicher vereinbaren. Beispiele:
```
VAR
   a, b, c, Summe: Real;           {vier Variablen vom Datentyp Real}
   Gefunden: Boolean;              {Datentyp Boolean für Variable Gefunden}
```

Absolute
Variablen-
Vereinbarung

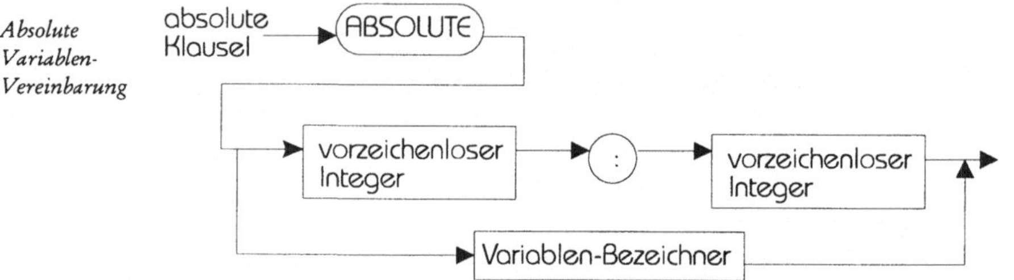

Die Startadresse einer Variablen in der Form *Segment:Offset* direkt angeben.
```
VAR
   Kontroll: Byte ABSOLUTE $0020:$00FF;    {Segment $0020 und Offset 00FF}
```

Variablenbezug

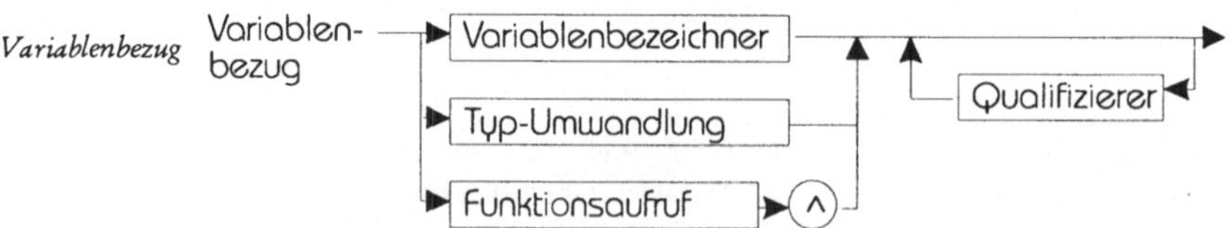

Qualifizierer geben an, auf welche Komponente des Variablenbezeichners Bezug genommen wird: Index [ ] eines Arrays, Feld "." eines Records bzw. Zeigersymbol ^. Beispiele umseitig.

```
Write(Kunde.Umsatz);       {Umsatz-Feld von Record namens Kunde}
Write(Kunden[4].Umsatz);   {Kunden als Array von Records}
```

Typisierte Konstanten-Vereinbarung

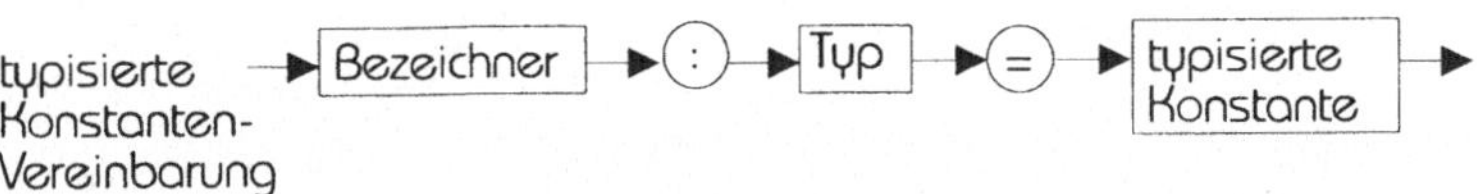

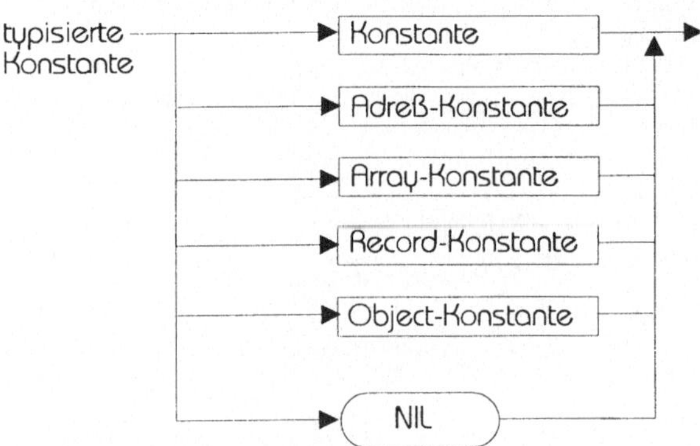

Typisierte Konstante als initialisierte Variable, also als Schreib-/Lese-Speicher.

```
CONST
   Rabatt: Real = 0.2;        {Rabatt kann später verändert werden}
```

Array als typisierte Konstante

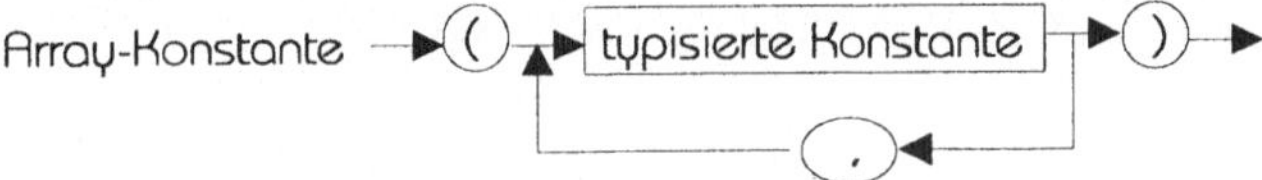

Nummern und Nummern1 als zwei identische vordefinierte Variablen:

```
CONST
   Nummern: ARRAY[1..5] OF Char = ('1','2','3','4','5');
   Nummern1: ARRAY[1..5] OF Char = '12345';
```

Record als typisierte Konstante

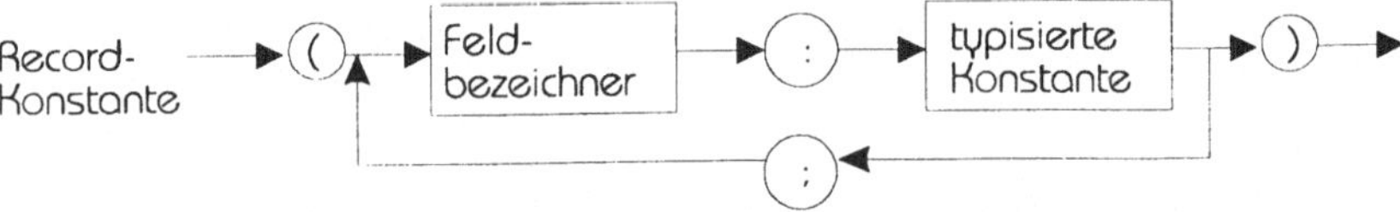

Bezeichner und Wert der Recordkomponenten in Klammer einschließen:

```
TYPE
   tKunde = RECORD Name:STRING; Umsatz:Real; END;
CONST
   Kunde1: tKunde = (Name:'Müller'; Umsatz: 1000);
```

16.7.3   Syntax der Anweisungen

GOTO-
Anweisung

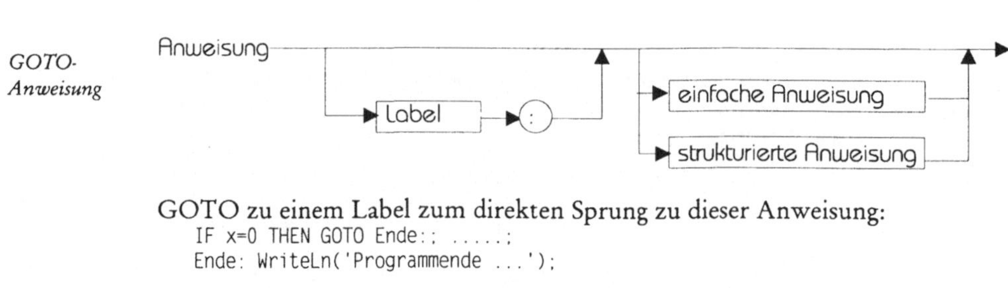

GOTO zu einem Label zum direkten Sprung zu dieser Anweisung:

```
IF x=0 THEN GOTO Ende:; ......;
Ende: WriteLn('Programmende ...');
```

Einfache
Anweisung

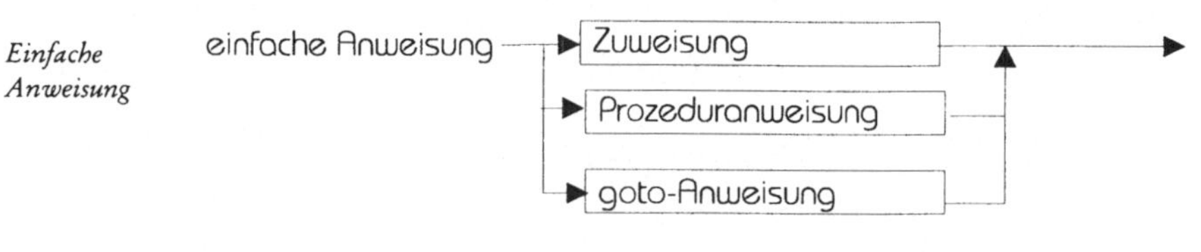

Zuweisungs-
anweisung

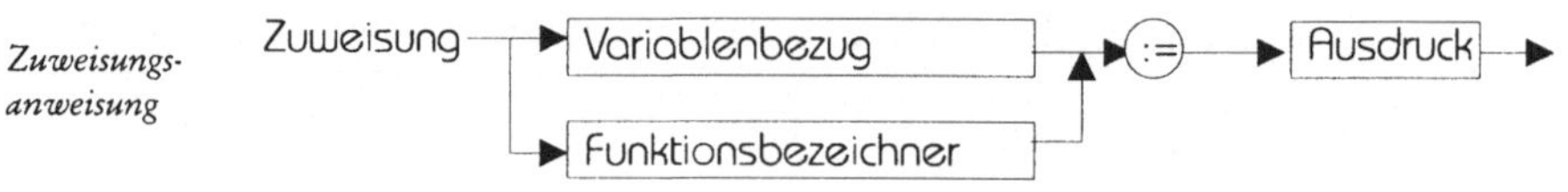

Einer Variablen den Wert des betreffenden Ausdrucks zuweisen.

```
Zins := Kapital * Zussatz * Tage / 36000.0;
```

Prozeduraufruf

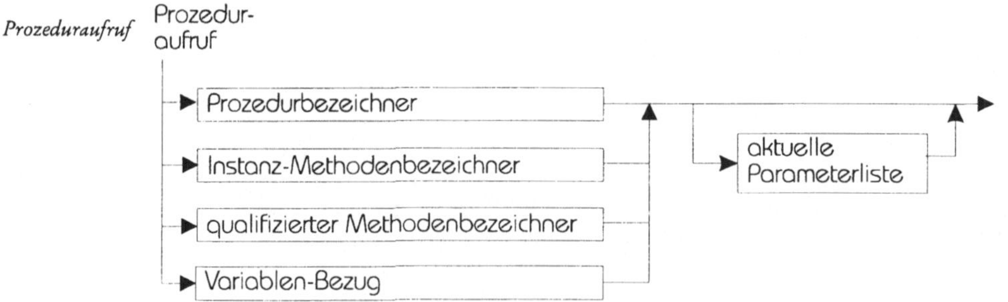

Eine Prozedur duch Angabe von Bezeichner und Parametern aufrufen: (Prozeduranweisung).

```
Endebearbeitung;               {Parameterlose Prozedur}
Maximum(Ergebnis, 370, Zahl2); {Drei Parameter in Prozeduranweisung}
```

Strukturierte Anweisung

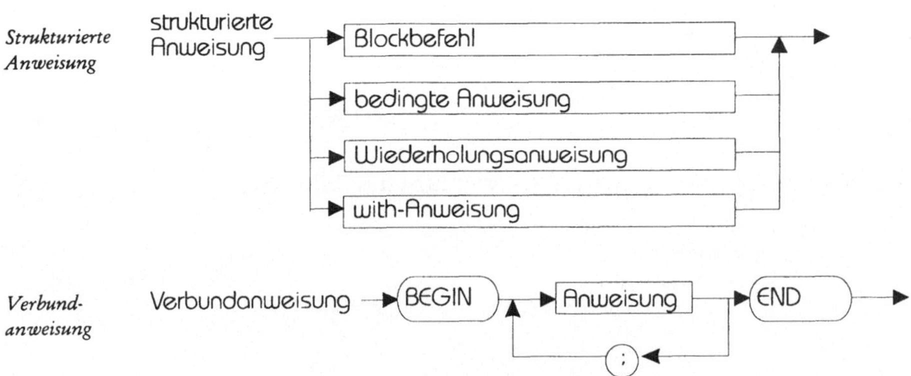

Verbund-anweisung

Verbundanweisung als Blockbefehl mit BEGIN-END angeben.

bedingte Anweisung

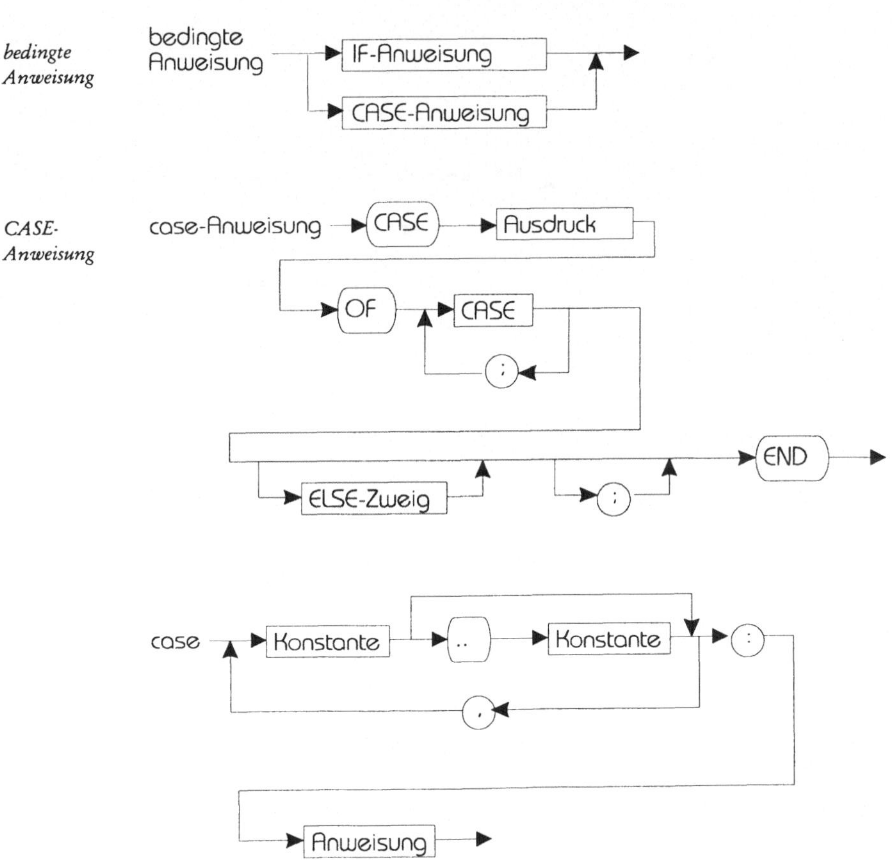

CASE-Anweisung

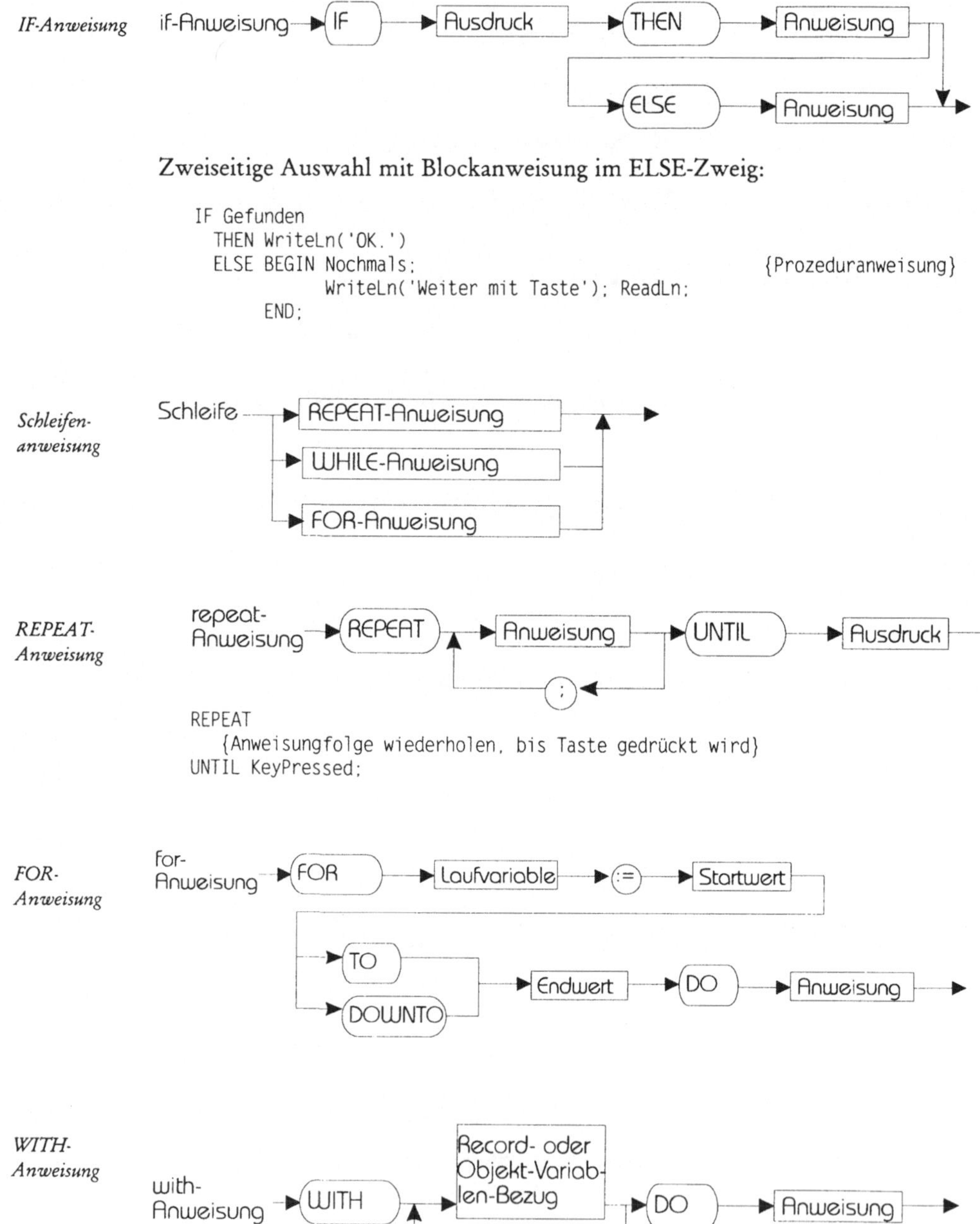

Zweiseitige Auswahl mit Blockanweisung im ELSE-Zweig:

```
IF Gefunden
  THEN WriteLn('OK.')
  ELSE BEGIN Nochmals;                              {Prozeduranweisung}
             WriteLn('Weiter mit Taste'); ReadLn;
       END;
```

```
REPEAT
  {Anweisungfolge wiederholen, bis Taste gedrückt wird}
UNTIL KeyPressed;
```

16.7.4   Syntax der Programmgliederung

Aufbau von Blöcken

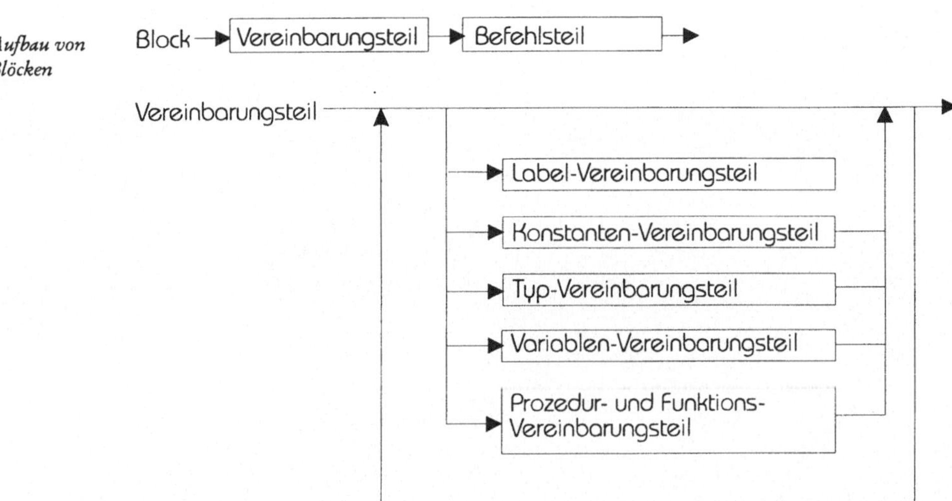

Ein Block ist Bestandteil eines Programms, einer Prozedur- bzw. Funktionsvereinbarung oder einer Unit. Ein Block setzt sich aus einem Vereinbarungsteil und einem Befehlsteil zusammen.

Konstanten-Vereinbarungsteil

Typen-Vereinbarungsteil

Variablen-Vereinbarungsteil

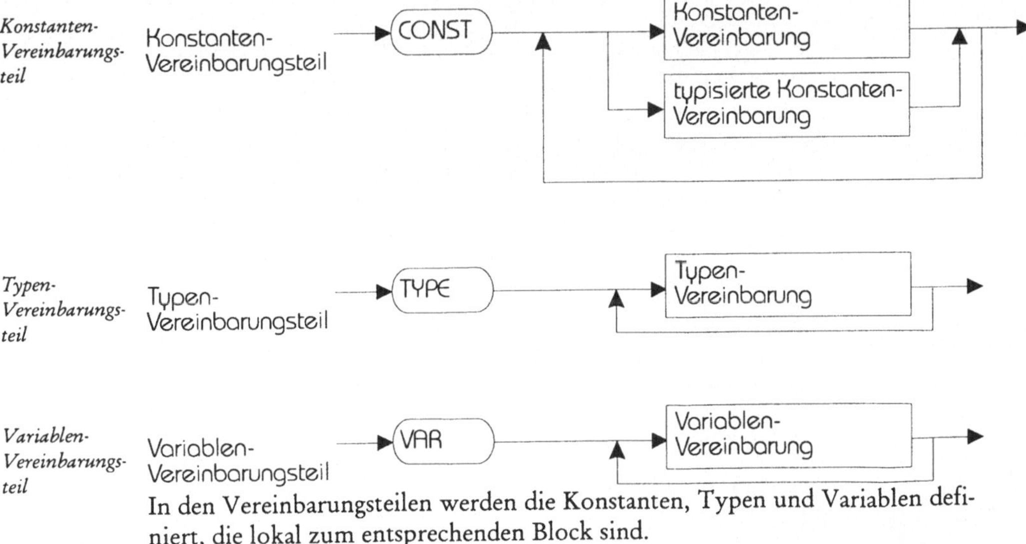

In den Vereinbarungsteilen werden die Konstanten, Typen und Variablen definiert, die lokal zum entsprechenden Block sind.

16.7.5   Syntax der Prozeduren und Funktionen

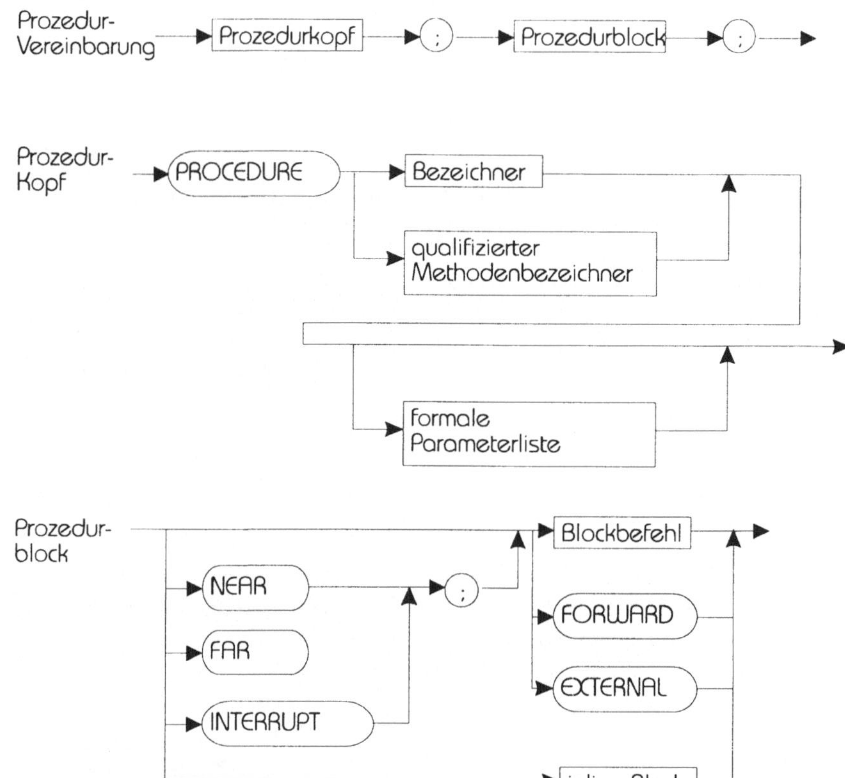

Mit PROCEDURE wird eine Prozedur eingeleitet, die einen zusätzlichen
Block (bzw. Ebene) innerhalb des Hauptprogramm-Blocks bildet.

Im Gegensatz zur Funktion liefert eine Prozedur keinen direkten Wert zurück. Die Prozedur Max prüft, ob die eingegebene Zahl $z1$ ($z1$ als Eingabeparameter) größer ist als die Zahl 1000 ($z2$ als lokale Variable des Prozedurblocks),
um dann den größeren Wert an die rufende Programmebene zurückzugeben
(Ergebnis als Ein-/Ausgabeparameter):

```
PROCEDURE Max(VAR Ergebnis: Real; z1: Real);
VAR
  z2: Integer;
BEGIN
  z2 := 1000;
  IF z1 > z2
    THEN Ergebnis := z1
    ELSE Ergebnis := z2;
END;
```

Funktions-
Vereinbarung

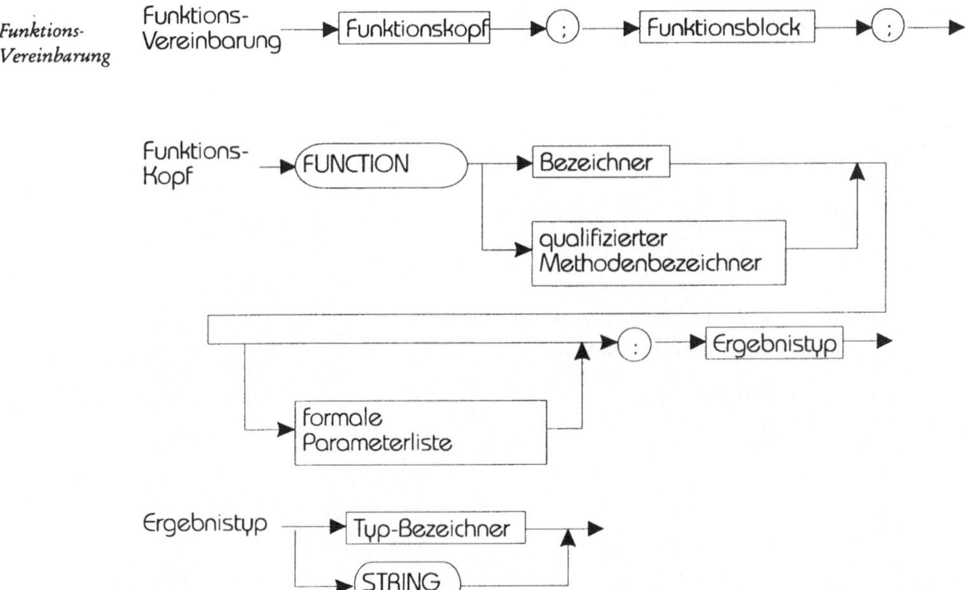

Im Gegensatz zur Prozedur ermittelt die Funktion einen Wert, der als Funktionsergebnis an die rufende Ebene zurückgegeben wird.

Parameter

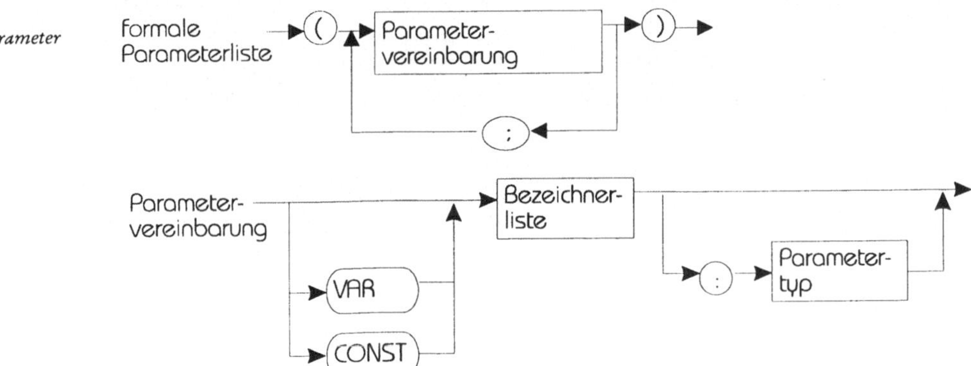

Formale Parameter werden bei der Vereinbarung von Prozedur oder Funktion in Klammern aufgelistet:
- CONST leitet Konstantenparameter ein.
- VAR leitet Variablen bzw. Ein-/Ausgabeparameter ein.
- Ohne CONST oder VAR erscheinen Werte- bzw. Eingabeparameter.
- Bei untypisierten Parametern fehlt die Typbezeichnung.

16.7.6   Syntax der Programme und Units

Aufbau eines Programms

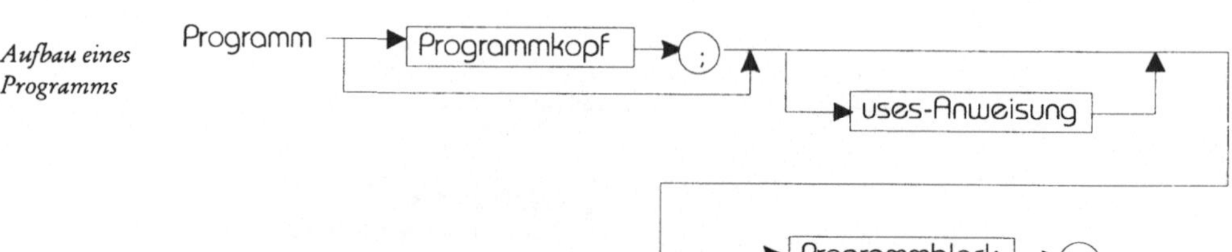

Jedes in Turbo Pascal geschriebene Programm besteht aus einem Programmkopf, einem Programmblock und einer optionalen USES-Anweisung.

```
PROGRAM Mini;
BEGIN
  WriteLn('Dieses Miniprogramm gibt eine Textzeile am Bildschirm aus.');
END;
```

Programmkopf

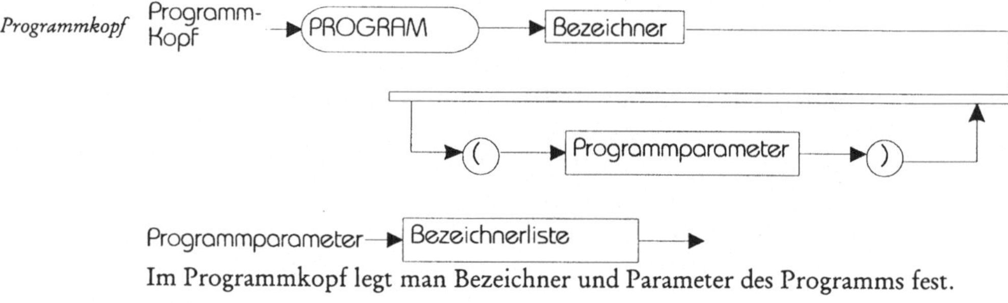

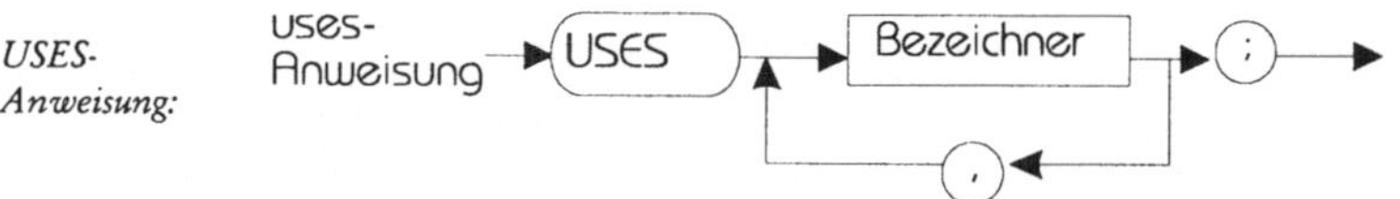

Im Programmkopf legt man Bezeichner und Parameter des Programms fest.

USES-Anweisung:

USES nennt die Units, deren Routinen (Prozeduren und Funktionen), Variablen und Konstanten vom Programm verwendet werden sollen.

```
USES Dos, Crt;                    {die Definitionen von Dos und Crt aktivieren}
```

Von den vordefinierten Units (Dos, Crt, Graph, Graph3, Overlay, Printer,
Strings, System und WinDos) wird nur die Unit System automatisch aktiviert.

Unit

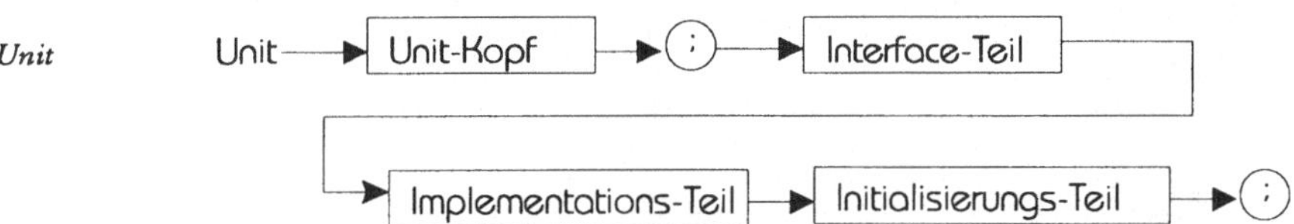

Die vordefinierten Units lassen sich ergänzen durch benutzerdefinierte Units, um Programme in Module zu unterteilen. Jede Unit besteht aus einem Interface-, Implementations- und Initialisierungs-Teil.

Kopf einer Unit

Im Kopf wird der Unitname angegeben; der Name darf im Programm nur einmal vorkommen.

Interface-Teil einer Unit

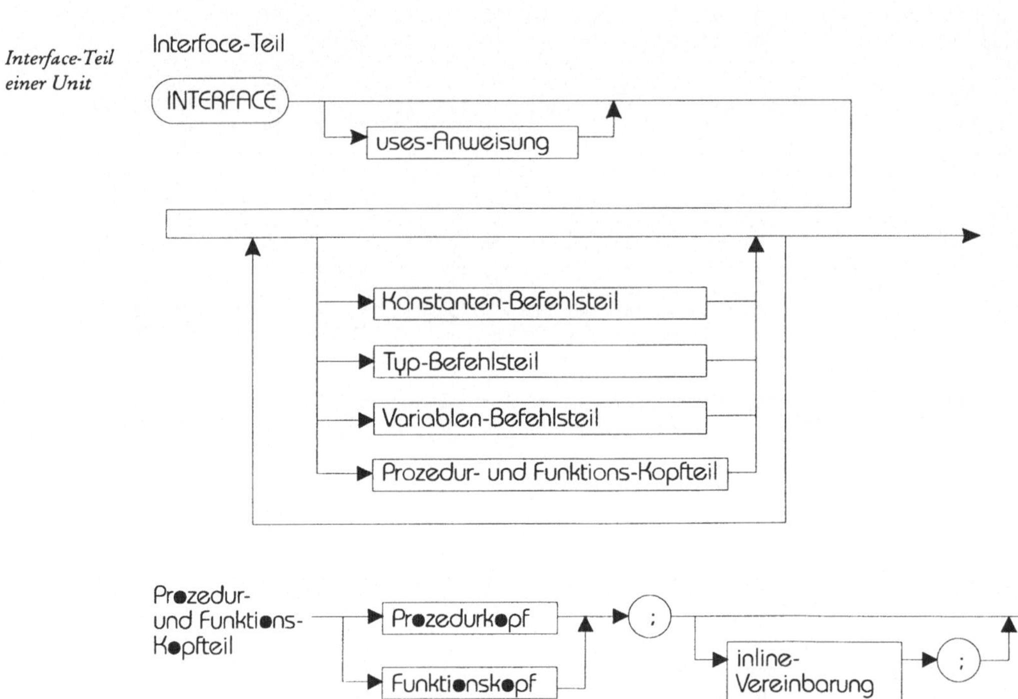

Im Interface-Teil werden die öffentlichen Bezeichner (Konstanten, Typen, Variablen, Prozeduren und/oder Funktionen) vereinbart.

ASCII

NUL	SOH	STX	EXT	EOT	ENQ	ACK	BEL	BS	HT	LF	VT	FF	CR	SO	SI
00	01	02	03	04	05	06	07	08	09	10	11	12	13	14	15
00	01	02	03	04	05	06	07	08	09	0A	0B	0C	0D	0E	0F

DLE	DC1	DC2	DC3	DC4	NAK	SYN	ETB	CAN	EM	SUB	ESC	FS	GS	RS	US
16	17	18	19	20	21	22	23	24	25	26	27	28	29	30	31
10	11	12	13	14	15	16	17	18	19	1A	1B	1C	1D	1E	1F

	!	"	#	$	%	&	'	(	)	*	+	,	-	.	/
32	33	34	35	36	37	38	39	40	41	42	43	44	45	46	47
20	21	22	23	24	25	26	27	28	29	2A	2B	2C	2D	2E	2F

0	1	2	3	4	5	6	7	8	9	:	;	<	=	>	?
48	49	50	51	52	53	54	55	56	57	58	59	60	61	62	63
30	31	32	33	34	35	36	37	38	39	3A	3B	3C	3D	3E	3F

@	A	B	C	D	E	F	G	H	I	J	K	L	M	N	O
64	65	66	67	68	69	70	71	72	73	74	75	76	77	78	79
40	41	42	43	44	45	46	47	48	49	4A	4B	4C	4D	4E	4F

P	Q	R	S	T	U	V	W	X	Y	Z	[	\	]	^	_
80	81	82	83	84	85	86	87	88	89	90	91	92	93	94	95
50	51	52	53	54	55	56	57	58	59	5A	5B	5C	5D	5E	5F

`	a	b	c	d	e	f	g	h	i	j	k	l	m	n	o
96	97	98	99	100	101	102	103	104	105	106	107	108	109	110	111
60	61	62	63	64	65	66	67	68	69	6A	6B	6C	6D	6E	6F

p	q	r	s	t	u	v	w	x	y	z	{	|	}	~	⌂
112	113	114	115	116	117	118	119	120	121	122	123	124	125	126	127
70	71	72	73	74	75	76	77	78	79	7A	7B	7C	7D	7E	7F

Ç	ü	é	â	ä	à	å	ç	ê	ë	è	ï	î	ì	Ä	Å
128	129	130	131	132	133	134	135	136	137	138	139	140	141	142	143
80	81	82	83	84	85	86	87	88	89	8A	8B	8C	8D	8E	8F

É	æ	Æ	ô	ö	ò	û	ù	ÿ	Ö	Ü	¢	£	¥	₧	ƒ
144	145	146	147	148	149	150	151	152	153	154	155	156	157	158	159
90	91	92	93	94	95	96	97	98	99	9A	9B	9C	9D	9E	9F

á	í	ó	ú	ñ	Ñ	ª	º	¿	⌐	¬	½	¼	¡	«	»
160	161	162	163	164	165	166	167	168	169	170	171	172	173	174	175
A0	A1	A2	A3	A4	A5	A6	A7	A8	A9	AA	AB	AC	AD	AE	AF

░	▒	▓	│	┤	╡	╢	╖	╕	╣	║	╗	╝	╜	╛	┐
176	177	178	179	180	181	182	183	184	185	186	187	188	189	190	191
B0	B1	B2	B3	B4	B5	B6	B7	B8	B9	BA	BB	BC	BD	BE	BF

└	┴	┬	├	─	┼	╞	╟	╚	╔	╩	╦	╠	═	╬	╧
192	193	194	195	196	197	198	199	200	201	202	203	204	205	206	207
C0	C1	C2	C3	C4	C5	C6	C7	C8	C9	CA	CB	CC	CD	CE	CF

╨	╤	╥	╙	╘	╒	╓	╫	╪	┘	┌	█	▄	▌	▐	▀
208	209	210	211	212	213	214	215	216	217	218	219	220	221	222	223
D0	D1	D2	D3	D4	D5	D6	D7	D8	D9	DA	DB	DC	DD	DE	DF

α	ß	Γ	π	Σ	σ	µ	τ	Φ	Θ	Ω	δ	∞	φ	ε	∩
224	225	226	227	228	229	230	231	232	233	234	235	236	237	238	239
E0	E1	E2	E3	E4	E5	E6	E7	E8	E9	EA	EB	EC	ED	EE	EF

≡	±	≥	≤	⌠	⌡	÷	≈	°	∙	·	√	ⁿ	²	■	
240	241	242	243	244	245	246	247	248	249	250	251	252	253	254	255
F0	F1	F2	F3	F4	F5	F6	F7	F8	F9	FA	FB	FC	FD	FE	FF

Programmverzeichnis

Sachwortverzeichnis